Informatik-Fachberichte 266

Herausgeber: W. Brauer
im Auftrag der Gesellschaft für Informatik (GI)

Subreihe Künstliche Intelligenz

Mitherausgeber: C. Freksa
in Zusammenarbeit mit dem Fachbereich 1
„Künstliche Intelligenz“ der GI

R. Cunis A. Günter H. Strecker (Hrsg.)

Das PLAKON-Buch

Ein Expertensystemkern für
Planungs- und
Konfigurierungsaufgaben
in technischen Domänen

Herausgeber
Roman Cunis
Andreas Günter
Fachbereich Informatik, Universität Hamburg
Bodenstedtstraße 16, W-2000 Hamburg 50

Helmut Strecker
Philips GmbH Forschungslaboratorium Hamburg
Vogt-Kölln-Str. 30, W-2000 Hamburg 54

CR Subject Classification (1987): I.2.1, I.2.4, I.2.8, J.2

ISBN 978-3-540-53683-3 ISBN 978-3-662-06485-6 (eBook)
DOI 10.1007/978-3-662-06485-6

Ursprünglich erschienen bei Springer-Verlag Berlin Heidelberg New York 1991

2145/3140-543210 – Gedruckt auf säurefreiem Papier

Vorwort

Das vorliegende Buch stellt den Expertensystemkern PLAKON und dessen wissenschaftliches Umfeld vor. PLAKON wurde in den letzten vier Jahren im Rahmen des vom BMFT geförderten Verbundvorhabens TEX-K entwickelt. Es ist ein *Expertensystemkern für Planungs- und Konfigurierungsaufgaben in technischen Domänen.* An der Entwicklung waren die Firmen Battelle Institut Frankfurt, Philips Forschungslaboratorium Hamburg, Siemens AG Erlangen, URW Unternehmensberatung Hamburg und die Universität Hamburg beteiligt. Während die Konzeption und Implementation von PLAKON im wesentlichen durch die Universität Hamburg erfolgte, steuerten die industriellen Partner Anwendungsprobleme, -anforderungen, -erfahrungen und -implementationen sowie einige Software-Komponenten zum Projekt bei.

Der Schwerpunkt dieses Buches liegt auf der Beschreibung der grundlegenden Konzepte von PLAKON. Es ist daher *kein Handbuch* für PLAKON. Es wendet sich an Wissenschaftler, Entwickler, Anwender und Studenten, die an neueren Techniken im Bereich der Expertensysteme interessiert sind.

Die Kapitel dieses Buches enthalten eine Sammlung aufeinander abgestimmter Beiträge von Mitarbeitern des Projektes TEX-K. Diese gliedern sich in drei Teile:

- Teil I „Einführung" umfaßt drei Kapitel, in denen das organisatorische und wissenschaftliche Umfeld von PLAKON dargestellt wird:
  - Im ersten Beitrag gibt der Federführer des Projektes TEX-K einen Überblick über das Projekt selbst, den Projektverlauf und die Ergebnisse.

  - Im zweiten Beitrag werden Anforderungen an die Architektur eines allgemeinen Werkzeuges für Planungs- und Konfigurierungsaufgaben formuliert und der Stand der Technik bei Expertensystemen für diese Problemklasse beschrieben.
  - Im dritten Beitrag wird der modulare Aufbau von Expertensystemen diskutiert.

- Teil II „PLAKON“ enthält acht Kapitel, in denen die Entwickler und Implementatoren von PLAKON die zugrundeliegenden Konzepte beschreiben. Einem Überblick über das Gesamtsystem folgen detaillierte Schilderungen der wesentlichen Konzepte von PLAKON: Repräsentation von Objekten der Domäne in einer Begriffshierarchie, Integration eines für Planungs- und Konfigurierungsaufgaben erweiterten Constraint-Systems, Steuerung des Problemlösungsprozesses durch eine flexible Kontrollstruktur, alternative Verwaltungskonzepte für die dynamische Wissensbasis, Unterstützung von fallbasierten Ansätzen, Integration einer Simulationskomponente und eine Beschreibung der Basissoftware von PLAKON.

- Teil III „Anwendungen und weitere Arbeiten“ besteht aus Beiträgen der vier industriellen Partner des TEX-K-Projektes, in denen
  - die Anwendungen und deren Realisierung mit PLAKON oder Konzepten von PLAKON geschildert werden und
  - weitere Arbeiten, die aus verschiedenen Gründen keinen Eingang in das „real existierende“ PLAKON gefunden haben, vorgestellt werden.

Zur Einordnung des Buches in das Problemspektrum der Expertensysteme ist der Einführung eine allgemeine Definition von „Expertensystemen für Konstruktionsaufgaben“ vorangestellt.

Wir danken allen Mitarbeitern des Projektes TEX-K, die direkt oder indirekt an der Diskussion und Entwicklung von PLAKON beteiligt waren, für die gute Zusammenarbeit und besonders den Autoren der in diesem Buch enthaltenen Kapitel für die Bereitstellung ihrer Beiträge.

Roman Cunis, Andreas Günter, Helmut Strecker
Hamburg, im Dezember 1990

Inhaltsverzeichnis

III Anwendungen und weitere Arbeiten

Aus dem KI-Lexikon

Expertensysteme für Konstruktionsaufgaben

Andreas Günter

Zur Einordnung der in diesem Buch angesprochenen Themen folgt hier die Wiedergabe eines überarbeiteten Eintrages aus dem KI-Lexikon der Zeitschrift „KI“ [Günter90b]. Hierbei wird das gesamte Spektrum von „Expertensystemen für Konstruktionsaufgaben“ skizziert. Das System PLAKON *wurde für wesentliche Teile dieses Aufgabenbereiches konzipiert.*

Konstruktionsaufgaben stellen eine Problemklasse für Expertensysteme dar, deren Definition noch nicht endgültig geklärt ist. Bekannte Problemklassen sind Analyse- und Syntheseaufgaben (s. [Brown89], [Puppe88], [Richter89]). Diagnose- oder Klassifikations-Systeme gehören in die Klasse der Analyseaufgaben. Die Konstruktion ist hingegen eine Syntheseaufgabe. Sie läßt sich grob in die beiden Bereiche Planung und Konfigurierung unterteilen.

Eine Konstruktionsaufgabe ist dadurch gekennzeichnet, daß eine Gesamtlösung (ein Plan, eine Konfiguration) aus Einzelkomponenten (Planschritten, Bauteilen) konstruiert werden soll, wobei bestimmte Randbedingungen zu berücksichtigen sind. Die Gesamtlösung wird als Konstruktion, ihre Einzelkomponenten werden als Konstruktionsobjekte bezeichnet. Planung und Konfigurierung werden unter dem Begriff Konstruktionsvorgang zusammengefaßt. Ein Konstruktionsvorgang besteht aus einer Sequenz von Konstruktionsschritten, durch die eine Aufgabenstellung in eine vollständige Konstruktion überführt wird.

Die Problemklasse der Konstruktionsaufgaben ist charakterisiert durch die folgenden Merkmale (vgl. [Neumann87]):

- *Großer Lösungsraum*
  Der Lösungsraum — also die Zahl der prinzipiell möglichen Konstruktionen — ist oftmals sehr groß. Dies ist ein wesentlicher Unterschied zu Diagnoseaufgaben.
- *Rücknahme von Entscheidungen*
  Während des Konstruktionsvorganges müssen häufig zahlreiche heuristische Entscheidungen getroffen werden, die sich später als nicht haltbar erweisen. Dies bedingt die Notwendigkeit zur Rücknahme und Änderung von Entscheidungen.
- *Hierarchisches Vorgehen*
  Eine Konstruktion ist in vielen Anwendungsbereichen hierarchisch strukturiert, d.h. die Konstruktion läßt sich als eine Hierarchie von Komponenten darstellen. Deswegen ist es oft sinnvoll, den Konstruktionsvorgang ebenfalls hierarchisch zu gliedern (z.B. Top-Down-Vorgehen).
- *Behandlung von Abhängigkeiten*
  Abhängigkeiten zwischen einzelnen Konstruktionsobjekten sind oftmals von zentraler Bedeutung für die Domäne. Eine effiziente und adäquate Repräsentation und Verarbeitung dieser Abhängigkeiten ist deshalb von besonderer Bedeutung.

Planung und Konfigurierung unterscheiden sich dadurch, daß die *Zeit* beim Planen eine besondere Rolle spielt. Man benötigt bei der Planung spezielle Formalismen zur Repräsentation von Zeit und Zuständen und insbesondere Verfahren des zeitlichen Schließens.

Bisherige Ansätze zur Realisierung von Expertensystemen für Konstruktionsaufgaben folgen überwiegend dem regelbasierten Paradigma und seinen Erweiterungen. Als Beispiel sei hier das System R1/XCON [McDermott82] zur Konfigurierung von Rechnern genannt. Regelbasierte Systeme bestehen aus einer Menge von Objektdefinitionen und darauf bezugnehmenden „assoziativen" Regeln. Bei regelbasierten Systemen ergeben sich allerdings Probleme in den Bereichen der Wissensakquisition, Wartung, Modularität und Erklärbarkeit (vgl. [Coy89]). Ein neuerer Ansatz ist die *modellbasierte Konstruktion.* Hierbei wird die Problemlösung durch ein explizites, hierarchisches Modell der Konstruktionsdomäne unterstützt; ein Beispiel hierfür ist das System PLAKON.

In einigen Systemen werden die Abhängigkeiten zwischen den Konstruktionsobjekten mit Hilfe von *Constraints* repräsentiert und während des Konstruktionsvorganges durch ein Constraintnetz verwaltet. Constraintsysteme eignen sich auch zur Lösung von sogenannten *Dimensionierungsproblemen* (diese werden auch als *Constraint-Satisfaction-Probleme* bezeichnet). Diese Probleme sind dadurch charakterisiert, daß alle Konstruktionsobjekte bekannt sind und die Aufgabe „nur" noch darin besteht, Attributwerte (Parameter) zu bestimmen, zwischen denen aber vielfältige Abhängigkeiten bestehen können.

Eine weitere spezielle Klasse von Konstruktionsaufgaben sind die *Zuordnungsprobleme* (z.B. Scheduling), hierbei besteht die wesentliche Aufgabe darin, Mengen von Konstruktionsobjekten einander zuzuordnen (z.B. bei der Stundenplanerstellung: Kurse, Dozenten und Räume).

Für Aufgaben, bei denen der Lösungsraum klein genug ist, um alle Lösungen explizit anzugeben, kann ein Verfahren der schrittweisen Auswahl angewendet werden. Das Ergebnis ist dann eine der vordefinierten, kompletten Lösungen (vgl. [Hein90]).

Beim heutigen Stand der Expertensystemtechnik können Dimensionierungsprobleme und Aufgaben aus dem sogenannten *Routine-Entwurf* (s. [Brown89]) recht erfolgreich bearbeitet werden. Dagegen existieren für Aufgaben aus dem sogenannten *kreativen Entwurf* (s. [Brown89]) zur Zeit keine vielversprechenden Lösungsansätze. Routine-Entwurf charakterisiert Aufgaben, bei denen die Konstruktionsobjekte, die hierarchische kompositionelle Struktur und die zu berücksichtigenden Randbedingungen weitgehend bekannt sind. Beim kreativen Entwurf findet dagegen ein vollständiger Neuentwurf statt. Die überwiegende Anzahl der existierenden Expertensysteme aus dem Konstruktionsbereich beschäftigt sich mit technischen Domänen. Aufgaben aus dem technischen Bereich können häufig dem Routine-Entwurf zugeordnet werden. In technischen Domänen sind die Konstruktionsobjekte und die Randbedingungen häufig wohldefiniert, und der Anwendungsbereich ist gut strukturierbar.

Kapitel 1

Das Projekt TEX-K

Helmut Strecker

1.1 Einleitung

Der Expertensystemkern PLAKON für PLAnungs- und KONfigurierungsanwendungen in technischen Domänen wurde im Rahmen des vom BMFT geförderten Verbundprojekts TEX-K entwickelt. Der folgende Beitrag stellt die Partner des Projekts vor und gibt eine Kurzbeschreibung von Zielsetzung, Ablauf und Ergebnis des Projekts. Den Abschluß bildet der Versuch, den Projekterfolg kritisch zu würdigen.

1.2 Organisatorisches

Das Projekt TEX-K wurde unter der Bezeichnung *PLAKON: Expertensystemkern für Planungs- und Konfigurierungsaufgaben* und der Förder-Nr. ITW8601 vom Bundesminister für Forschung und Technologie (BMFT) als Verbundprojekt gefördert. Der *Förderumfang* betrug 7,3 Mio. DM, entsprechend 59 Personenjahren (zu je 10 Personenmonaten). Der *Förderzeitraum* lag zwischen dem 1.1.1986 und dem 31.3.1990. Die Projektpartner des TEX-K-Projekts waren:

- Battelle Institut e.V., Frankfurt,
- Philips GmbH Forschungslaboratorium Hamburg (Koordinator),
- Siemens AG, Erlangen,
- URW Unternehmensberatung GmbH, Hamburg,
- Universität Hamburg.

Die Universität Hamburg nahm als Auftragnehmer der Industriepartner am TEX-K-Projekt teil. Ihre Aufgabe war Konzeption, Entwicklung und Integration der Kernkomponenten von PLAKON. Die Industriepartner brachten jeweils verschiedene Anwendungsprobleme in das Projekt ein, aus denen die Anforderungen an PLAKON abgeleitet wurden und die zur Absicherung der gemeinsam entwickelten Konzepte im Rahmen von *Prototypimplementierungen* dienen sollten.

1.3 Zielsetzung

Zielsetzung des TEX-K-Projektes war die *Entwicklung, Erprobung und betriebliche Einführung einer Architektur von Expertensystemen zur Konfigurierung, Planung und Konstruktion für technische Systeme* [TEX-K85]. Diese Zielsetzung sollte durch ein *Baukastensystem* zum Aufbau von PLAnungs- und KONfigurierungs-Expertensystemen (PLAKON) realisiert werden, das sich an den Anforderungen verschiedener Anwendungen der Industriepartner orientiert. Abbildung 1.1 illustriert die geplante Einsatzart von PLAKON als Kern verschiedener Anwendungssysteme. Für PLAKON wurden insbesondere folgende Merkmale angestrebt (vgl. [Günter87]):

- *Modularität* und *Offenheit* für Erweiterungen,
- Fähigkeit zur Repräsentation komplexer technischer Objekte (z.B. *Geräte, Methoden, Operationen*),
- Verwendbarkeit unterschiedlicher Planungs- und Konfigurierungs*strategien*,
- *komfortable Benutzerführung* für Benutzer mit unterschiedlichen Systemkenntnissen.

Diesen Anforderungen lagen die folgenden Anwendungen der Industriepartner zugrunde:

- Projektierung von Multi-Mikrocomputersystemen für Automatisierungssysteme in der Anlagentechnik (MMC-KON, Siemens, vgl. [Baginsky88], [Baginsky88a], Kapitel 13). Schwerpunkt hierbei ist die Unterstützung bei der Hardware-Projektierung räumlich und funktionell verteilter Echtzeit-Leitsysteme.
- Konfigurierung industrieller Bildverarbeitungssysteme für die Sichtprüfung (XVIS, URW GmbH). In diesem Anwendungsbereich sind z.B. die Beleuchtungs- und Sensoranordnungen sowie geeignete Bildanalyseschritte für automatische

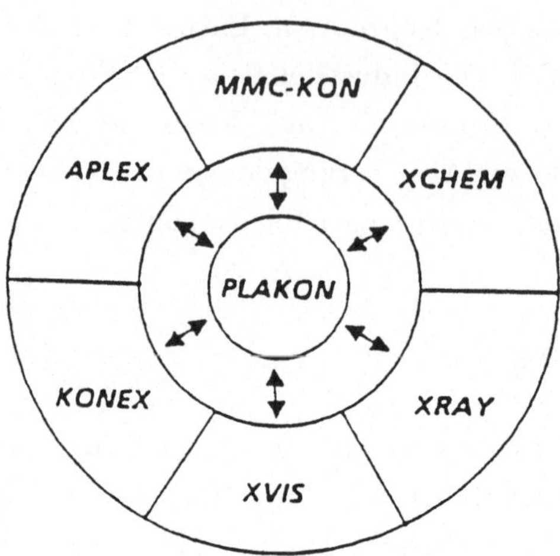

Abb. 1.1: PLAKON *und die Anwendungssysteme*

visuelle Vermessungsaufgaben zu konfigurieren (eine Übersicht dieser Thematik findet sich in [Neumann86]).

- Konfigurierung automatischer Systeme zur chemischen Analyse und zur industriellen Röntgenprüfung (XCHEM und XRAY, Philips GmbH, vgl. [Strecker89], Kapitel 12). Beide Anwendungen beinhalten die Konfigurierung von Analyse-Hardware und -Software unter Berücksichtigung von Optimierungsgesichtspunkten.
- Planung mechanischer Bearbeitungsprozesse und Konfigurierung von elektromechanischen Komponenten (APLEX und KONEX, Battelle, vgl. [Haag 88]). Die Planung mechanischer Bearbeitungsprozesse (APLEX) betrifft die Bestimmung einer geeigneten Folge von Fertigungsoperationen, um in einem Bearbeitungszentrum aus einem Rohteil ein gewünschtes Fertigteil zu produzieren. Die Anwendung KONEX behandelt die Konstruktion von Stromversorgungsgeräten und umfaßt Probleme der mechanischen Konstruktion sowie der elektrotechnischen Auslegung. Im weiteren Projektverlauf wurde von Battelle als zusätzliche Applikation die *Konfigurierung von CNC-Steuerungen* (vgl. Kapitel 14) bearbeitet.

1.4 Vorgehensweise

1. Projektjahr (1986)

Im ersten Projektjahr wurden durch die industriellen Projektpartner mit verschiedenen Werkzeugen vorläufige Prototypen für die Anwendungsbereiche entwickelt. Dies erfolgte bewußt auf verschiedenen Workstations (MICROVAX, XEROX) und mit verschiedenen Expertensystem-Werkzeugen bzw. KI-Sprachen (OPS5, CRL/KNOWLEDGE CRAFT, LOOPS, PROLOG), um Erfahrungen mit unterschiedlichen Methoden und Werkzeugen in das Projekt einbringen zu können. Die Universität Hamburg analysierte parallel dazu die aus der Literatur bekannten Planungs- und Konfigurierungsansätze. Weiterhin wurden allgemeine Expertensystem-Entwicklungswerkzeuge (wie z.B. KEE, CRL, LOOPS) bzgl. ihrer Eignung als Basis für PLAKON untersucht (vgl. [Cunis87b]). Als Hardwarebasis für die PLAKON-Entwicklung wurden MICROVAX und APOLLO Workstations festgelegt; für die Universität Hamburg wurden aus Fördermitteln zwei MICROVAX II und eine APOLLO DN 4000 (entspricht SICOMP WS30-400) angeschafft.

2. Projektjahr (1987)

Basierend auf den Erfahrungen der Prototypimplementierungen und dem Ergebnis der Untersuchungen bekannter Planungs- und Konfigurierungsansätze wurden zu Beginn des 2. Projektjahres die Anforderungen an PLAKON abgeleitet und in einem Anforderungskatalog [Günter87] niedergelegt. Dieser enthielt bereits die wesentlichen grundlegenden Konzeptideen für die PLAKON-Realisierung, und die ursprüngliche Planung [TEX-K85] sah auch vor, die Implementierungsarbeiten darauf aufbauend zu starten.

Auf Drängen der Mehrzahl der Industriepartner wurde jedoch beschlossen, eine detaillliertere Implementierungsgrundlage für die arbeitsteilige Entwicklung von PLAKON zu schaffen. Im Rahmen einer zwischengeschalteten *Pflichtenheftsphase* wurden über mehrere Iterationen ein *Systempflichtenheft* und, der allmählich herausgearbeiteten Systemstruktur von PLAKON entsprechend, insgesamt 17 detaillierte *Komponentenpflichtenhefte* entwickelt.

Die Vorgehensweise, im Rahmen einer Entwurfsphase Struktur und Komponenten von PLAKON bis zur Funktionsebene hinab genau zu spezifizieren, war unter den Projektpartnern umstritten (*Software-Engineering* versus *Rapid Prototyping*); dies galt auch für die bei der Abfassung der Pflichtenhefte zu verwendenden Formalien.

Die sehr intensive Zusammenarbeit, die in zahlreichen Treffen im Rahmen kleiner Arbeitsgruppen stattfand, führte jedoch zu einem besseren Verständnis und zu einer präziseren Abstimmung der PLAKON-Konzepte bei allen Partnern. Auf *Rapid Prototyping* konnte letztlich auch nicht verzichtet werden. Um kritische Teile des Kernkonzeptes ergänzend zur Pflichtenhefterstellung abzusichern, wurden durch die Universität Hamburg *Probeimplementierungen* vorgenommen. Diese bildeten gleichzeitig die Gewähr dafür, daß die späteren Implementierungsarbeiten zügig durchgeführt werden konnten. In kritischer Rückschau läßt sich feststellen, daß anstelle detaillierter Komponentenpflichtenhefte mit Spezifikation aller Funktionen und ihrer Schnittstellen gröbere Beschreibungen ausreichend und sinnvoller gewesen wären.

3. Projektjahr (1988)

Die Pflichtenheftsphase erstreckte sich bis in das dritte Projektjahr hinein (bis April 88). Die im Rahmen der Pflichtenheftsphase präzise definierten Komponenten gaben Anlaß, die Arbeitsplanung für die Restlaufzeit kritisch zu überarbeiten. Dabei wurde beschlossen, die konzipierten Komponenten zur *Erklärung*, zur *Ergebnisdarstellung* und zu den *Benutzerdialogen* aus Aufwandsgründen zurückzustellen, weil diese als nicht zum Kern gehörige Komponenten am ehesten verzichtbar waren und im Rahmen anwendungsspezifischer Entwicklungen ohnehin an die jeweilige Applikation anzupassen sein würden.

Aufgrund der Vorarbeiten der industriellen Partner auf verschiedenen Workstations und mit verschiedenen Expertensystem-Werkzeugen bzw. KI-Sprachen sowie nicht zu vereinbarender interner Randbedingungen erschien es nicht sinnvoll, eine gemeinsame Hardwarebasis und ein über COMMONLISP hinausgehendes Basiswerkzeug zu verwenden. Universelle KI-Tools wie KEE oder KNOWLEDGE CRAFT wurden als zu teuer, komplex oder schwerfällig verworfen.

PLAKON wurde daher ausschließlich auf COMMONLISP basierend entwickelt. Dabei wurde versucht, sich abzeichnende Standards so weit wie möglich zu berücksichtigen. Die im weiteren Projektverlauf entwickelte Basissoftware zur Definition von Frames und Methoden (FRESKO, vgl. Kapitel 11) wurde z.B. an CLOS, dem sich abzeichnenden Standard für ein *Common Lisp Object System*, angelehnt. Damit dürfte auch eine eventuelle zukünftige Reimplementierung von PLAKON in CLOS ohne große Schwierigkeiten möglich sein.

Gegen Ende des 3. Projektjahres lag eine erste, durch die Universität Hamburg entwickelte, PLAKON-Version (*Mini-PLAKON*) vor, die einen gegenüber dem konzipierten System zunächst noch reduzierten Leistungsumfang aufwies, den Industriepartnern jedoch bereits den Start von Anwendungsimplementierungen ermöglichte.

4. Projektjahr (1.1.1989 - 31.3.1990)

Im letzten Projektjahr erfolgte eine Abrundung und Verfeinerung der PLAKON-Komponenten, überlappend mit Anwendungsimplementierungen. Diese trugen zum Teil gezielt zur Stabilisierung kritischer Komponenten bei. Die praktische Einsetzbarkeit und Relevanz wesentlicher Komponenten und Konzepte konnte dadurch nachgewiesen werden. Die Industriepartner haben jedoch jeweils nur die für ihre Anwendungen geeignete Teilauswahl von PLAKON-Komponenten verwenden und testen können. (Dieses ist aufgrund der realisierten Modularität von PLAKON möglich und aus Sicht heterogener Anwendungsanforderungen auch wünschenswert.) Eine Absicherung aller PLAKON-Komponenten und -Konzepte über ein weites Anwendungsspektrum ist daher noch nicht erreicht worden.

Die Universität Hamburg hat begleitend zur Implementation der von ihr erstellten Komponenten eine Test-Wissensbasis (*Auto-Domäne*) erstellt. Diese hat es ihr ermöglicht, durch eigens konstruierte Beispiele gezielte Tests vorzunehmen.

1.5 Software-Komponenten

Die im Rahmen von TEX-K entwickelten Software-Komponenten sind im folgenden kurz zusammengestellt und charakterisiert:

- Eine Schicht von Basissoftware, aufbauend auf COMMONLISP, zur Definition von Frames, Methoden, Windows und Regeln (FRESKO, s. Kapitel 11). Durch die Verwendung von COMMONLISP als Basis ist PLAKON hochgradig portabel. Systemabhängige Komponenten (z.B. Windows) werden durch Interface-Module verdeckt. Der eigentliche Kern von PLAKON benötigt diese Schnittstellen nicht und ist frei portabel. PLAKON ist zur Zeit lauffähig auf VAX-LISP (MICROVAX II), LUCID CL (MICROVAX II, APOLLO DN 4000, SICOMP WS 30, SUN4) und ALLEGRO CL (MAC II).
- Eine Beschreibungssprache zum Aufbau von *Begriffshierarchien* aus den Objekten des Anwendungsgebietes, dazu die Möglichkeit, beliebige Objekte durch

Constraints zu verbinden. Grundlage der Beschreibungssprache ist ein reichhaltiger Vorrat von *Objektdeskriptoren* z.B. für Mengen und Teilmengen, Sequenzen, Auswahlmengen. Zahlen können mit Maßeinheiten versehen werden, die automatisch umgerechnet werden (Kapitel 5).

- Ein *Blackboard-orientierter Kontrollmechanismus* (Kapitel 7), der aus der Begriffshierarchie durchführbare Konstruktionsschritte ableitet. Kontrollwissen, wie z.B. Fokussierungsinformation und Agenda-Auswahlkriterien, wird in Strategien zusammengefaßt. Ein Wechsel zwischen Strategien erfolgt durch Kontrollregeln.
- Verschiedene Module für die Abhängigkeitsverwaltung der dynamischen Daten (Kapitel 8), von einem einfachen, backtrackingfreien Modus *R1/XCON-Modus*, über einen *Backtrack-Modus* mit chronologischem Backtracking, bis zu Modi mit TMS- und ATMS-artigen Strukturen.
- Eine Constraintkomponente (Kapitel 6), die speziell auf die Erfordernisse bei Konstruktionsaufgaben hin entwickelt wurde. Sie basiert auf vordefinierten Constraintklassen, konzeptuellen Constraints und zu einem Constraintnetz zusammengefaßten Constraintinstanzen, und bietet u.a. auch die Möglichkeit zur Propagation von Werteintervallen und Auswahlmengen.
- Domänenunabhängige und domänenabhängige Konfliktlösung (für das Backtracking) durch Regeln (Kapitel 7).
- Verschiedene Bearbeitungsverfahren zur Durchführung von Konstruktionsschritten, optional z.B. auch der Einsatz von Bibliothekslösungen (fallbasiertes Vorgehen, vgl. Kapitel 9) und Simulation (Kapitel 10).
- Eine Benutzeroberfläche zur Wissensakquisition, Aufgabenformulierung und zur interaktiven Konfigurierung. Diese PLAKON-Oberfläche ist im vorliegenden Buch nicht näher beschrieben (einige Hinweise finden sich in Kapitel 4), da sie nur für das Arbeiten mit PLAKON weniger als Benutzeroberfläche für Anwendungssysteme relevant ist.
- Ergänzend zu den oben genannten PLAKON-Komponenten, wurde eine ATMS-basierende Expertensystemarchitektur entwickelt (Kapitel 14). Sie eignet sich besonders zur Lösung von *Constraint-Satisfaction-Problemen* und ist mit einer regelorientierten Kontrollkomponente ausgestattet. Diese Komponenten konnten im Rahmen der TEX-K-Arbeiten nicht mehr in PLAKON integriert werden.

1.6 Projekterfolg

Mit PLAKON wurde ein modulares System von Basisbausteinen für den Aufbau von anwendungsorientierten Planungs- und Konfigurierungs-Expertensystemen in technischen Domänen entwickelt. Ein Blick in die Fachliteratur (z.B. die Proceedings der Planungs- und Konfigurierungsworkshops) belegt, daß die für PLAKON entwickelten Konzepte, zumindest in der Bundesrepublik Deutschland, breiten Anklang in der Fachwelt gefunden haben. Die Umsetzung in Anwendungssysteme konnte erfolgreich gestartet werden (vgl. Teil III dieses Buches), wesentliche Komponenten wurden durch prototypische Implementierungen abgesichert. Neben der Modularität sind als besonderer Vorteil von PLAKON die Integration sehr mächtiger und gut aufeinander abgestimmter Werkzeuge zur konzeptuellen Modellierung von Domänenwissen, zur Kontrolle und zur Konfliktlösung zu nennen.

Der Schwerpunkt der Anwendungen, für die PLAKON bisher betrachtet wurde, liegt eindeutig im Bereich der *Konfiguration.* Die Eignung für typische *Planungs*probleme wurde dagegen nur theoretisch betrachtet (vgl. [Cunis87]). Besonders in diesem Bereich sind daher in der Zukunft noch Evaluierungen anhand praktischer Beispiele erforderlich (s. 4.7.2).

Eine Vermarktung von PLAKON in der vorliegenden Form zeichnet sich gegenwärtig nicht ab. Ein primärer Grund hierfür dürfte sein, daß die am Projekt beteiligten Industriepartner vorrangig an Werkzeugen für die Lösung ihrer Anwendungsprobleme und nicht an der Vermarktung von Software-Tools interessiert sind. Allerdings wird PLAKON auch in der Zukunft von der Universität weiterentwickelt und in eigenen Forschungsprojekten eingesetzt werden.

Weiterführende, auf PLAKON, den PLAKON-Konzepten bzw. den Erfahrungen in TEX-K aufbauende Aktivitäten bei den Industriepartnern sind dem Ausbau bestehender oder dem Aufbau neuer Anwendungssysteme gewidmet. Das ATMS und die damit verbundene regelorientierte Kontrollarchitektur werden beim Battelle Institut weiterentwickelt und zunächst in eigenen Projekten eingesetzt (vgl. Kapitel 14).

Kapitel **2**

Expertensysteme zur Konstruktion: Anforderungen an ein Werkzeugsystem

Bernd Neumann

2.1 Einführung

In diesem Beitrag werden die architektonischen Anforderungen an Expertensysteme für eine besondere Anwendungskategorie untersucht: Planungs- und Konfigurierungsprobleme. Ich verwende dafür den Oberbegriff „Konstruktionsprobleme“ in folgendem Sinn:

> Ein Konstruktionssystem ist ein Expertensystem, das beim Entwurf von Aggregaten aus Komponenten hilft und dabei Zielvorgaben sowie Expertenwissen verwendet.

Komponenten können physikalische Objekte oder andere Einheiten sein, z.B. Aktionen und Methoden. Der Prozeß des Aggregierens kann Entscheidungen vielfältiger Art erfordern, z.B. über Komponententypen und -eigenschaften, oder über Beziehungen zwischen mehreren Komponenten. Die Zielvorgaben können Angaben jeder Art hinsichtlich des gewünschten Zielaggregates enthalten, z.B. Beschränkungen (engl. *Constraints*), Optimalitätskriterien, funktionelle Anforderungen, vorgeschriebene Kompo-

---

*Dieser Beitrag ist eine überarbeitete und aktualisierte Version von [Neumann88]

nenten, etc. Es kann eine beliebige Zahl von akzeptablen Lösungen geben, gar keine Lösung eingeschlossen.

Ich nehme weiterhin an, daß das Konstruktionssystem kein geschlossenes Lösungsverfahren sondern eine schrittweise Strategie verwendet. Jeder Schritt betrifft in der Regel eine Entscheidung oder Annahme hinsichtlich des Lösungsaggregates. Man kann das Konstruktionssystem deshalb auch als einen Problemlöser im Sinne der in der Künstlichen Intelligenz üblichen Terminologie auffassen [Nilsson71]. Die Konstruktionsschritte entsprechen dann Entscheidungen in einem Suchgraphen.

Vieles, was man über die Ablaufkontrolle beim Problemlösen kennt, gilt auch für Konstruktionsaufgaben. Um eine akzeptable Konstruktion zu finden, müssen in der Regel kritische intermediäre Entscheidungen getroffen werden, teilweise auf heuristischer Basis. Kontrollstrategien von einfacher Tiefensuche bis hin zu abhängigkeitsgesteuerten Rückziehverfahren (engl. *backtracking*) können erforderlich sein.

Die hier verwendete Definition eines Konstruktionssystems umfaßt offenbar Konstruktion (im engeren Sinn), Entwurf, Konfigurierung, Planung und diverse andere Aktivitäten [Günter90b]. Die folgenden Beispiele sind Konstruktionsaufgaben:

- Komponenten für ein Stromversorgungsaggregat mit vorgegebener Leistung auswählen,
- den Grundriß eines Gebäudes entwerfen,
- eine Abfolge von Schritten für ein Laborexperiment planen,
- ein Computersystem nach Kundenspezifikation konfigurieren,
- Möbel für ein Büro aussuchen und plazieren,
- Arbeitspläne für einen Produktionsprozeß erstellen,
- Methoden für ein Bildverarbeitungssystem zur Qualitätsüberprüfung auswählen und konfigurieren.

Im folgenden werden einige Beispielssysteme genauer betrachtet. Wir konzentrieren uns dabei auf „technische" Konstruktionssysteme, in denen gut strukturiertes Domänenwissen zur Anwendung kommt. Die Lösungen werden bei diesen Systemen entscheidend durch präzise technische Informationen und weniger durch menschliche Expertise bestimmt. Die meisten Konstruktionsaufgaben, für die bisher Expertensysteme entwickelt worden sind, und alle oben genannten Beispiele fallen in diese Kategorie.

Danach wird eine geeignete wissensbasierte Architektur für Konstruktionssysteme vorgestellt. Es ergeben sich Unterschiede zu herkömmlichen Expertensystemen in mehrfacher Hinsicht, insbesondere durch den Abschied von einer strikt regelbasierten Wissensrepräsentation.

2.2 Lernen aus Erfahrungen: vier Beispiele

In diesem Abschnitt sollen vier Beispielssysteme analysiert werden, die uns Hinweise auf die Architektur von Konstruktionssystemen im allgemeinen geben sollen. Wir betrachten die Beispielssysteme als wissensbasierte Problemlöser, deren Verhalten im wesentlichen durch drei Wissensarten bestimmt wird:

1. allgemeines Domänenwissen
2. Problem-spezifisches Domänenwissen
3. Problemlösungswissen

Domänenwissen umfaßt Fakten, Objekteigenschaften und Beziehungen, die für einen Anwendungsbereich gültig sind, sowie die zugrundeliegenden konzeptuellen Zusammenhänge. Domänenwissen wird auch häufig „statisches" Wissen genannt, weil es für alle Aufgaben der betrachteten Domäne unverändert gültig ist. Der Aufbau einer statischen Wissensbasis ist eine wesentliche Aufgabe bei der Entwicklung eines Expertensystems. Bei der Konfigurierung von Stromversorgungsaggregaten beispielsweise besteht das Domänenwissen aus Komponentenbeschreibungen, Industriestandards, Kühlungsanforderungen, physikalischen Gesetzen, etc.

Der zweite Wissenskörper bezieht sich auf eine konkrete Aufgabe. Er umfaßt die Aufgabenspezifikation sowie alle Informationen, die die gewünschte Lösung betreffen. Hierzu rechnet man auch Zwischenergebnisse, die im Verlauf der Konstruktion entstehen. Man spricht deshalb häufig von „dynamischem" Wissen. Zusammengenommen enthalten die ersten beiden Wissenskörper Wissen, das den Lösungsraum einschränkt aber noch nichts über Wege zum Ziel aussagt. Dies ist der dritten Wissensart vorbehalten.

Problemlösungswissen beschreibt die Art und Weise, mit der ein Problem gelöst werden soll. Es ist hier definiert als Wissen über die Reihenfolge, mit der Konstruktionsentscheidungen gefällt werden sollen. Es steuert den Ablauf des Konstruktionsprozesses mithilfe von Strategien, Methoden, Aufgabenzerlegungen, Reihenfolgevorschriften, etc. Problemlösungswissen ist in Anwendungen häufig mit Domänenwissen verwoben, obwohl es konzeptuell klar davon unterscheidbar ist. Der Hauptgrund für diese Vermengung ist die Repräsentation mithilfe von Situations-Aktions-Regeln, durch die eine unstrukturierte Wissensrepräsentation begünstigt wird.

2.2.1 R1/XCON

Als erstes Beispiel betrachten wir das bekannte Expertensystem XCON (früher R1), das von DEC zur Konfigurierung von Kundenbestellungen verwendet wird [Bachant84] [McDermott82] [Soloway87] [vandeBrug85]. XCON erhält eine Komponentenliste als Eingabe, fügt Teile hinzu oder tauscht Teile aus, prüft auf Konsistenz, bestimmt die räumliche und logisch-elektrische Anordnung der Komponenten und erzeugt graphische Darstellungen der Ergebnisse. XCON ist ein sehr großes regelbasiertes System. Es enthält zur Zeit ca. 11500 Regeln, die sich auf eine Datenbasis von etwa 30.000 Teilen beziehen (Stand 1989, vgl. [Harmon89]). Jedes Jahr muß ungefähr die Hälfte aller Regeln modifiziert werden. XCON stellt deshalb ein formidables Software-Wartungsproblem dar.

Das statische Domänenwissen von XCON kann grob in Komponentenbeschreibungen einerseits und Wissen über erlaubte Teilkonfigurationen andererseits eingeteilt werden. Komponentenbeschreibungen werden aus einer Datenbasis eingelesen und intern als einfache Schemata (engl. *frames*) repräsentiert. Wissen über erlaubte Teilkonfigurationen wird mit Regeln („Produktionen") der Regelsprache OPS5 dargestellt. Eine Produktion besteht aus einer beliebigen Zahl von Bedingungen auf der linken Seite (in XCON durchschnittlich 6) und einer beliebigen Zahl von Aktionen auf der rechten Seite (z.B. Vorschriften zur Modifikation der aktuellen Arbeitsdaten). Das Beispiel in Abbildung 2.1 illustriert, wie statisches Domänenwissen in Gestalt von Aktionen ausgedrückt wird, die in einem bestimmten Problemlösungskontext auszuführen sind. Diese in Konfigurationssystemen weit verbreitete Technik führt zu erheblicher Unklarheit, wie weiter unten ausgeführt wird.

Die Aufgabenspezifikation von XCON ist der zweite Wissenskörper, der näher betrachtet werden soll. Sie ist einfach eine Komponentenliste, die die wesentlichen Bestandteile der Zielkonfiguration enthalten muß. Diese Art der Aufgabenbeschreibung ist natürlich unproblematischer als beispielweise eine indirekte Zielspezifikation durch funktionelle Anforderungen oder Beschränkungen (Constraints), wie sie bei anderen

```
ASSIGN-POWER-SUPPLY-1
IF:     THE MOST CURRENT ACTIVE CONTEXT IS ASSIGNING A POWER SUPPLY
        AND AN SBI MODULE OF ANY TYPE HAS BEEN PUT IN A CABINET
        AND THE POSITION IT OCCUPIES IN THE CABINET IS KNOWN
        AND THERE IS SPACE IN THE CABINET FOR A POWER SUPPLY
        AND THERE IS NO AVAILABLE POWER SUPPLY
        AND THE VOLTAGE AND FREQUENCY OF THE COMPONENTS IS KNOWN
THEN:   FIND A POWER SUPPLY OF THAT VOLTAGE AND FREQUENCY
        AND ADD IT TO THE ORDER
```

Abb. 2.1: *Paraphrasierte Regel aus* XCON *[McDermott82]*

Problemen auftreten. Problemlösungswissen wird in XCON teilweise explizit durch Regeln, teilweise implizit durch die Eigenschaften der Inferenzkomponente in OPS5 repräsentiert. Dadurch wird ein erstaunlich strukturierter Ablauf erreicht. Jede Konfigurierung zerfällt in Kontexte, die im Effekt eine Aufgabenhierarchie spezifizieren. Abbildung 2.2 zeigt eine Folge von Kontexten aus einem Konfigurierungslauf. Die Zahl vor jedem Kontext gibt den Inferenzzyklus an, bei dem der jeweilige Kontext eröffnet wurde.

Im allgemeinen eignen sich Regeln wegen ihrer inhärenten Parallelität nur für schwach strukturierte Kontrollstrukturen. XCON ist ein atypisches Beispiel: Hier werden Regeln dazu benutzt, einen stark strukturierten Kontrollfluß zu erzeugen. Dies hat Nachteile, die in [Soloway87] beleuchtet werden. Die Programmierer von XCON haben offenbar größte Schwierigkeiten, das Feuern von Regeln in der gewünschten Reihenfolge zu erzwingen. Als Hauptgrund wird die Inhomogenität des Programmcodes genannt. Über die Jahre haben Programmierer die unterschiedlichsten Tricks benutzt, um in einer Programmiersprache fast ohne Kontrollkonstrukte (eine solche ist OPS5) einen kontrollierten Ablauf entsprechend der vorgesehenen Aufgabenhierarchie zu bewirken. Entsprechend schwierig gestalteten sich Modifikationen. Häufig war man sich über den ursprünglichen Zweck von Regeln nicht sicher, so daß Änderungen unerwünschte Konsequenzen hatten.

Zur Verbesserung dieser Situation wurde die neue „höhere" Programmiersprache RIME entwickelt und eingesetzt. RIME erlaubt es mit verschiedenen Mitteln, eine Regel-

```
215  MAJOR-SUBTASK-TRANSITION
216      DELETE-UNNEEDED-ELEMENTS-FROM-WORKING-MEMORY
235      FILL-CPU-OR-CPU-EXTENSION-CABINET
240          ADD-UBAS
246          ASSIGN-POWER-SUPPLY
251          ADD-MBAS
252              DISTRIBUTE-MB-DEVICES
260                  ASSIGN-SLAVES-TO-MASTERS
269          ASSIGN-POWER-SUPPLY
272          FILL-MEMORY-SLOTS
278              SHIFT-BOARDS
298              ADD-MEMORY-MODULE-SIMULATORS
305          ASSIGN-POWER-SUPPLY
312          FILL-CPU-SLOTS
318          ASSIGN-POWER-SUPPLY
322          ADD-NECESSARY-SIMULATORS
326          DELETE-TEMPLATES
340      DELETE-UNNEEDED-ELEMENTS-FROM-WORKING-MEMORY
353      FILL-CPU-OR-CPU-EXTENSION-CABINET
356          ADD-MBAS
359          ASSIGN-POWER-SUPPLY
362          ADD-UBAS
364          FILL-MEMORY-SLOTS
369              SHIFT-BOARDS
389              ADD-MEMORY-MODULE-SIMULATORS
396          ASSIGN-POWER-SUPPLY
399          TERMINATE-SBI
402          ADD-NECESSARY-SIMULATORS
406          DELETE-TEMPLATES
415  MAJOR-SUBTASK-TRANSITION
```

Abb. 2.2: *Folge von Kontexten im* XCON*-Ablauf [McDermott82]*

menge zu strukturieren. Zum einen können Regeln zu „Problembereichen“ zusammengefaßt werden, den Kontexten entsprechend. Dadurch ist es möglich, eine Aufgabenhierarchie deklarativ zu definieren. Zum anderen können Problemlösungsmethoden definiert und einem Problembereich zugeordnet werden. Dadurch kann die Verwendung idiosynkratischer Methoden reduziert werden. Zum dritten bietet RIME Regelschablonen, die eine Vereinheitlichung des Programmcodes unterstützen.

Zusammenfassend muß festgestellt werden, daß ein großes System wie XCON Hilfsmittel zur Gestaltung des Kontrollflusses erfordert, sowohl hinsichtlich der Aufgabenstruktur als auch der verwendeten Methoden. Eine Programmiersprache wie OPS5 eignet sich nicht gut dafür. Regelbasierte Programmierung ist am besten bei kleineren Systemen oder solchen mit schwach ausgeprägten globalen Kontrollstrukturen anzuwenden.

2.2.2 SICONFEX

Nach der Diskussion von XCON ist es interessant, das System SICONFEX zu betrachten, das für eine ähnliche Aufgabe eine ganz andere Lösung anbietet. SICONFEX wurde von Lehmann u.a. bei Siemens, München, entwickelt [Haugeneder85] [Lehmann85]. Es ist ein Expertensystem zur Konfigurierung des Betriebssystems von SICOMP-Prozeßrechnern. Die Eingabedaten sind Hardwarekomponenten und Kundenangaben zur vorgesehenen Software und Benutzungsart. Alle Eingabedaten werden in einem benutzerfreundlichen Dialog mit Graphikunterstützung erfaßt. Das System erwartet vom Benutzer nur ein naives Verständnis der Hard- und Softwarekomponenten.

Nach der Eingabephase konfiguriert SICONFEX den Hauptspeicher. Dies ist seine zentrale Aufgabe. Menschliche Experten haben dazu etwa 200 Regeln geliefert. Es stellte sich jedoch heraus, daß zahlreiche Heuristiken und Techniken durch die Entwickler von SICONFEX hinzugefügt werden mußten. Das System umfaßt 6 MByte Code, 4 MByte für das Entwicklungssystem INTERLISP-D/LOOPS [Bobrow83] eingeschlossen. Dies entspricht einem System mit mehreren tausend Regeln. SICONFEX ist allerdings kein regelbasiertes System. Es verwendet diverse Techniken aus LOOPS, z.B. objektorientierte Programmierung.

Wir betrachten nun wieder die drei bereits oben diskutierten Wissensarten. Die Strukturierung des statischen Domänenwissens spielte bei der Entwicklung von SICONFEX eine große Rolle. Die Autoren von [Haugeneder85] betonen, daß diese Aufgabe in der Expertensystemliteratur häufig unterschätzt wird. Die SICONFEX-Domäne besteht aus mindestens drei stark unterschiedlichen Wissensbereichen:

1. die Welt physikalischer Konfigurationskomponenten
2. die abstrakte Welt der Betriebssystems- und Kundenprogramme
3. die künstliche Welt hypothetischer Speicheraufteilungen

Zur Repräsentation dieser heterogenen Domäne wurden verschiedenartige Techniken verwendet: Objektbeschreibungen durch Schemata (frames), konzeptuelle Hierarchien, Vererbungsmechanismen, Regeln, Dämonprozeduren und schlichter LISP-Code. Die Autoren argumentieren überzeugend, daß Regeln mit einer prozeduralen Interpretation nicht zur deklarativen Repräsentation statischen Wissens geeignet sind. Statt der OPS5-Regelsemantik

IF <Bedingungen> THEN DO <Aktionen>

schlagen sie die logische Interpretation von Regeln vor:

IF <Prämissen> THEN <Konklusionen>

Problemspezifisches Wissen geht in SICONFEX — wie bereits erwähnt — über eine aufwendige Benutzerschnittstelle ein. Bei dieser wie bei vielen anderen Anwendungen werden Daten durch Benutzern eingegeben, die mit der internen Wissensrepräsentation nicht vertraut sind. Je aufwendiger die interne Repräsentation und je geringer das KI-Wissen des Benutzers, um so mehr Anstrengungen müssen unternommen werden, diese Fehlanpassung durch eine Benutzerschnittstelle zu überbrücken.

Heuristisches Problemlösungswissen spielt in SICONFEX eine geringe Rolle, stattdessen konnte meistens ein algorithmischer Ansatz gewählt werden. Methoden der diskreten Optimierung sowie ein durch Heuristiken gesteuertes Rückziehverfahren finden Verwendung. Die Ablaufkontrolle wird an keiner Stelle durch Regeln ausgeübt.

Zusammenfassend kann festgestellt werden, daß sich die Architektur von SICONFEX radikal von XCON unterscheidet. Besondere Merkmale sind (1) eine hochstrukturierte Wissensbasis, (2) eine aufwendige Benutzerschnittstelle zur Eingabe der Aufgabenbeschreibung sowie (3) hybride Problemlösungstechniken inklusive Optimierungsmethoden.

2.2.3 MMC-Kon

Unser nächstes Beispiel ist das System MMC-KON zur Konfigurierung von Prozeßsteuerungssystemen auf der Basis des SIMICRO-MMC216-Multi-Mikrocomputersystems. MMC-KON wurde von Baginsky u.a. bei Siemens, Erlangen, als ein erster Prototyp zur Erprobung geeigneter Systemarchitekturen entwickelt [Baginsky88] [Baginsky88a]. Das System wurde später auf den PLAKON-Konzepten aufbauend reimplementiert (s. Kapitel 13). Der spezielle Anwendungsbereich ist die Walzwerksteuerung. Eine typische Automatisierungsaufgabe setzt sich dabei aus mehreren Automatisierungsfunktionen zusammen, die das System ausführen muß, z.B. Dickenregelung, Positionsregelung, automatische Bremsung, etc. Der Benutzer gibt eine Aufgabe interaktiv unter Bezugnahme auf Beispielssysteme und eine Bibliothek von Standardfunktionen vor.

Zunächst erzeugt MMC-KON einen Funktionsplan, der die Funktionsprozessoren für die Automatisierungsfunktionen spezifiziert. Dabei gehen zahlreiche Kriterien ein, z.B. Prozeßstruktur, funktionale Integrität, Bedarf an Interprozeßkommunikation, Buskapazität. Danach wird jeder Prozessor durch Auswahl geeigneter Hardwarekomponenten konfiguriert (Speicher und periphere Einheiten). Die einzelnen Module werden in Einschübe verteilt unter Berücksichtigung der erforderlichen Stromversorgung, bevorzugter Positionen und Kombinierungsmöglichkeiten.

Der nächste Konfigurierungsschritt besteht aus der Zuweisung von Parametereinstellungen zu den einzelnen Modulen, um die vorgesehene Funktionalität zu erzeugen. Schließlich werden die Einschübe in Einschubkästen zusammengefaßt, und die vollständige Dokumentation des Automatisierungssystems wird ausgegeben.

Die Anwendung ist nicht wesentlich anders als die vorhergehenden Beispiele. MMC-KON weist jedoch einige neue Merkmale auf. Das statische Domänenwissen besteht — wie zu erwarten — aus der konzeptuellen Beschreibung aller Objekte, die in einer Konfiguration vorkommen. Zusätzlich zu „is-a“-Beziehungen finden sich jedoch auch „has-parts“-Beziehungen, so daß die konzeptuelle Hierarchie mit einer Zerlegungshierarchie verknüpft wird. Die resultierende Struktur ist in Abbildung 2.3 dargestellt. Man beachte, daß die einzelnen Module aus zwei verschiedenen Sichten dargestellt werden: als physikalische Objekte und als Funktionsträger. Die Möglichkeit, Sichten für komplexe Objekte zu definieren und dadurch Eigenschaften zu verbergen bzw. andere hervorzuheben, ist ein wichtiges Hilfsmittel zur Wissensstrukturierung.

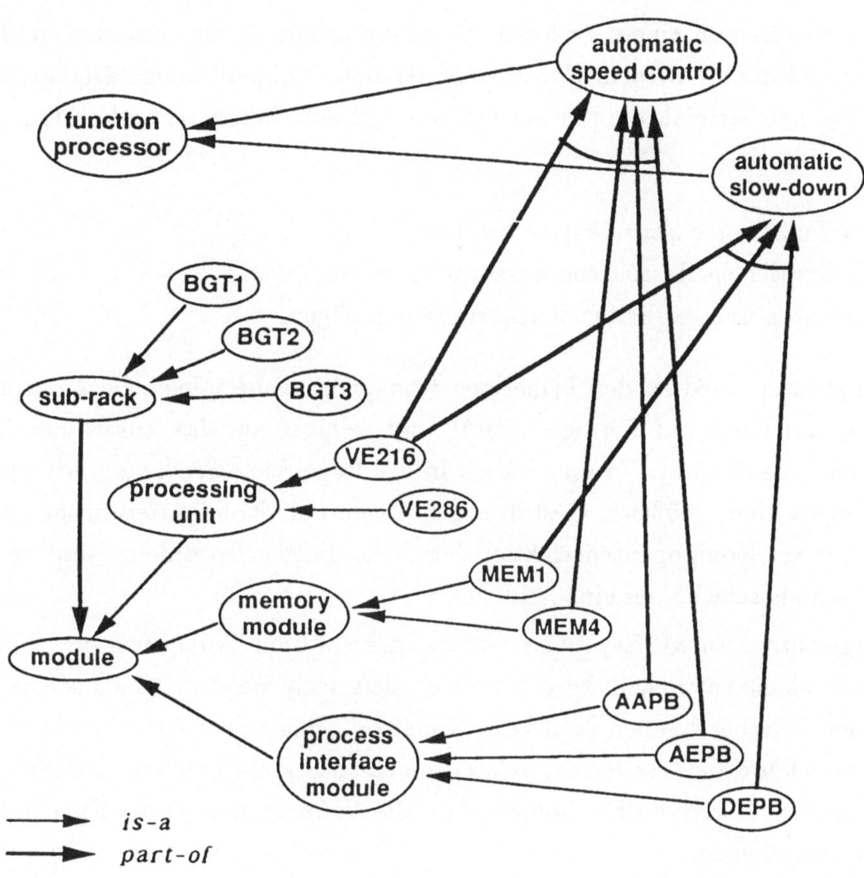

Abb. 2.3: *Hierarchische Struktur des Domänenwissens in* MMC-KON

Ablaufkontrolle spielt in MMC-KON keine besondere Rolle. Es gibt eine natürliche Reihenfolge, mit der der Benutzer die Konfigurierungsschritte durchführt. Das System ist jedoch so angelegt, daß der Benutzer die Reihenfolge nahezu frei gestalten kann. MMC-KON stellt sicher, daß das Ergebnis in jedem Fall konsistent ist. Diese angenehmen Eigenschaft unterscheidet MMC-KON deutlich von XCON, wo die Folge der Konfigurierungsschritte völlig festgelegt und eine freizügige Benutzerinteraktion deshalb unmöglich ist. Ich meine, daß die angenehmen Eigenschaften von MMC-KON hauptsächlich der besseren Wissensrepräsentation zuzuschreiben sind.

2.2.4 ALL-RISE

Wir wenden uns nun einem anderen Anwendungsbereich zu: Entwurf im Bauingenieurwesen. Entwurf wird in [Mostow85] als eine Problemlösungstätigkeit definiert, die das Ziel hat, Artefakte unter vorgegebenen Beschränkungen zu konstruieren. Die Artefakte müssen

1. eine funktionale Spezifikation erfüllen,
2. mit limitierten Ressourcen auskommen sowie,
3. impliziten und expliziten Formkriterien genügen.

Der Hauptunterschied zu den bisherigen Konstruktionsbeispielen liegt darin, daß es beim Entwurf meist auf Formgestaltung und weniger auf das Zusammenfügen von Komponenten ankommt. Formen haben in der Regel viele Freiheitsgrade und bieten deshalb meist einen größeren Gestaltungsspielraum als Konfigurierungsprobleme, die weitgehend auf Komponentenselektion beruhen. Entwurfsprobleme sind deshalb im allgemeinen als schwieriger einzustufen.

Rechnergestützte Entwurfssysteme sind weitgehend unabhängig von der Expertensystem-Technologie entwickelt worden und werden auch meist nicht als solche bezeichnet. Einen Überblick geben [Duffy87] [Tong87a]. Beurteilt man diese Systeme aber anhand von Performanzkriterien, Wissensrepräsentationstechniken und Entwurfsmethoden, so wird klar, daß sie in hohem Maße die Aufmerksamkeit der Expertensystem-Entwickler verdienen.

Wir betrachten nun das System ALL-RISE näher, das Strukturentwurf im Hochbau unterstützt [Sriam86] [Sriam87]. Eingabe für ALL-RISE ist der räumliche Plan eines Gebäudes in Gestalt eines dreidimensionalen Gitters. Die Topologie des Gitters ist durch Zahlenangaben für Stockwerke (*storeys*), Abteilungen (*bays*) und Flure (*aisles*) vorgegeben. Weiterhin sind Lastannahmen (psf = *pounds-per-square-foot*) und lichte Höhen bekannt (s. Abb. 2.4).

Die Ausgabe ist eine Menge zulässiger „Struktursysteme“ mit einer Bewertung hinsichtlich ihrer Eignung für das Gebäude. Abbildung 2.5 zeigt eine typische Ausgabe. Der Entwurf ist in dem Sinne vorläufig, daß nur grobe Entwurfskategorien unterschieden werden, z.B. verschiedene Arten von Stahl- oder Betonstrukturen.

Der Entwurfsvorgang ist eine Tiefensuche in einer Hierarchie vordefinierter Struktursysteme, Teilsysteme und Komponenten. Durch Beschränkungen (engl. *constraints*)

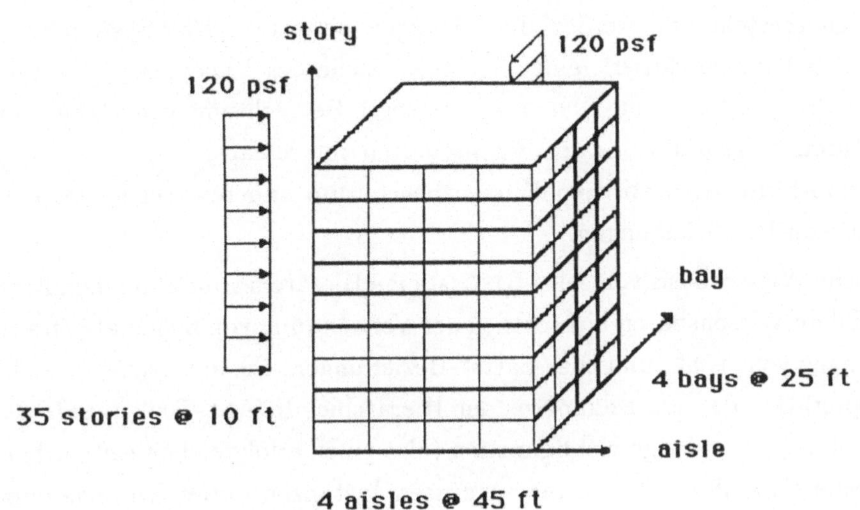

Abb. 2.4: *Beispiel einer Eingabe für* ALL-RISE *[Sriam87]*

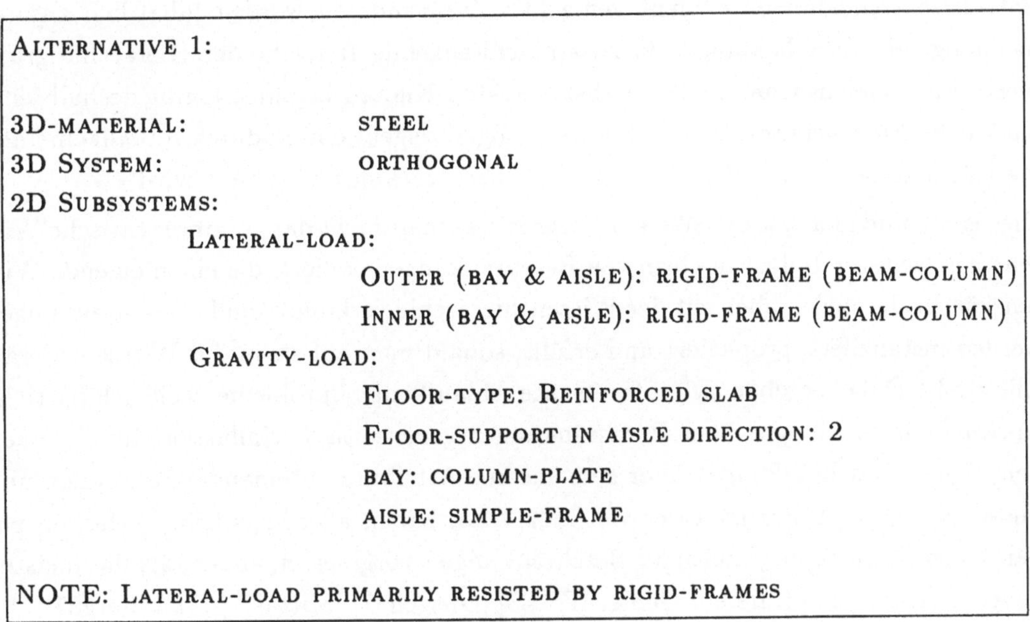

ALTERNATIVE 1:

3D-MATERIAL: STEEL
3D SYSTEM: ORTHOGONAL
2D SUBSYSTEMS:
LATERAL-LOAD:
OUTER (BAY & AISLE): RIGID-FRAME (BEAM-COLUMN)
INNER (BAY & AISLE): RIGID-FRAME (BEAM-COLUMN)
GRAVITY-LOAD:
FLOOR-TYPE: REINFORCED SLAB
FLOOR-SUPPORT IN AISLE DIRECTION: 2
BAY: COLUMN-PLATE
AISLE: SIMPLE-FRAME

NOTE: LATERAL-LOAD PRIMARILY RESISTED BY RIGID-FRAMES

Abb. 2.5: *Teil einer Ausgabe von* ALL-RISE *[Sriam87]*

werden Alternativen ausgesiebt, wird die Kompatibilität der einzelnen Entscheidungen sichergestellt und werden die Lösungen bewertet. Das System ist in CRL (vormals SRL) implementiert, einer Schemasprache des Expertensystem-Werkzeugs KNOWLEDGE CRAFT. ALL-RISE ist in unserer Betrachtung von Expertensystem-Architekturen aufgrund von zwei Eigenschaften interessant: zum einen wegen der Organisationsform der statischen Wissensbasis, zum anderen wegen des extensiven Gebrauchs von Beschränkungen.

Die statische Wissensbasis von ALL-RISE ist eine Hierarchie mit ähnlichen Eigenschaften wie andere Wissensbasen hinsichtlich der Verwendung von Schemata (frames) und der Dominanz von „is-a"- und „has-parts"-Beziehungen. Sie unterscheidet sich aber in der Interpretation des Wurzelknotens der Hierarchie. In ALL-RISE repräsentiert der Wurzelknoten eine zulässige Konfiguration (also einen erfolgreichen Entwurf) in seiner abstraktesten Gestalt. Alle Lösungen müssen Instanzen dieses Knotens oder seiner Spezialisierungen sein. Untergeordnete Knoten repräsentieren alternative Spezialisierungen (z.B. Stahl vs. Beton) oder Teilentwürfe (z.B. Seitenlast und Schwerkraft). Die Blätter der Hierarchie sind Entwürfe, die nicht weiter verfeinert zu werden brauchen.

Diese Art der Wissensrepräsentation hat zwei große Vorteile. Zum einen werden alle Entwurfsentscheidungen explizit gemacht. Zum anderen werden inhaltlich zusammenhängende Entscheidungen in zusammenhängende Bereiche der Hierarchie gruppiert. Eine Tiefensuche, die beim abstraktesten Knoten beginnt, ergibt deshalb eine natürliche Entscheidungsfolge. Man kann sogar zeigen, daß dadurch im Allgemeinen die Rücknahme von Entscheidungen (engl. backtracking) minimiert wird.

Die „is-a"- und „has-parts"-Wissenshierarchie enthält nicht das gesamte statische Wissen. Ein weiterer Teil ist in Form von Beschränkungen codiert, die einen eigenen Wissenskörper darstellen aber mit der Wissenshierarchie verknüpft sind. Beschränkungen werden instanziiert, propagiert und erfüllt, sobald man auf sie in der Wisssenshierarchie stößt. Dabei ergeben sich interessante Ablaufkontrollprobleme, weil sich partielle Entwurfsentscheidungen über Beschränkungen gegenseitig beeinflussen. Im allgemeinen hängen Beschränkungen über gemeinsame Attribute miteinander zusammen und bilden ein Netz. Die Entwickler von ALL-RISE haben allerdings kein Verfahren zur parallelen Befriedigung multipler Beschränkungen vorgesehen, anders als die meisten neueren Arbeiten auf diesem Gebiet [Fox83] [Güsgen87] [Mittal87] [Steinberg87].

2.3 Anforderungen an einen Expertensystemkern für Konstruktionsaufgaben

Die Diskussion in den vorangegangenen Abschnitten hat Gemeinsamkeiten und Unterschiede aufgedeckt, überzeugende und weniger überzeugende Lösungen. Dies stellt den Hintergrund für Überlegungen dar, die Bestandteile und architektonische Merkmale von zukünftigen Konstruktionssystemen betreffen.

Wir lassen uns von den folgenden Einsichten hinsichtlich der Architektur von Konstruktionssystemen leiten:

1. *Eine spezielle wissensbasierte Architektur für Konstruktionssysteme*
   In zahlreichen Anwendungen, insbesondere im technischen Bereich, wird der Konstruktionsprozeß durch hochstrukturiertes Wissen über Komponenten und Aggregate bestimmt. Expertenregeln spielen eine untergeordnete Rolle. Daraus folgt, daß an die Wissensrepräsentation andere Anforderungen gestellt werden als bei herkömmlichen Expertensystemanwendungen, wo regelhafte Expertise im Vordergrund steht. In weiterer Konsequenz ist zu erwarten, daß andere Inferenzmechanismen an die Stelle regelbasierter Inferenzen treten müssen. Dies bedeutet auch, daß neue Expertensystemkerne und Entwicklungswerkzeuge für Konstruktionsaufgaben entwickelt werden müssen.
2. *Wissensorganisation in Hierarchien und Beschränkungen*
   Das zu repräsentierende Domänenwissen muß in erster Linie Antworten auf die Kernfrage eines Konstruktionsproblems geben: Was sind die in einem Anwendungsbereich zulässigen Konstruktionen? Das Wissen läßt sich mithilfe von zwei komplementären Formalismen organisieren: einer objektorientierten Wissenshierarchie mit „is-a"- und „has-parts"-Beziehungen, und einem Netz von Beschränkungen (engl. *constraints*), die Objekteigenschaften beschränken und miteinander in Beziehung setzen.
   Das „has-parts"-Attribut ist natürlich das Schlüsselattribut zur Repräsentation von Aggregaten. Da es bei Konstruktionssystemen um die Beschreibung zulässiger Konstruktionen geht, hat die durch „has-parts" erzeugte Zerlegungshierarchie den Wurzelknoten „zulässige Konstruktion". Alle möglichen Alternativen für partielle Konstruktionen und Komponenten können vom Wurzelknoten aus über „is-a"- und „has-parts"-Verfeinerungen erreicht werden. Der damit beschriebene Graph hat die Struktur eines UND/ODER-Graphen: Teile stellen kon-

junktiv verknüpfte, Spezialisierungen disjunktiv verknüpfte Verfeinerungen dar [DeMello86] [Nilsson71]. Die Lösung des Konstruktionsproblems ist ein Baum im UND/ODER-Graph mit jeweils allen UND-Nachfolgern und jeweils nur einem ODER-Nachfolger.

Beschränkungen sind ein gebräuchliches Mittel, Restriktionen und gegenseitige Abhängigkeiten von Objekten und Eigenschaften auszudrücken [Steele80]. Sie erfordern aus verschiedenen Gründen eine Sonderbehandlung. Zum einen passen sie nicht zur objektorientierten Wissensrepräsentation, die bisher beschrieben wurde. Eine typische Beschränkung betrifft mehr als ein Objekt und kann schlecht einem einzelnen Objekt zugeordnet werden. Zum zweiten beeinflussen Beschränkungen die Reihenfolge der Konstruktionsentscheidungen in einer Weise, die nicht der Baumstruktur der Wissenshierarchie entspricht. Z.B. werden im allgemeinen die am stärksten einschränkenden Beschränkungen zuerst betrachtet. Zum dritten sind Beschränkungen für Menschen eine natürliche Ausdrucksform zur Charakterisierung eines Lösungsraums. Es erleichtert also die Wisseneingabe, wenn Beschränkungen auch formal im Rechner repräsentiert werden können. Vieles deutet also darauf hin, daß Methoden zur Repräsentation und Evaluierung von Beschränkungen in den Werkzeugkasten für Expertensystementwicklungen gehören.

All dies sind wohlbekannte Repräsentationstechniken der KI, die jedoch leider nicht von allen Expertensystem-Werkzeugen unterstützt werden. Darüberhinaus sind weitere weniger ausgereifte Strukturierungstechniken nützlich, z.B. Sichten, also Fokussierungen auf ausgewählte Attribute. Der Bedarf dafür war bei MMC-KON deutlich geworden, wo Konfigurationen in der ersten Konfigurierungsphase als Automatisierungsfunktionen, in der zweiten Phase als Hardwaresysteme betrachtet wurden.

3. *Vorgezeichnete Konstruktionsentscheidungen*

   Eine strukturierte Repräsentation zulässiger Konstruktionen zeichnet Wahlmöglichkeiten vor, z.B. entlang alternativer „is-a"-Spezialisierungen oder unspezifizierter Attributwerte. Die erforderlichen Konstruktionsentscheidungen sind damit bereits implizit vorgegeben, allerdings ohne daß eine Reihenfolge präjudiziert wird. Dadurch wird eine strikte Trennung von Domänenwissen und Problemlösungswissen möglich.

4. *Freie Gestaltung des Ablaufes*

   Die im konkreten Fall zu wählende Reihenfolge der Konstruktionsschritte hängt

in beträchtlichem Maße von der Art der Aufgabe, dem Vorhandensein von Bibliothekslösungen, dem Ausmaß der Benutzerinteraktion und der gewählten Strategie ab. Ein Expertensystemkern für Konstruktionsprobleme sollte deshalb entsprechende Gestaltungsmöglichkeiten bieten. Veränderungen des Ablaufes sollten weitgehend unabhängig vom Domänenwissen erfolgen können. Strategien sind mit Phasen (Teilaufgaben) der Konstruktionsaufgabe verknüpft.
Ein wichtiger Bestandteil der Ablaufsteuerung ist die Möglichkeit, Phasen mit gesonderten Problemlösungsstrategien vorzugeben. Konfigurierung durch menschliche Experten erfolgt häufig in Phasen, z.B. einer automatischen Ermittlung von geeigneten Alternativen gefolgt von einer interaktiven Auswahl der endgültigen Lösung. Eine Phasenstruktur findet sich auch im oben diskutierten Expertensystem XCON. Dort sind Phasen in Gestalt von „Kontexten“ organisiert, in denen jeweils bestimmte Teilaufgaben zu erledigen sind.

Abschließend bleibt festzustellen, daß die genannten Anforderungen durch kommerziell erhältliche Expertensystem-Werkzeuge nicht oder nur teilweise befriedigt werden können. Um wirtschaftliche Expertensystem-Entwicklungen für Konstruktionsaufgaben durchführen zu können, ist die Verwendung eines spezialisierten Expertensystemkerns mit auf die Konstruktionsdomäne zugeschnittenen Eigenschaften geboten.

Kapitel **3**

Modulare Expertensystemarchitekturen

Ingo Syska

3.1 Einleitung

Die Entwicklung von Expertensystemen für den praktischen Einsatz steckt in einem Dilemma, das sich am besten durch das Verhältnis der Zahl von Systementwicklungen zu der Zahl tatsächlich eingesetzter Systeme kennzeichnen läßt: Die Zahl der in publizierten Übersichten wie z.B. [Mertens88] beschriebenen Expertensysteme, die für den kommerziellen Einsatz entwickelt worden sind, geht für den deutschsprachigen Raum in die hunderte. Dagegen konnten nur 32 tatsächlich eingesetzte Systeme gefunden werden. Die Gründe für die geringe Erfolgschance einer Expertensystementwicklung sind vielfältig: So werden sowohl mangelnde Portabilität und Integrationsfähigkeit, als auch eine Unterschätzung der Komplexität der Aufgabenstellung angeführt [Bartsch-Spörl88]. Ein weiterer Grund resultiert aus dem explorativen Vorgehen bei der Expertensystementwicklung: Einem Entwickler bzw. Knowledge-Engineer stehen praktisch keine Entwurfshilfen zur Verfügung, wie sie z.B. durch das Software-Engineering für die konventionelle Programmierung existieren [Twine88]:

> *„Knowledge engineering, as reflected by current practice within the expert system community, is more an artistic discipline than an engineering one“*

---

*Dieser Beitrag ist eine überarbeitete und aktualisierte Version von [Syska89a]

Abb. 3.1: *Die Knowledge-Engineering-Lücke*

Die entstehenden Systeme entbehren dann auch häufig der nötigen Zuverlässigkeit und Robustheit. Partridge wirft daher die Frage auf, ob die relativ unsichere KI-Technologie überhaupt in großen, von sich aus schon schwer durchschaubaren Programmsystemen eingesetzt werden sollte [Partridge89].

Dieser Beitrag kann sicherlich kein universelles Heilmittel zur Behebung dieser Situation liefern. Er versucht jedoch im folgenden, das Entwurfsproblem genauer zu charakterisieren und bestehende Lösungsansätze zu skizzieren. Detaillierter werden wir uns mit dem Modell eines Expertensystem-Modulbaukastens auseinandersetzen und dieses beispielhaft am Expertensystemkern PLAKON erläutern.

3.2 Die Knowledge-Engineering-Lücke

Gegenwärtig steht ein Knowledge-Engineer, der ein Expertensystem für eine gegebene Domäne zu entwickeln hat, vor einem Problem: Auf der einen Seite liefert die Untersuchung der Domäne Domänenwissen in einer verbalen, bestenfalls schwach strukturierten Form. Auf der anderen Seite stehen dem Knowledge-Engineer Standard-Werkzeuge wie BABYLON, KEE oder KNOWLEDGE-CRAFT zur Verfügung. Obwohl diese Werkzeuge bereits auf die zugrundeliegende Programmiersprache (wie z.B. LISP) aufsetzende Wissensrepräsentations- und Inferenzmechanismen anbieten, klafft eine gewaltige konzeptuelle Lücke zwischen der Terminologie des Experten und den zur Verfügung stehenden Mechanismen [Karbach88]. Diese sogenannte Knowledge-Engineering-Lücke muß der Entwickler mittels Erfahrung oder Intuition zu überbrücken versuchen, s. Abb. 3.1.

Es existieren mehrere Ansätze, die Lücke zu schließen: Zum einen wird versucht, aus Richtung der Wissensakquisition kommend, weiterführende Methoden zur Analyse und Aufbereitung des Domänenwissens bereitzustellen. Zu dieser Klasse von Ansätzen gehören Methodologien wie NIAM [Twine88] und KADS [Wielinga86].

Durch Anwendung der KADS-Methodologie ist es möglich, die Inferenzstruktur der Domäne zu extrahieren und daraus ein konzeptuelles Domänenmodell zu entwickeln. Die Inferenzstruktur besteht aus einem gerichteten Graph, der zeigt, wie durch Inferenzschritte, in KADS Wissensquellen genannt, die Wissenskategorien, sogenannte Metaklassen, ineinander überführt werden. Die Wissensquellen können unterschiedliche Inferenzmethoden benutzen, z.B. Vererbung, Propagation oder Matching. Das resultierende konzeptuelle Modell umfaßt eine strukturierte, auf die Inferenzprozesse ausgerichtete Beschreibung der Domäne in der Terminologie des Domänenexperten. Neben dem eigentlichen Beschreibungsrahmen existiert für KADS eine Bibliothek von sogenannten Interpretationsmodellen. Ein Interpretationsmodell beschreibt einen generischen, elementaren Problemlösungsschritt, z.B. eine Klassifikation. Die Modelle lassen sich kombinieren und zu einem konzeptuellen Domänenmodell ausbauen.

Wissensakquisitionsverfahren wie KADS versuchen, die Lücke vom Domänenwissen kommend zu füllen. Was ihnen fehlt, ist eine entsprechende Bibliothek von implementierten Bausteinen für z.B. die unterschiedlichen Inferenzmethoden, mit deren Hilfe sich das konzeptuelle Modell in ein operationales Modell, sprich ein lauffähiges Expertensystem, transformieren läßt [Krickhahn88].

Auch von der Implementationsseite her gibt es Bestrebungen, die Knowledge-Engineering-Lücke zu füllen, und zwar durch die Bereitstellung höherer, auf die bekannten Standardmethoden aufsetzende Mechanismen. Als Ansätze hierzu können das Generic-Task-Konzept [Chandrasekaran87], das in dem System DSPL [Brown89] Eingang gefunden hat, oder das System ZDEST-2 [Tong87] genannt werden. Kennzeichen dieser High-Level-Systeme ist die Verwendung hochentwickelter Formalismen zur Spezifikation von Tasks und Wissensquellen, die konzeptuell den in KADS bereitgestellten Einheiten wie Interpretationsmodellen entsprechen. Karbach et al. [Karbach88] haben am Beispiel von ZDEST-2 gezeigt, wie sich ein in KADS entwickeltes konzeptuelles Modell mit relativ einfachen Mitteln auf die vom Expertensystem benötigten Spezifikationen abbilden läßt. Die Knowledge-Engineering-Lücke scheint also geschlossen wie in Abb. 3.2 gezeigt.

Warum also haben sich High-Level Expertensysteme bisher nicht durchsetzen können? Ein Problem dieser Systeme resultiert aus der Allgemeinheit der bereitgestellten Mechanismen. So bietet z.B. ZDEST-2 sehr flexible Möglichkeiten an, um deklarativ Tasks und Wissensquellen spezifizieren zu können. Das System kann auf eine große Zahl von Aufgabenstellungen angepaßt werden. Die Anpassung erfolgt aber nur auf

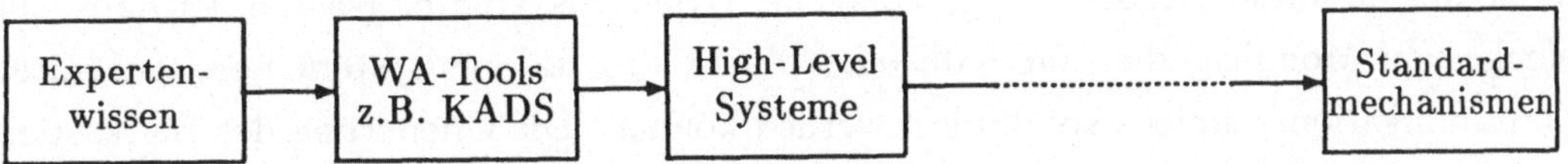

Abb. 3.2: *Versuchte Schließung der Knowledge-Engineering-Lücke*

konzeptueller Ebene, die eigentliche Systemarchitektur wird davon nicht berührt. So werden die Tasks und Wissensquellen auf Regelmengen abgebildet, die über ein spezielles Blackboard miteinander kommunizieren. Die zugrundeliegende Architektur, in diesem Fall der Regelinterpreter und die dynamische Wissensbasis, muß funktionell so ausgelegt sein, daß sie für alle, auch sehr komplexe Problemstellungen eingesetzt werden kann. Das System verwendet also eine Universalarchitektur, die sich an der komplexesten zu lösenden Aufgabenstellung orientieren muß. Daher kann es, insbesondere bei einfachen Problemstellungen, zu einem erheblichen Mißverhältnis zwischen der Problemstellung und den zur Lösung verwendeten Mechanismen kommen. Die zur Verfügung stehenden Systemressourcen an Raum (Speicherplatz) und Zeit (Laufzeit) werden nicht ökonomisch eingesetzt. Auch die Autoren der KADS / ZDEST-2-Kopplung räumen ein, daß durch ihren Ansatz keine besonders effizienten Systeme entstehen werden. Es werden also zusätzliche Konzepte benötigt, um den den Universalarchitekturen inhärenten Effizienzverlust zu umgehen.

3.3 Modulare Systemarchitekturen

Die High-Level-Systeme bieten zwar sehr gute Adaptionsmöglichkeiten auf konzeptueller Ebene, verwenden aber eine starre Architektur, die sich nicht ökonomisch an einzelne Aufgabenstellungen anpassen läßt. Als Erweiterung bieten sich adaptierbare modulare Architekturen an, die nach dem Prinzip eines Baukastens arbeiten: Der Baukasten besteht aus einem Rahmensystem und einer Menge von Software-Modulen. Die Module sind miteinander kombinierbar und lassen sich, eingesetzt in das Rahmensystem, zu einem lauffähigen Gesamtsystem zusammenfügen. Als Beispiel für die Idee eines modularen Systems kann das Betriebssystem UNIX dienen. UNIX besteht aus einer großen Menge von Systembausteinen, auch Tools genannt, die sich mit Hilfe sogenannter Pipes miteinander kombinieren lassen. Den Rahmen bildet das zugrundeliegende Prozeß- und File-System.

Auch der in dieser Arbeit vorgeschlagene Expertensystembaukasten enthält eine Menge von Modulen, die innerhalb eines durch das Rahmensystem bereitgestellten Kommunikationsrahmens kombiniert werden können. Die Gliederung des Baukastens in Bausteine orientiert sich an den funktionalen Komponenten einer Expertensystemarchitektur. So existieren Module für Inferenzmaschine, statische und dynamische Wissensbasis. Dies unterscheidet den hier vorgeschlagenen Baukasten von den bisherigen Expertensystem-Werkzeugen: Diese stellen lediglich eine Menge von Standard-Mechanismen bereit, aus denen die Komponenten erst aufgebaut werden müssen. Unser Baukasten besteht bereits aus komplexen, an den Systemfunktionen ausgerichteten Software-Modulen. Einige Tools, wie z.B. BABYLON, sind bereits modular aufgebaut. BABYLON stellt eine Reihe von Interpreter-Modulen bereit, die über einen sogenannten Meta-Interpreter miteinander kommunizieren können [Börding88]. Die Modularisierung orientiert sich an unterschiedlichen Verarbeitungsmodellen [Stoyan88]: So stehen z.B. miteinander kombinierbare Objekt-, Regel- oder PROLOG-Interpreter als Module zur Verfügung. Auf diesen Standardmechanismen aufbauende Funktionsmodule, wie wir sie vorschlagen, bietet BABYLON nur dort, wo sich Verarbeitungsmodelle und funktionale Komponenten decken (z.B. beim Constraint-Modul). Ein direkt an den Funktionsmodulen einer Expertensystemarchitektur ausgerichteter Modulbaukasten wird von den bekannten Expertensystem-Werkzeugen nicht geboten.

Um eine Anpassung der Systemarchitektur an spezifische Problemstellungen zu ermöglichen, enthält der Expertensystembaukasten für jede Systemkomponente alternative, an die zu lösenden Problemklassen angepaßte Funktionsmodule. So ist es möglich

- für bestimmte Systemkomponenten, z.B. die statische und dynamische Wissensbasis, unter einer Anzahl von problemorientierten Spezialmodulen zu wählen,
- das Gesamtsystem zur Lösung besonderer Aufgabenstellungen mit Spezialmodulen zu versehen, z.B. mit einem Constraint- oder einem Simulations-Modul.

Die Verwendung eines Baukastens mit vorgefertigten Funktionsmodulen zum Aufbau von Expertensystemen bietet eine Vielzahl von Vorteilen:

- Aus *Sicht der Systemarchitektur* läßt sich ein modular aufgebautes Expertensystem flexibel an die jeweilige Problemstellung anpassen. Effizienzverluste werden dadurch weitestgehend vermieden. Zusätzlich erhöht sich durch die strikte Modularisierung die Transparenz der Gesamtarchitektur.

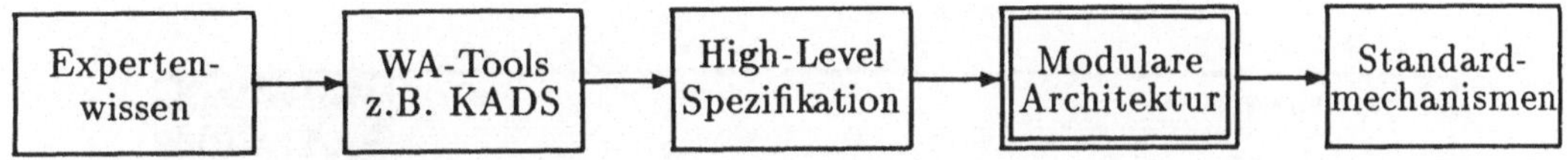

***Abb. 3.3**: Modulare Systemarchitektur als Bindeglied*

- Aus Sicht des *Knowledge Engineering* erhält man einen methodisch geschlossenen Weg von der Domänenbeschreibung hin zu effizienten Expertensystemen: Ausgehend von einem konzeptuellen Modell werden, wie bei den bereits existierenden High-Level Systemen, Tasks und Wissensquellen spezifiziert. Zusätzlich erfolgt die Anpassung der Systemarchitektur. Damit ergibt sich das Vorgehen wie in Abbildung 3.3 dargestellt.
- Schließlich bieten sich auch aus Sicht des *Software-Engineering* wichtige Vorteile: Da die Module untereinander kombinierbar sind, können einmal erstellte Komponenten praktisch beliebig häufig wiederverwendet werden. Dadurch verringern sich die Entwicklungskosten für Expertensysteme. Außerdem besitzen die einzelnen Komponenten eine erheblich geringere Komplexität als das Gesamtsystem und lassen sich daher leichter auf Korrektheit überprüfen. Dem Expertensystementwickler stehen somit ausgetestete Bausteine zur Verfügung, deren Verwendung die Zuverlässigkeit und Robustheit von Expertensystemen erhöhen wird.

Ein Expertensystembaukasten kann die Entwicklung von Expertensystemen also in vielerlei Hinsicht unterstützen und einen wichtigen Beitrag auf dem Weg zu einer ingenieursmäßigen Vorgehensweise liefern.

Im folgenden werden wir am Beispiel des Expertensystemkerns PLAKON aufzeigen, wie einige der Modularisierungsideen in einem konkreten System realisiert worden sind.

3.4 Architekturmodule in PLAKON

PLAKON stellt eine Reihe von modularen Funktionsblöcken bereit, aus denen Anwendungsexpertensysteme aufgebaut werden können. Die Funktionsblöcke sind dabei auf die Lösung von Konstruktionsaufgaben ausgerichtet. Die PLAKON-Architektur ist in drei Bereiche gegliedert (vgl. Abb. 3.4):

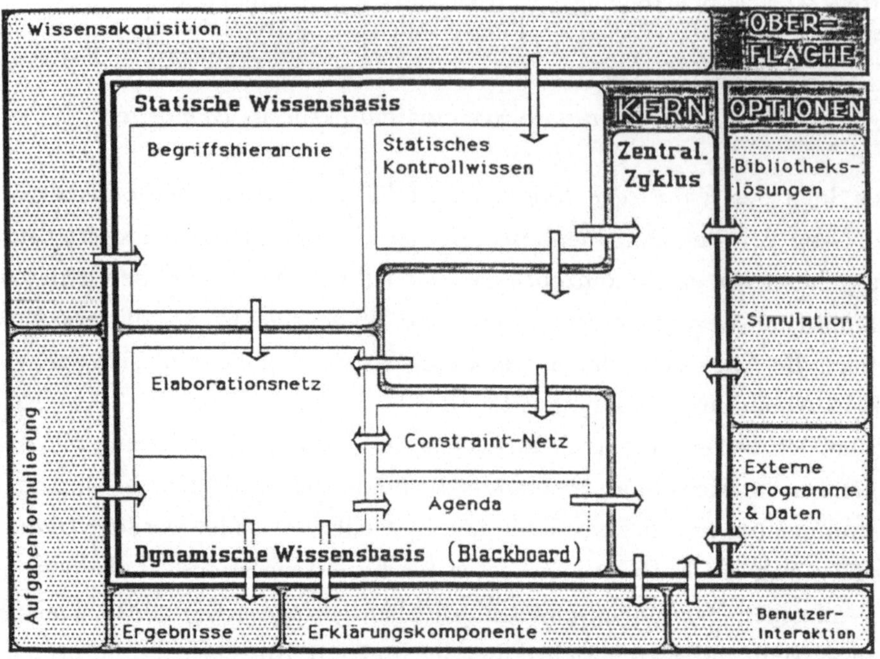

Abb. 3.4: PLAKON-*Architektur (vereinfacht)*

- Kern: Der PLAKON-Kern enthält Basismodule zum Aufbau von
  - statischer Wissensbasis,
  - dynamischer Wissensbasis und
  - Kontrollkomponente.
- Oberfläche: Zu diesem Bereich gehören Komponenten zur Kommunikation mit dem Systembenutzer, wie z.B. die Wissensakquisitionskomponente.
- Optionen: Dies sind optionale Module, die bei Bedarf in das Anwendungssystem eingebunden werden können.

Als gemeinsame Basis der Systemmodule dient die Frame-Repräsentationssprache FRESKO. Sie lehnt sich an die Spezifikationen des Common-Lisp-Object-Systems (CLOS) [Bobrow88] an und stellt eine Objektklassenhierarchie und ein darauf aufsetzendes Methodensystem bereit (vgl. Kapitel 11).

Die Architektur eines mit PLAKON erstellten Anwendungsexpertensystems kann auf zweierlei Arten an eine vorliegende Problemstellung angepaßt werden:

- Durch Auswahl von Alternativmodulen:
  So stehen zur Verwaltung der dynamischen Wissensbasis vier verschiedene Module mit unterschiedlicher Funktionalität bereit:
  - Modus I: Direkte Manipulation der Wissensinhalte
  - Modus II: Einfache Versionenverwaltung
  - Modus III: Versionenverwaltung mit TMS-Abhängigkeitsnetz
  - Modus IV: Versionenverwaltung mit ATMS-Abhängigkeitsnetz

  In Abhängigkeit von der Komplexität der Aufgabenstellung lassen sich die Module wahlweise in ein Anwendungssystem einbinden (vgl. Kapitel 8).
- Durch Verwendung optionaler Module:
  PLAKON stellt eine Reihe von optionalen Modulen bereit, durch die Anwendungssysteme auf spezielle Aufgabenstellungen angepaßt werden können. Z.B. ist es möglich, bei Problemstellungen aus dem Bereich der Änderungskonstruktion über ein Bibliotheksmodul auf bereits vorhandene Lösungen zurückzugreifen und diese neuen Anforderungen anzupassen (vgl. Kapitel 9).

Durch den modularen Aufbau der PLAKON-Architektur ist es also möglich, PLAKON nach dem Vorbild eines Modulbaukastens zu verwenden und die Architektur der darauf aufbauenden Anwendungssysteme an die jeweilige Problemklasse anzupassen. Der modulare Aufbau hat noch einen weiteren Vorteil: PLAKON ist leicht erweiterbar, d.h. dem System können auch im Nachhinein noch Alternativmodule für bereits existierende Module hinzugefügt werden.

3.5 Zusammenfassung und Diskussion

Die Kombination von Wissensakquisitionsmethoden und High-Level-Systemen reicht nicht aus, um in einer methodisch geschlossenen Weise effiziente, für den praktischen Gebrauch einsetzbare Expertensysteme zu entwickeln. Um dieses Defizit zu beheben, wurde die Entwicklung eines Baukastens mit funktionsorientierten Architekturmodulen gefordert, aus dem sich problemorientierte Architekturen aufbauen lassen. Daß dieser Baukasten im Prinzip möglich ist, zeigt der Expertensystemkern PLAKON.

Welche Probleme behindern momentan die Entwicklung eines Baukastens?
Die erste Schwierigkeit besteht darin, eine sinnvolle Modularisierung zu finden. Dies

gilt insbesondere für die Bereitstellung problemorientierter Module. Eine sinnvolle Modularisierung muß sich an den Mechanismen orientieren, die dem Problemlöseverhalten eines Experten zugrundeliegen. Zur Zeit existieren aber nur sehr rudimentäre Vorstellungen über Problemklassen und entsprechende Zuordnungen von Problemlösungsmethoden. Einen ersten Einblick liefern Wissensakquisitionsmethoden (z.B. KADS) durch die Bereitstellung von Inferenzmethoden und Interpretationsmodellen. Weiterführende Forschungen in diesem Bereich sind notwendig.

Ein anderes Problem resultiert aus der Forderung nach Kombinierbarkeit der Module. Die Module müssen einerseits allgemein genug sein, um eine flexible Kombination zu ermöglichen, andererseits aber auch spezialisiert genug, um effizient zu sein. Zwischen beiden Zielen ist beim Entwurf eines Modulbaukastens abzuwägen. Außerdem wird, allein von der Funktion her, nicht jedes Modul mit jedem anderen sinnvoll kombinierbar sein. Genausowenig lassen sich auch die Tools des UNIX-Systems beliebig miteinander verknüpfen. Die Modulschnittstellen müssen daher in einer Weise spezifiziert werden, die Aussagen über die Kombinierbarkeit der Module zuläßt.

Schließlich genügt es nicht, einen Baukasten bereitzustellen, dessen Bausteine nicht transparent sind. Um die Einsetzbarkeit der Module für bestimmte Problemstellungen beurteilen zu können, bzw. einen Vergleich zwischen alternativen Modulen zu ermöglichen, muß eine einheitliche Beschreibung der Module und ihrer Schnittstellen zur Verfügung stehen. Erst eine solche Beschreibung läßt den Baukasten nach außen hin transparent werden und ermöglicht eine gezielte Auswahl der Module. Benötigt wird also eine modulorientierte Beschreibungssprache, mit deren Hilfe sich die im Baukasten enthaltenen Module spezifizieren lassen. Erste Versuche mit der Sprache STANDARD ML [Harper86] erfolgen momentan im Projekt QWERTZ, das sich die Entwicklung einer Planungs-Toolbox zum Ziel gesetzt hat [Hertzberg89].

Trotz der beschriebenen Probleme erscheint die Erforschung von problemorientierten Expertensystemarchitekturen und die Entwicklung von Expertensystembaukästen als ein Weg, dem Dilemma, in dem sich die Expertensystementwicklung zur Zeit befindet, zu begegnen.

Kapitel **4**

PLAKON — Übersicht über das System

Roman Cunis, Andreas Günter

4.1 Einleitung

Im Bereich der Diagnose-Expertensysteme gibt es bereits eine ganze Reihe von domänenunabhängigen, sogenannten „Shells", die, oftmals über die Funktionalität einer KI-Entwicklungsumgebung hinausgehend, dem Anwender eine Systemarchitektur mit den speziell auf Diagnose abgestimmten Inferenzmechanismen zur Verfügung stellen. (Als bekannteste Vertreter seien hier nur EMYCIN [vanMelle79], MED2 [Puppe87] und TESTBENCH [Kahn87] genannt.) PLAKON soll diese Aufgabe im Bereich der Planungs- und Konfigurierungsaufgaben, speziell in technischen Anwendungen, übernehmen.

Dieser Aufgabenbereich ist dadurch gekennzeichnet, daß aus Einzelkomponenten (Planschritten, Bauteilen) eine Gesamtheit (ein Plan, eine Konfiguration) unter Berücksichtigung einer Menge von Randbedingungen *konstruiert* werden soll. Diese Gesamtheit bezeichnen wir als *Konstruktion*, ihre Komponenten als *Konstruktionsobjekte.* Planung und Konfigurierung werden unter dem Begriff *Konstruktionsvorgang* zusammengefaßt. Ein Konstruktionsvorgang besteht aus einer Sequenz von *Konstruktionsschritten.*

---

*Dieser Beitrag ist eine überarbeitete und aktualisierte Version von [Cunis88] und [Cunis89]

Für PLAKON werden unter anderem drei wesentliche Eigenschaften angestrebt:

- umfassende, den Konstruktionsvorgang unterstützende Repräsentationsmöglichkeiten für Konstruktionsobjekte,
- leistungsfähige Darstellungs- und Verarbeitungsmechanismen für numerische und nicht-numerische Abhängigkeiten innerhalb einer Konstruktion,
- flexible Ablaufsteuerung zur Realisierung typischer Konstruktionsstrategien (interaktiv, hierarchisch, opportunistisch).

(Für generelle, ausführliche Betrachtungen zu Anforderungen an einen Expertensystemkern für Konstruktionsaufgaben siehe 2.3.)

PLAKON stützt sich auf Erfahrungen und Anforderungen, die die industriellen Partner im Projekt TEX-K aus Anwendungsprototypen ihrer Konstruktionssysteme gewonnen haben. Für Details zu den Anwendungen siehe Kapitel 1, sowie Teil III, „Anwendungen und weitere Arbeiten“. Eine umfassende Darstellung der Anforderungen an PLAKON findet sich in [Günter87].

In diesem Kapitel wird im wesentlichen die Motivation für unsere Konzepte begründet. Eine genauere Darstellung folgt in den weiteren Kapiteln. Dort wird aufgezeigt, welche Repräsentations- und Kontrollmechanismen PLAKON bereitstellt. Einem Überblick über das PLAKON-Konzept folgen nähere Ausführungen zu den zentralen Komponenten Begriffshierarchie, Constraints, Kontrolle des Konstruktionsvorganges und dynamische Wissensbasis.

In der Zusammenfassung (4.7) wird die Gesamtarchitektur von PLAKON dargestellt und gewertet. Außerdem werden einige Aspekte für die Anwendung auf Planungsaufgaben diskutiert. Den Abschluß des Kapitels bildet ein kurzer Abriß über den Stand der Implementation (4.8).

Zur Veranschaulichung haben wir in diesem und den folgenden Kapiteln des Teils II als Beispieldomäne die Konstruktion eines PKW's ausgewählt. Mit Beispielen aus dieser Domäne werden typische Probleme dargestellt, und es wird ansatzweise beschrieben, wie diese in PLAKON bearbeitet werden können.

4.2 Überblick über das PLAKON-Konzept

Betrachten wir das vollständig[1] zerlegte Auto in Abb. 4.1d. Die Grundidee ist, daß eine Konstruktion aus vielen Teilobjekten zusammengesetzt ist. Ausgehend von einer losen Menge von Objekten, die von einer Aufgabenstellung gefordert sind — sie bilden die erste, initiale *Teilkonstruktion* wie in Abb. 4.1a — soll die Konstruktion schrittweise aufgebaut werden. Es gibt die folgenden Konstruktionsschritt-Typen:

- Objekte *zerlegen*: Dies entspricht der Zerlegung einer Gesamtaufgabe in Teilaufgaben, also einem hierarchischen oder Top-Down-Vorgehen (im Beispiel: Zerlegung des Autos in Motor, Karosserie und Fahrgestell).
- Komponenten *zusammenfügen*: Integration (Aggregation); dies entspricht einem Bottom-Up-Vorgehen (im Beispiel: Konstruktion eines speziellen Motors ausgehend vom Turbolader).
- Objekte *spezialisieren* (im Beispiel: ein Objekt „Auto*“ wird im Verlaufe des Konstruktionsvorganges über „PKW“ zu „Porsche“ verfeinert).
- Objekte *parametrieren*: Dies entspricht der Festlegung von Parametern und Eigenschaften (z.B. Höchstgeschwindigkeit, Hubraum etc.) unter Berücksichtigung von Randbedingungen, die in Form von Constraints vorliegen können.

Das dazu notwendige konzeptuelle Domänenwissen wird deklarativ in einer Begriffshierarchie (Abb. 4.2) dargestellt. Sie enthält eine kompositionelle Hierarchie (für Zerlegung und Aggregation) und eine taxonomische Hierarchie (für Eigenschaftsbeschreibung und Spezialisierung). Instanzen der dort beschriebenen Konzepte werden zum Aufbau der Konstruktion verwendet. (Siehe dazu 4.3 und Kapitel 5.)

Die angedeutete Vorgehensweise legt für PLAKON eine flexible Kontrolle nahe, bei der „opportunistisch“ immer an der erfolgversprechendsten Stelle der vorliegenden Teilkonstruktion weitergearbeitet wird (vgl. [Hayes-Roth79][2]). Der Konstruktionsvorgang besteht dann grob ausgedrückt aus dem folgenden *zentralen Zyklus*:

[1] „Vollständig“ ist hier natürlich nur hinsichtlich der sehr stark vereinfachten Beispieldomäne zu verstehen (s. auch Abb. 4.2)

[2] Hayes-Roth prägte für diese Art der Vorgehensweise in der Planung den Begriff *Opportunistic Planning*.

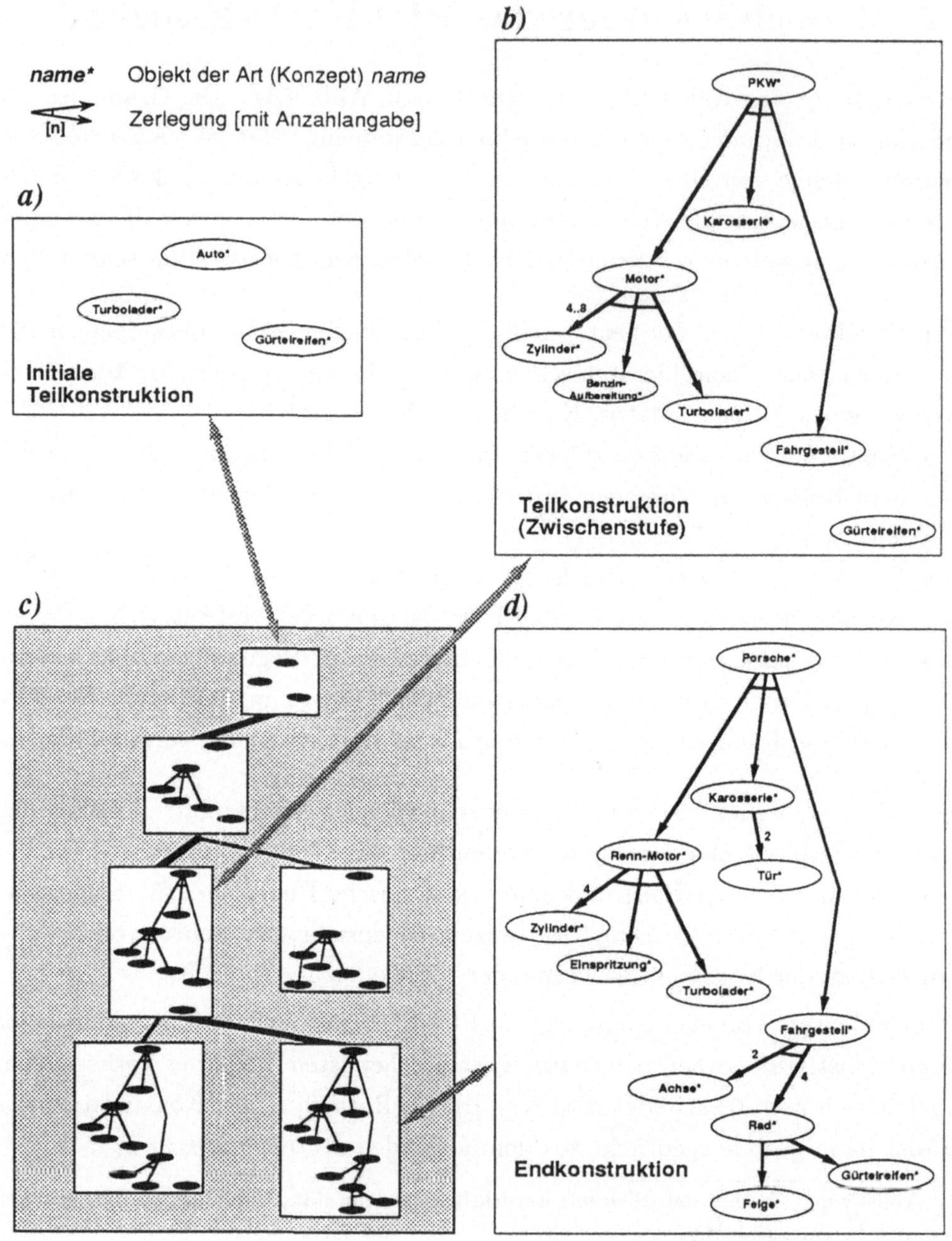

Abb. 4.1: *Schrittweise Entwicklung von Teillösungen*

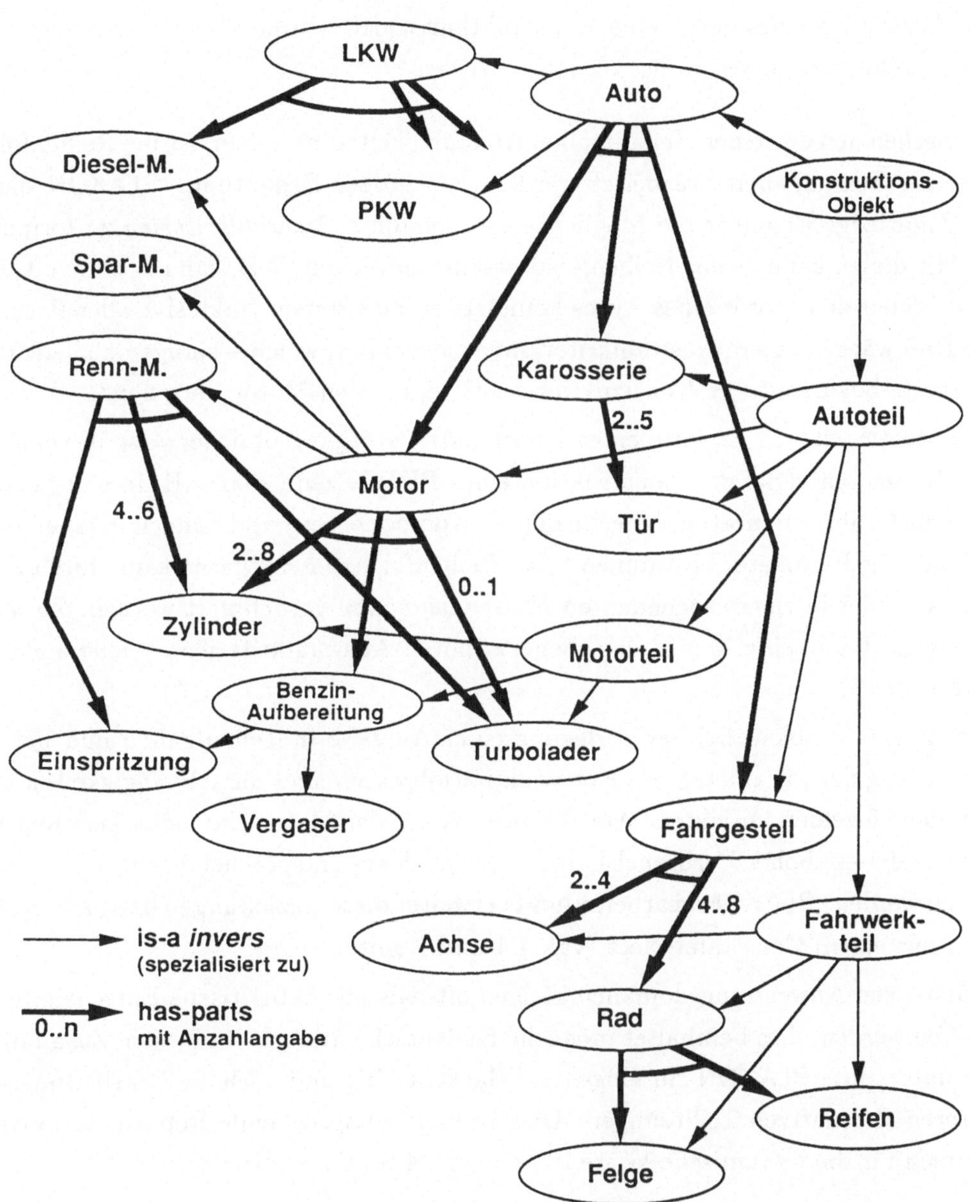

Abb. 4.2: *Begriffshierarchie (Ausschnitt) für die Auto-Domäne*

- Analyse der aktuellen Teilkonstruktion hinsichtlich möglicher Konstruktionsschritte,
- Auswählen eines geeigneten Konstruktionsschrittes und
- Durchführen dieses Konstruktionsschrittes.

Da zwischen den einzelnen Teilaufgaben Abhängigkeiten bestehen, ist die Reihenfolge, in der die Teilaufgaben bearbeitet werden, von großer Bedeutung. PLAKON bietet dem Knowledge-Engineer die Möglichkeit, sogenannte *Auswahlkriterien* zu formulieren. Mit diesen kann er das Reihenfolgewissen ausdrücken. Z.B. kann es sinnvoll sein, zuerst immer den Motor eines Autos komplett zu bestimmen (inklusive aller Parameter). Dies wäre in einem Auswahlkriterium ausdrückbar, welches sinngemäß bedeutet: „Bearbeite bevorzugt alle Konstruktionsschritte, die den Motor betreffen".

Des weiteren teilt ein Experte einen Konstruktionsvorgang üblicherweise in verschiedene Phasen ein. (Bei der Konstruktion eines PKW's kann man z.B. in einer ersten Phase die Grobkonfiguration berechnen (alle Komponenten) und danach in einer zweiten Phase die Parameter bestimmen.) Die Reihenfolge dieser Phasen kann durch *Kontrollregeln* oder in einem sogenannten *Phasenablaufplan* vordefiniert werden. Zu jeder Phase gehört u.a. eine Menge der obenerwähnten Auswahlkriterien. (Siehe auch 4.5 und Kapitel 7).

Ein zentrales Problem bei der Zerlegung einer Aufgabe in Teilaufgaben und bei der Bestimmung der Parameter von Konstruktionsobjekten sind die Abhängigkeiten zwischen den einzelnen Objekten. Am Beispiel: Wenn der Motor eine hohe Leistung hat (daraus folgt ein hoher Verbrauch), dann muß auch ein entsprechend großer Tank vorgesehen werden. PLAKON bearbeitet und verwaltet diese Beziehungen bzw. Abhängigkeiten mit einem Constraint-Netz (vgl. 4.4 und Kapitel 6).

In komplexen Anwendungsdomänen können oftmals nur heuristische Entscheidungen getroffen werden; dies beinhaltet mögliche Fehlentscheidungen. In diesem Zusammenhang unterstützt PLAKON „intelligentes" Backtracking und auch die Bearbeitung von mehreren alternativen Teillösungen. Dies bedingt entsprechende Repräsentationsformalismen für die dynamische Wissensbasis (vgl. 4.6 und Kapitel 8).

4.3 Begriffshierarchie

In der Begriffshierarchie werden alle Objekte der Anwendungsdomäne und die Abhängigkeiten zwischen ihnen konzeptuell beschrieben. Diese Konzepte bilden eine taxonomische (*is-a-*)Hierarchie, die dazu dient, Objekte zu typisieren, Klassen und Spezialisierungen (Unterklassen) von Objekten zu beschreiben und deren Eigenschaften festzulegen. Eigenschaften werden innerhalb der Hierarchie vererbt.

Konzepte werden durch einen Bezug zu einem übergeordneten Konzept und durch eine Menge von Eigenschaften oder Parametern beschrieben, die das Konzept charakterisieren (und für die Konstruktion relevant sind). *Objektdeskriptoren* beschreiben die zulässigen Wertemengen für Eigenschaften. Zusätzliche Angaben an den Eigenschaften können genutzt werden, um z.B. Defaults oder Werte-Berechnungsfunktionen vorzugeben. Intern wird solch ein Konzept als ein *Frame* (vergleichbar einem variablen Datensatz) dargestellt, dessen *Slots* (Felder) die Objektdeskriptoren aufnehmen und in dem *Facetten* an den Slots die zusätzlichen Angaben aufnehmen.

Objektdeskriptoren können Anzahlmengen, Zahlintervalle, Prädikate oder wiederum Konzepte von anderen Objekten sein. Semantisch repräsentieren sie *einen* Wert, für den nur bekannt ist, daß er in der angegebenen Menge enthalten ist. Ein Beispiel (für nähere Hinweise zur verwendeten Syntax siehe 5.2):

```
;; ein Auto ist ein Konstruktionsobjekt mit den Eigenschaften...
(ist! (ein Auto)
      (ein Konstruktionsobjekt
           (Geschwindigkeit [0km/h 300km/h]
                  (Default 100km/h))
           (Farbe {rot gruen blau schwarz}) ; einer der Werte...
           (Hersteller (eine Autofirma))
           (Has-Parts (:set (ein Motor) ; eine Menge bestehend aus...
                            (eine Karosserie)
                            (ein Fahrgestell)))))
```

Spezialisierende Konzepte dürfen vorhandene Slotbeschreibungen nur einschränken, nicht aber überschreiben, und zusätzliche Eigenschaften einführen:

```
(ist! (ein LKW)
      (ein Auto
           (Geschwindigkeit [0km/h 120km/h])
           (Hoechstlast [0t 30t])
           (Has-Parts (:set (ein Dieselmotor)
                            (eine Karosserie)
                            (ein Fahrgestell
                                 (Achslast [0t 40t]))))))
```

Dadurch stellt die taxonomische Hierarchie eine strenge Spezialisierungshierarchie dar, die sich an Ideen von KL-ONE [Brachman85] und OMEGA [Attardi85] orientiert. Sie ermöglicht den Einsatz eines Klassifikators (*Classifiers*) zur *dynamischen Spezialisierung* und zur Unterstützung der Wissensakquisition.

Bei der dynamischen Spezialisierung werden im Verlaufe des Konstruktionsvorganges Instanzen von nicht-terminalen Konzepten erzeugt und nach weiterer Bearbeitung anhand der Vorgaben der Begriffshierarchie schrittweise spezialisiert. Am Beispiel: Ein Auto-Objekt, dem ein Dieselmotor(-Objekt) zugeordnet wird, kann danach zu einem LKW spezialisiert werden; diese Festlegung führt dann ggf. zu weiteren Einschränkungen bei anderen Eigenschaften.

Für die taxonomische Hierarchie gilt also die *„Closed-World-Assumption"*, bei der angenommen wird, daß der beschriebene Weltausschnitt im Sinne der Aufgabenstellung *vollständig* ist. Obwohl diese Forderung im allgemeinen Fall durchaus kritisch ist, kann sie in technischen Domänen guten Gewissens aufgestellt werden, weil dort die Zahl der Objekte einigermaßen begrenzt ist und alle Komponenten und ihre Eigenschaften bekannt sein *müssen*, um eine Konstruktion durchführen zu können.

Über diese taxonomische Hierarchie wird eine *kompositionelle Hierarchie* gelegt, die die Zerlegung von Konstruktionsobjekten in Komponenten beschreibt. Die *has-parts-* (bzw. *part-of-*) Beziehung ist die Grundlage für die Erstellung der fertigen Konstruktion. In den Konzept-Frames wird die *has-parts*-Relation durch mengenwertige Slots dargestellt, die Verweise auf die Konzepte der Teilkomponenten enthalten (s. Beispiele oben). Um mehrfaches Vorkommen von Komponenten eines Typs in einem Aggregat ausdrücken zu können, kann mit dem entsprechenden Konzept eine Anzahlangabe assoziiert werden. (Diese Darstellung zur Zerlegung eines Objektes in Komponenten findet sich in ähnlicher Form u.a. in dem System DNS [Zucker86].) Am Beispiel:

```
(ist! (ein Motor)
      (ein Autoteil
           (has-parts (:set (:some (ein Zylinder) 2 12)
                            (ein Vergaser) ...))))
```

Zusätzlich können in der Begriffshierarchie mit den Objektkonzepten Nebenbedingungen assoziiert werden, die die Wertzuweisung an die Parameter eines Objektes kontrollieren und die Zusammenhänge zwischen Parametern eines oder mehrerer Objekte beschreiben. Diese Nebenbedingungen werden in der Begriffshierarchie durch *konzeptuelle Constraints* ausgedrückt.

In Hinblick auf den Konstruktionsprozeß kann man zusammenfassend feststellen, daß die Begriffshierarchie als eine generische Repräsentation der *Menge aller zulässigen Konstruktionen* in einer gegebenen Domäne aufgefaßt werden kann. Damit kann sie als Leitfaden für den Konstruktionsprozeß dienen. Mit der Orientierung an der kompositionellen Hierarchie wird gleichermaßen ein Top-Down-Vorgehen (Verfeinerung von Aggregaten, Dekomposition) und ein Bottom-Up-Vorgehen (Aggregation von Komponenten) unterstützt.

4.4 Constraints

Constraints („Beschränkungen") dienen in PLAKON zur Repräsentation und Auswertung der in der Domäne bestehenden Abhängigkeiten zwischen Konstruktionsobjekten. Sie können sich auf einzelne Objekteigenschaften oder auf die Existenz von Objekten beziehen und gehen als Nebenbedingungen in den Konstruktionsvorgang ein (vgl. Kapitel 6).

Im allgemeinen beschreiben Constraints über eine Constraint-Relation Abhängigkeiten zwischen einer Menge von Constraint-Variablen. Die Constraint-Relation definiert dabei die Art der Abhängigkeit. Werden bestimmte Variablen eines Constraints mit Werten belegt, so sorgt es dafür, daß für die übrigen Anschlüsse Werte entsprechend der Constraint-Relation generiert werden. Werden dagegen von vornherein alle Anschlüsse mit Werten belegt, so kann das Constraint feststellen, ob die Anschlußbelegung in Bezug auf die Constraint-Relation konsistent ist ([Sussman80], [Güsgen87]).

In PLAKON wird ein dreistufiges Constraint-Modell verwendet. Auf der obersten Stufe stehen die sogenannten *Constraint-Klassen.* Sie stellen domänenunabhängige

Spezifikationen von Abhängigkeitsbeziehungen zur Verfügung (z.B. Adder, Multiplier). Die Constraint-Klassen werden durch ein in PLAKON integriertes, domänenunabhängiges Constraint-System bereitgestellt, das dem an der GMD entwickelten CONSAT [Güsgen87] nachempfunden wurde.

Aufbauend auf den Constraint-Klassen können auf der zweiten Stufe des Constraint-Modells sogenannte *konzeptuelle Constraints* definiert werden, die die in der betrachteten Domäne bestehenden Abhängigkeiten beschreiben. Sie stellen eine Zuordnung von Objekten bestimmter Konzepte und ihren Parametern zu Constraint-Klassen dar.

Beispiel: Die Beziehung

„Der Hubraum eines Motors ist gleich dem Produkt aus Zylinderanzahl und Hubraum der einzelnen Zylinder"

wird durch folgendes konzeptuelles Constraint repräsentiert:

```
(constrain ((#?M (ein Motor))
            (#?Z (ein Zylinder (part-of #?M))))
   (multiplier (#?Z Hubraum) (#?M Zylinderzahl) (#?M Gesamthubraum)))
```

Die Definition besteht aus zwei Teilen. Der erste Teil, Domain-Pattern genannt, spezifiziert diejenigen Objekte, an die das Constraint gebunden werden soll. Der zweite Teil der Definition beschreibt die Zuordnung der Constraint-Klasse `Multiplier` an die spezifizierten Eigenschaften bzw. Slots der Objekte.

Immer, wenn während des Konstruktionsvorganges Objekte erzeugt werden, die das Domain-Pattern erfüllen, werden die zugehörigen konzeptuellen Constraints instantiiert und an die Slots dieser Objektinstanzen gebunden. Dadurch, daß mit jedem Instanzenslot mehrere Constraint-Variablen verbunden sein können, entsteht eine Vernetzung der instantiierten Constraints zu einem *Constraint-Netz.* Dieses Netz bildet die dritte Stufe im verwendeten Constraint-Modell und spiegelt die Menge der Abhängigkeiten innerhalb der aktuellen Konstruktion wider. Es wächst dynamisch mit der Erzeugung neuer Objekte.

Der Kontrollmechanismus von PLAKON kann zu jeder Zeit die Propagation des Constraint-Netzes anstoßen und damit Parameterfestlegungen durchführen oder überprüfen:

- Unbekannte Slotwerte können anhand von Constraints aus bereits bekannten Slotwerten abgeleitet werden, und Mengen zulässiger Werte für einen Parameter können weiter eingeschränkt werden.
- Bei gegebener Abhängigkeitsstruktur können Slotwerte auf ihre Konsistenz überprüft werden.

Außer Abhängigkeiten zwischen Eigenschaften von Objekten gibt es noch eine weitere, häufige Art von Einschränkungen, die die Existenz von Objekten fordern oder verbieten [Descotte85]. Um diese Art von Constraints repräsentieren und evaluieren zu können, sind zwei spezielle Constraint-Klassen `Exist` und `Not-Exist` eingeführt worden. Z.B.: Das Constraint

„Wenn ein Auto nach Österreich exportiert werden soll muß es einen Katalysator haben"

würde wie folgt repräsentiert werden:

```
(constrain ((#?A (ein Auto (exportiert-nach 'Oesterreich))))
   (exist (ein Katalysator (part-of #?A))))
```

4.5 Konstruktionsvorgang

Der Konstruktionsvorgang von PLAKON besteht aus einer Sequenz von Konstruktionsschritten, durch die eine *initiale Teilkonstruktion* (abgeleitet aus der Aufgabenstellung, siehe auch Kapitel 15) in eine vollständige und korrekte Endkonstruktion überführt wird (s. Abb. 4.1). Eine Teilkonstruktion entspricht einer Teillösung, oder einem Zwischenzustand, während des Konstruktionsvorganges. Teilkonstruktionen enthalten Instanzen von Konstruktionsobjekten, die in einer *has-parts*-Relation zueinander stehen. Dabei sind nicht notwendigerweise alle Instanzen miteinander verbunden. Indem Teilkonstruktionen schrittweise verfeinert und vervollständigt werden, versucht das System, eine komplette und korrekte Endkonstruktion zu erreichen. Dort sind dann entsprechend der Begriffshierarchie alle Instanzen gemäß ihrer *part-of*-Beziehung hierarchisch geordnet und alle notwendigen Eigenschaften festgelegt.

Das Überführen einer Teilkonstruktion in eine andere durch Ausführen eines Konstruktionsschrittes wird als *Elaboration* bezeichnet. Alle Teilkonstruktionen werden explizit dargestellt und mit Elaborationskanten verbunden, die Informationen über den durchgeführten Schritt enthalten. Es können auch mehrere alternative Teilkonstruktionen erzeugt werden (z.B. bei lokalen Breitensuchverfahren und nach Konflikten). Dieses so aufgespannte *Elaborationsnetz* repräsentiert somit die gesamte Historie des Konstruktionsvorganges (s. Abb. 4.1c). Es kann als Grundlage für ein „intelligentes" Backtracking-Verfahren zur Konfliktlösung und für eine Erklärungskomponente dienen (vgl. Kapitel 7).

Für die Kontrolle des Konstruktionsprozesses gibt es zwei verschiedene Verfahren, den begriffshierarchie-orientierten und den regel-orientierten Ansatz. Im *regel-orientierten* Ansatz wird angenommen, daß das Kontrollwissen in Regeln ausgedrückt werden kann, die sowohl den Kontrollfluß — d.h. Auswahl und Reihenfolge von Konstruktionsschritten — als auch die Ausführung dieser Schritte bestimmen. Wir haben uns ursprünglich gegen ein solches, rein regelbasiertes Vorgehen (wie es z.B. auch in R1/XCON [McDermott82] verwendet wird) entschieden, weil dort die Möglichkeiten zur Wissensstrukturierung, Formulierung von Kontrollwissen und Konsistenzerhaltung in komplexen Domänen zu wenig ausgeprägt sind und weil die explizite Trennung von Fakten- und Kontrollwissen nicht möglich ist (siehe auch Kapitel 2). Im Sinne eines Werkzeugsystems ist für PLAKON aber auch ein solcher regelorientierten Kontrollansatz entwickelt worden; auf diesen wird hier jedoch nicht weiter eingegangen (s. auch 4.8 und Kapitel 14).

Im *begriffshierarchie-orientierten Ansatz* (s. Kapitel 7) verwendet der Konstruktionsprozeß die Begriffshierarchie als Leitfaden. Teilkonstruktionen, die ja Teil-Instantiierungen der Begriffshierarchie verkörpern, werden ausschließlich entsprechend der darin enthaltenen *syntaktischen* Information weiterentwickelt. Auf diese Weise wird sichergestellt, daß die resultierende Konstruktion immer ein Element der Menge der zulässigen Konstruktionen repräsentiert. Sie wird außerdem garantiert alle Einschränkungen, die mit der initialen Teilkonstruktion vorgegeben wurden, erfüllen, vorausgesetzt daß eine Lösung existiert, weil die Endkonstruktion aus der initialen Teilkonstruktion in einem strikt monotonen Verfeinerungsprozeß abgeleitet wird.

Beim begriffshierarchie-orientierten Kontrollkonzept wird eine klare Trennung zwischen unterschiedlichen Wissensinhalten erzwungen. Kontrollwissen wird explizit und deklarativ repräsentiert. Der Konstruktionsvorgang von PLAKON wird nur durch separate, explizite Kontrollentscheidungen gesteuert.

Der *zentrale Zyklus* des Konstruktionsvorganges besteht aus folgenden Schritten (zur Verdeutlichung siehe den „Kern" in Abb. 4.3):

1. Es wird die aktuelle Teilkonstruktion bestimmt.

2. Die ausgewählte Teilkonstruktion wird daraufhin untersucht, welche Konstruktionsschritte noch durchgeführt werden müssen. Wie bereits in 4.2 ausgeführt, kennt PLAKON folgende Typen von Konstruktionsschritten:

   - *Zerlegen* (Dekomponieren) von Objekten gemäß der *has-parts*-Hierarchie durch Instantiieren der Komponenten.
   - *Spezialisieren* von Objekten entlang der *is-a*-Kanten.
   - *Integration* von Teilkomponenten entlang der *has-parts*-Kanten, d.h. Instantiierung von Aggregaten und fehlenden Teilen, sobald ausreichend Teilkomponenten eines Konstruktionsobjektes vorhanden sind. Dies enthält außerdem das *Verschmelzen* verschiedener Instanzen in einer Teilkonstruktion, die eindeutig dasselbe reale Objekt beschreiben.
   - *Parameterwerte* festlegen oder einschränken. Dabei spielt die Propagation von Nebenbedingungen eine wesentliche Rolle.

   Zu jedem dieser Konstruktionsschritt-Typen existiert ein „Spezialist", der feststellt, ob an einem Konstruktionsobjekt ein entsprechender Konstruktionsschritt durchgeführt werden muß, und wenn ja, einen entsprechenden Eintrag in eine *Agenda* generiert. Durch eine Menge von *Auswahlkriterien* wird aus der Agenda ein Eintrag (entspricht einem Konstruktionsschritt) ausgewählt. Die Auswahlkriterien beinhalten Wissen darüber, in welcher Reihenfolge die Konstruktionsschritte am erfolgversprechendsten ausgeführt werden können.

3. Der ausgewählte Konstruktionsschritt wird durchgeführt. Falls kein eindeutiger Wert als Resultat feststeht, können verschiedene Bearbeitungsverfahren zur Festlegung angewendet werden:

   - einen Defaultwert einsetzen,
   - eine Berechnungsvorschrift oder -regel anwenden,
   - den Benutzer fragen,

- einen Wert aus einer bereits erfolgten und in einer *Bibliothek* gespeicherten Konstruktion übernehmen, falls „nichts dagegen spricht" (*Bibliothekslösung*, vgl. Kapitel 9),
- eine Simulation extern durchführen, um Parameterwerte zu bestimmen oder die Güte eines Zwischenergebnisses abzuschätzen (vgl. Kapitel 10).

Bei der Durchführung eines Konstruktionsschrittes werden eine neue Teilkonstruktion und eine Elaborationskante generiert.

4. Abschließend können durch Propagation des Constraint-Netzes

- aus der Durchführung resultierende Einschränkungen an andere Objekte und Slots der Teilkonstruktion weitergereicht werden,
- Konflikte, die aus einer inkonsistenten Teilkonstruktion resultieren, erkannt werden.

Aus Effizienzgründen kann der Aufbau der Agenda durch Fokusse eingeschränkt werden. Ein Fokus kann sich dabei auf Konstruktionsschritt-Typen, Konstruktionsobjekte und Slots beziehen. Darüberhinaus können für den aktuellen Zusammenhang irrelevante Teilnetze des Constraint-Netzes zeitweilig deaktiviert werden, um den Propagationsvorgang zu beschleunigen.

Ein Konstruktionsvorgang läßt sich oftmals in verschiedene Phasen einteilen, in denen unterschiedliches Kontrollwissen benötigt wird. PLAKON ermöglicht es, dieses Kontrollwissen in einer *Strategie* zusammenzufassen. Eine Strategie kann u.a. folgendes Kontrollwissen enthalten: Auswahlkriterien, Präferenzen für Bearbeitungsverfahren, Angaben zur Fokussierung der Agenda und Steuerinformationen für die Constraint-Propagation.

Wenn man einen Konstruktionsvorgang in mehrere Phasen einteilt, benötigt man eine weitere Funktion, welche die zu bearbeitende Phase bestimmt und damit das anzuwendende Kontrollwissen (Strategie) festlegt. Die Reihenfolge der Phasen kann durch einen *Phasenablaufplan* oder durch eine Menge von Kontrollregeln definiert werden. Ein Phasenablaufplan besteht aus einer Folge von Phasen, denen je eine Strategie zugeordnet ist. Er kann auch Verzweigungen und Schleifen enthalten.

Zur optimalen Fortsetzung des Konstruktionsvorganges im Konfliktfall verwendet PLAKON „intelligentes" Backtracking, das optional durch ein Truth-Maintenance-System unterstützt werden kann (s. 4.6 und Kapitel 7). PLAKON ermöglicht es, domänenunabhängige und -abhhängige Konfliktlösungsregeln einer Strategie zuzuordnen. Diese werden im Konfliktfall automatisch ausgewertet und liefern den Aufsetzpunkt im Elaborationsnetz für ein „intelligentes" Backtracking [Dhar85] und, sofern möglich, entsprechende Lösungshinweise.

Der beschriebene Zyklus deckt sich in einigen Punkten mit dem Zyklus eines Blackboard-Systems (vgl. [Hayes-Roth85]). Ein wesentlicher Unterschied ist die deutliche Sequentialisierung des Zyklus. Die Generierung einer Agenda und die Auswahl daraus entsprechen dagegen noch weitgehend der Blackboard-Philosophie.

4.6 Dynamische Wissensbasis und Versionsverwaltung

Die *dynamische Wissensbasis* nimmt alle dynamisch im Verlaufe des Konstruktionsvorganges entstehenden Objekte auf. Dies ist in der Hauptsache das Elaborationsnetz mit allen Teilkonstruktionen und damit allen Instanzen von Konstruktionsobjekten. Darüberhinaus stehen hier das inkrementell mit dem Umfang der Teilkonstruktionen wachsende Constraint-Netz und alle Kontrolldaten, wie z.B. die Agenda.

Bei der Entwicklung und Verfolgung alternativer Lösungspfade im Elaborationsnetz muß PLAKON in der Lage sein, verschiedene Lösungspfade parallel zu verfolgen oder aber einzelne Pfade detailliert auszuarbeiten. Die Bearbeitung eines Pfades wird im Konfliktfall abgebrochen oder kann — bei Breitensuche — auch unterbrochen und zu einem späteren Zeitpunkt wieder aufgenommen werden. Dies verlangt das gleichzeitige Halten und Verwalten verschiedener Lösungsversionen in der dynamischen Wissensbasis.

Wird in einem Konfliktfall der Konstruktionsprozeß mit einer anderen Alternative für Entscheidungen, die zum Konflikt führten, fortgesetzt, tritt oft der Fall auf, daß in dem verworfenen Zweig des Elaborationsnetzes auch Entscheidungen enthalten sind, die von dem Konflikt nicht betroffen sind. *Truth-Maintenance-Verfahren* (Rechtfertigungsverwaltungen) werden eingesetzt, um derartige Entscheidungen aufzubewahren und in den neuen Lösungspfad zu übernehmen. Dazu protokollieren sie die Abhängigkeiten zwischen Änderungen an Objekten. Dies bedeutet jedoch einen stark erhöhten zusätzlichen Aufwand an Verwaltungsinformation.

PLAKON bietet vier verschiedene Modi zur Repräsentation von Teilkonstruktionen in der dynamischen Wissensbasis an. Diese unterscheiden sich in der Komplexität der angeboten Möglichkeiten zur Versionsverwaltung — zwei der Modi unterstützen „echte" Truth-Maintenance-Verfahren. Auf diese Weise ist es möglich, den für die Komplexität der Anwendungsdomäne und für den zu modellierenden Problemlösungsprozeß optimalen Modus zu wählen.

Modus I—XCON-Modus: Der XCON-Modus ist der einfachste Modus. Sein Name wurde vom R1/XCON-System [McDermott82] abgeleitet, da die angebotenen Verwaltungsfunktionen, genau wie dort, lediglich ein sackgassen- und damit backtrackingfreies Vorgehen bei der Konstruktion erlauben. Das Elaborationsnetz repräsentiert lediglich einen einzigen Ableitungspfad, die Historie des Konstruktionsvorganges.

Modus II—Backtrack-Modus: Als Erweiterung zum XCON-Modus bietet der Backtrack-Modus zusätzlich die Möglichkeit des Backtracking zur Lösung von Konstruktionskonflikten an. Dabei ist sowohl das einschrittige chronologische Backtracking, als auch das mehrere Konstruktionsschritte zurückreichende „intelligente" Backtracking möglich. Das Elaborationsnetz kann in voller Breite, d.h. unter der Berücksichtigung von Alternativentscheidungen entwickelt werden. Der Konstruktionsvorgang kann wahlweise zwischen verschiedenen Teilkonstruktionen wechseln. Das Elaborationsnetz entspricht in diesem Falle einer Hierarchie von *Viewpoints* oder *Worlds*.

Modus III—TMS-Modus: Zusätzlich zum Backtrack-Modus werden Abhängigkeitsinformationen in der Art des Doyle'schen TMS [Doyle79] aufgebaut. Bei einem Konstruktionskonflikt können so alle Daten, die unabhängig von der Konfliktursache sind, für die weitere Bearbeitung übernommen werden.

Modus IV: ATMS-Modus In diesem Modus übernimmt statt des Elaborationsnetzes ein ATMS-Mechanismus nach J. DeKleer [DeKleer86] die Verwaltung der dynamischen Wissensbasis. Ein ATMS ermöglicht ein quasi gleichzeitiges Arbeiten an mehreren Teilkonstruktionen. Ein Konstruktionsschritt wirkt sich *parallel auf alle* Teilkonstruktionen aus. Damit wird eine explizite Repräsentation von Elaborationsnetz und Teilkonstruktionen überflüssig. Der ATMS-Modus ist speziell auf Aufgabenstellungen zugeschnitten, in denen es eine Vielzahl möglicher Lösungen für eine gestellte Konstruktionsaufgabe gibt. Das ATMS unterstützt die gleichzeitige Berechnung aller Lösungen, deren Charakterisierung und die Bestimmung der optimalen Lösung.

4.7 Zusammenfassung

Effiziente Entwicklung und Wartung von Expertensystemen erfordert problemspezifische Werkzeuge. In diesem Artikel haben wir die Grundzüge eines Konstruktionssystems dargestellt, das für Planungs- und Konfigurierungsaufgaben in technischen Domänen konzipiert worden ist (siehe auch Kapitel 2). Es enthält

- Möglichkeiten zur komplexen, hochgradig strukturierten Repräsentation von Wissen über zulässige Konstruktionen, in der das Wissen auf natürliche Weise in einer Spezialisierungs- und in einer Zerlegungshierarchie mit angeschlossenen Constraints dargestellt werden kann,
- Konstruktionsschritt-Typen, die dieser Wissenshierarchie entsprechen,
- ein unabhängiges Constraintsystem, das mit der Wissensbasis verknüpft ist,
- eine kompakte Repräsentation der Konstruktionshistorie mit optionaler Unterstützung von Versionsverwaltungs- bzw. Truth-Maintenance-Informationen,
- explizite Repräsentation von Kontrollstrategien.

4.7.1 Die Architektur von PLAKON

Abbildung 4.3 zeigt eine Übersicht über die Architektur von PLAKON. Die Formel, nach der mit PLAKON ein komplettes Anwendungs-Expertensystem entsteht, lautet (nach [Schick90]):

	PLAKON-Kern
+	PLAKON-Zusatzmodule
+	Domänenwissen
+	Anwendungsoberfläche
=	Expertensystemanwendung

Die im vorliegenden Artikel beschriebenen Konzepte bilden den Kern des Systems. Zusatzmodule enthalten eine Oberflächenkomponente und optionale Ergänzungen:

- Die Oberflächenkomponente stellt die Schnittstelle zwischen dem Knowledge Engineer und dem Kern dar. Besondere Funktionen darin ermöglichen Konsistenzprüfungen bei der Wissensakquisition, interaktiven Eingriff in den Kontrollfluß und Generierung von Erklärungen.

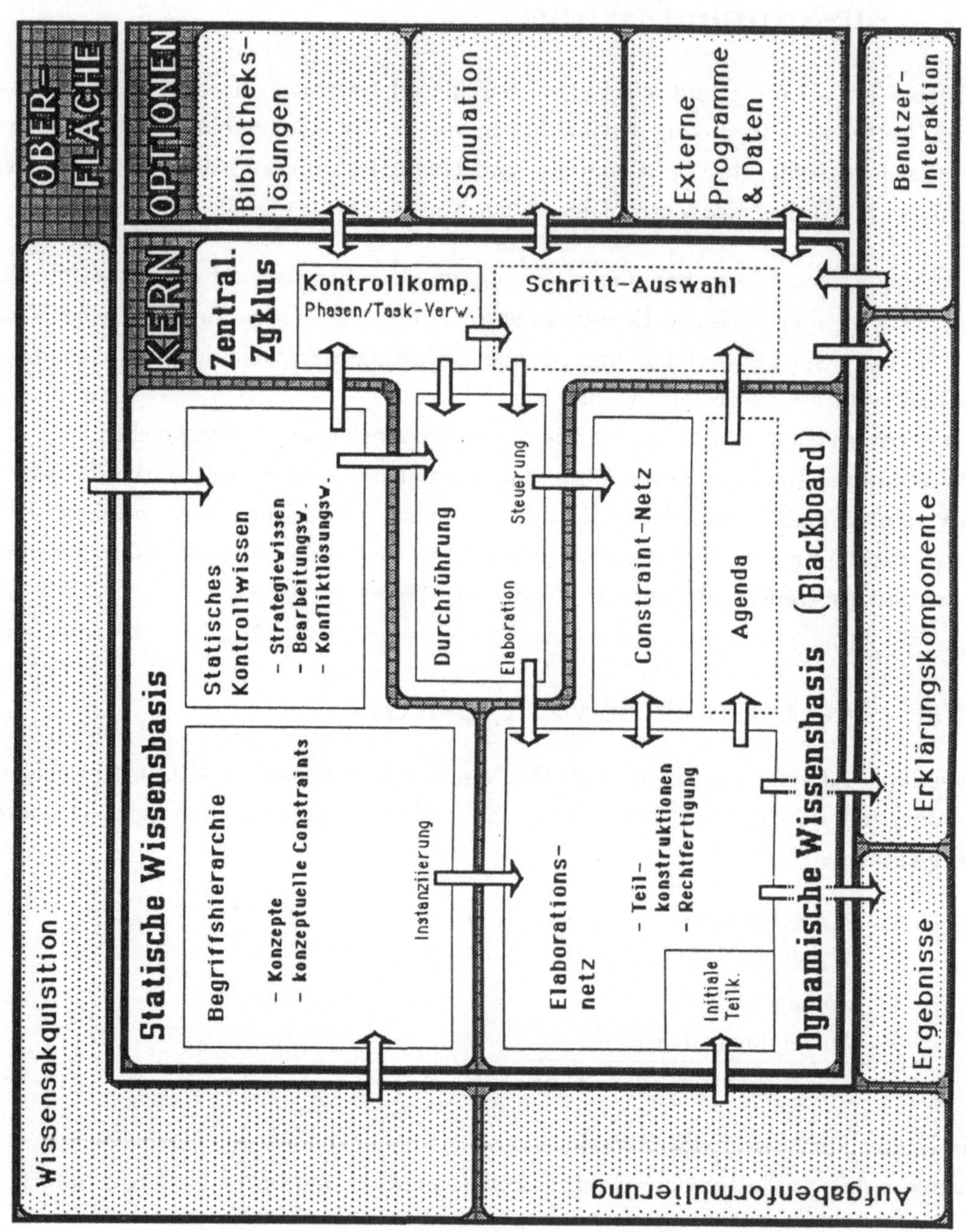

Abb. 4.3*: PLAKON-*Architektur

- Optionale Ergänzungen zu PLAKON umfassen
  - Anbindungsmöglichkeiten für externe Daten und Programme,
  - die Verwaltung und Anwendung von Bibliothekslösungen, und
  - eine Schnittstelle zu Simulationsprogrammen für die Bewertung der Qualität von Teilkonstruktionen.

Nach der obengenannten „PLAKON-Formel" muß ein Knowledge Engineer, der mit PLAKON ein Anwendungs-Expertensystem realisieren will, das statische Begriffs-, Abhängigkeits- und Kontrollwissen aufbereiten, sowie eine anwendungsspezifische, graphische Benutzeroberfläche entwickeln.

Für die Oberfläche kann er auf Funktionen der Oberflächenkomponente oder aber auf das ihr zugrundeliegende Graphik-Paket (s. 11.4) zurückgreifen. Die Anwendungsoberfläche kann durchaus einen großen zusätzlichen Arbeitsaufwand darstellen. PLAKON kann hier keine vorgeprägte Benutzerschnittstelle anbieten: Die Umwandlung von Wissen, das in einer domänenabhängigen Weise repräsentiert ist, in das interne Format wird immer ein Problem bleiben, das für jede Domäne individuell gelöst werden muß. Unabhängig davon kann der gesamte Dialog mit dem System — einschließlich Wissensakquisition, Aufgabenbeschreibung und Ergebnisausgabe — mit der vorhandenen Oberfläche durchgeführt werden. Dies muß aber immer unter Verwendung von PLAKON's Repräsentationsbausteinen (Konzepte, konzeptuelle Constraints, Instanzen) geschehen.

4.7.2 Planen mit PLAKON

PLAKON ist als Expertensystemkern für Konfigurierungs- *und* Planungsaufgaben konzipiert worden. Bei der Durchsicht der Beispiele und der Anwendungen (s. Teil III) läßt sich jedoch unschwer feststellen, daß sich PLAKON bisher etwas „konfigurationslastig" darstellt. Wie steht es nun mit PLAKON's Fähigkeiten zum Planen?

Es ist leicht erkennbar, daß die Objekte einer Konstruktion „Plan", nämlich Teilpläne, Aktionen, Ressourcen usw., mit den Mitteln der Begriffshierarchie gut repräsentiert werden können. Die Zerlegungshierarchie dient dabei der Aufteilung von Plänen in immer detailliertere Teilpläne bis hin zu Aktionen. Für die Reihenfolgeinformation, die in solch einer Zerlegung typischerweise enthalten ist, bietet PLAKON eine Spezialform der Mengenbeschreibung an: Sequenzen garantieren die Einhaltung der definierten Reihenfolge ihrer Elemente (s. 5.2.4, 7.4.2).

Für die Einschätzung von PLAKON's Fähigkeiten zur Plan*erstellung* wollen wir zuerst eine Unterteilung des komplexen Aufgabengebietes „Planen" in zwei Kategorien vornehmen, zwischen denen auch Mischformen auftreten können: Präzedenzplanung und Scheduling (Begriffe nach [Grant86]).

- Bei der *Präzedenzplanung* ist die Planungsaufgabe charakterisiert durch vorgegebene Anfangs- und Endzustände der „Welt". Ziel ist es, die zum Erreichen des Endzustandes notwendigen Operationen und ihre Reihenfolge zu bestimmen. Der zeitliche Aspekt resultiert primär aus kausalen Informationen über Anwendbarkeitsbedingungen und Wirkungen (Vor- und Nachbedingungen) von Operationen („Klassisches KI-Planen", Beispiel: Blockswelt).
- Bei *Scheduling-Aufgaben* hingegen sind die auszuführenden Operationen und ihre Reihenfolge (soweit Abhängigkeiten zwischen den Operationen bestehen) weitgehend bekannt. Ziel des Planungsprozesses ist die Zuordnung der Operationen zu Agenten und Ressourcen, wobei vorwiegend temporale, aber auch organisatorische und produktionsrelevante Abhängigkeiten (Verfügbarkeit von Ressourcen, Kosten) berücksichtigt werden müssen. Man spricht daher auch von *Ressourcen-Planung* (Beispiel: Job-Shop-Scheduling).

Der Scheduling-Vorgang ist primär ein Constraint-Problem und kann daher mit der in PLAKON realisierten Konstruktionsweise gut behandelt werden. Als Constraints treten z.B. Verfügbarkeit und Kapazität der Ressourcen, sowie Zeitlimits für Operationen auf (siehe dazu auch [Fox83]).

Bei der Präzedenzplanung sieht es jedoch anders aus. Die Repräsentation von Vor- und Nachbedingungen ist mit den Mitteln der Begriffshierarchie nur schwer möglich. Die Überwachung der Einhaltung der Vor- und Nachbedingungen müßte durch spezielle Constraints erfolgen. Dies ist möglich, würde jedoch schnell zu einer kombinatorischen Explosion führen, da zwischen je zwei Operationen ein Constraint instantiiert und propagiert werden müßte. Ein weiteres Kennzeichen vieler klassischer Planungsaufgaben wie der Blockswelt ist ihre mangelnde Strukturiertheit hinsichtlich einer Zerlegungshierarchie. PLAKON könnte zwar auch eine wenig strukturierte Konstruktion erzeugen, aber es könnte dabei die Lösung dieser Art von Problemen kaum unterstützen, weil seine Stärken wesentlich im Ausnutzen gerade der Strukturinformation liegen.

Von daher läßt sich heute rückblickend feststellen, daß die in einer frühen Veröffentlichung entwickelten Ansätze zum „Planen mit PLAKON" [Cunis87] in einigen Punkten zu optimistisch gewesen sind. Unsere Erfahrungen mit dem laufenden System deuten an, daß Scheduling-Probleme mit PLAKON gut gelöst werden können. Aber für Aufgaben der Präzedenzplanung bietet PLAKON zu wenig Unterstützung. Ein projektinterner Grund dafür ist, daß die Planungsanteile der betrachteten Anwendungen nicht dem Bereich der „unstrukturierten" Präzedenzplanung zuzuordnen sind, sondern eine starke Strukturierung aufweisen und Schlußfolgerungen auf den Vor- und Nachbedingungen nur wenig benötigt werden. Zur Zeit laufen jedoch neue Arbeiten an der Universität Hamburg, deren Ziel es ist, hier durch geeignete Erweiterungen mehr Unterstützung anzubieten.

4.8 Stand der Implementation

Eine Prototyp-Version von PLAKON wird derzeit auf eines der Anwendungsprobleme, die in Kapitel 1 aufgeführt wurden, angewendet (s. Kapitel 12). Sie enthält alle Komponenten des obenbeschriebenen Systemkonzepts mit Ausnahme des regel-orientierten Kontrollansatzes und einiger untergeordneter Aspekte (Unterstützung von Phasenablaufplänen, Constraint-Relaxation (s. 6.3.5) u.a.). Eine Erklärungskomponente liegt nur in rudimentärer Form vor. Der Modus IV der dynamischen Wissensbasis (ATMS) ist im Rahmen einer Diplomarbeit [Schick90] nachträglich in PLAKON realisiert worden (vgl. dazu Kapitel 8). Ein separat entwickelter regel-orientierter Ansatz mit ATMS (s. Kapitel 14) wurde im Rahmen der Arbeiten zum Projekt TEX-K nicht mehr in PLAKON integriert.

PLAKON ist implementiert in COMMONLISP unter Zuhilfenahme spezieller, für PLAKON entwickelter Basis-Software (eine objekt-orientierte Erweiterung zu LISP, s. Kapitel 11) und läuft zur Zeit in folgenden Systemumgebungen:

- VAX-LISP (Version 2.2) auf VAX und MicroVAX,
- LUCID LISP (bis Version 3.0) auf Apollo Domain (Sicomp WS30), Sun Workstation und MicroVAX,
- ALLEGRO CL auf MacIntosh II.

Die Portierung auf andere COMMONLISP-Systeme ist mit geringem Aufwand möglich.

Kapitel 5

Modellierung technischer Systeme in der Begriffshierarchie

Roman Cunis

5.1 Einführung

„Modellierung der Domäne“ ist ein Problemkreis, der bei der Entwicklung von Expertensystemen insbesondere in technischen Anwendungen immer mehr an Bedeutung zunimmt. Mit dem Interesse am Expertensystem-Einsatz für verschiedene Zwecke in ein und demselben Anwendungsfeld — Fehlerdiagnose, Variantenkonfiguration, Dokumentationserstellung, um nur einige zu nennen — wächst der Bedarf nach einem umfassend einsetzbaren, problemunabhängigen Modellierungswerkzeug für die Objekte der betrachteten Domäne.

Dies erfordert gegebenenfalls neue Herangehensweisen an die jeweilige Aufgabenproblematik: Lösungen, bei denen Wissen über die Vorgehensweise mit Wissen über die Domänenstruktur vermischt wird, sind ungeeignet. Sie müssen durch Ansätze ersetzt werden, bei denen sich der Lösungsprozeß an einem zentralen Domänenmodell orientiert.

Bei der Entwicklung des Expertensystemkerns PLAKON für Planungs- und Konfigurierungsaufgaben begegnete uns diese Fragestellung im Bereich der Konstruktionsthematik. Um ein vielseitig einsetzbares Werkzeugsystem zu erhalten, strebten wir eine Lösung ohne den „klassischen“ Regelansatz à la R1/XCON [McDermott82] an,

---

*Dieser Beitrag ist eine überarbeitete und aktualisierte Version von [Cunis89a]

der nur für eine eingeschränkte Klasse von Konstruktionsaufgaben geeignet ist und der unweigerlich eine Vermischung der unterschiedlichen Wissensarten mit sich bringt (vgl. 2.2.1).

Die für PLAKON konzipierte Trennung von Domänenmodell und Ablaufwissen hingegen bot hinreichende Flexibilität. Es wurde ein *modellgetriebener* Kontrollmechanismus geschaffen, der sich primär an einem Domänenmodell orientiert, oder es in gewissem Sinne „interpretiert" (s. Kapitel 7). Auch wenn die dafür entwickelte Modell-Beschreibungssprache auf die Anforderungen eines Konstruktionssystems ausgerichtet wurde, so stellte sich doch das gefundene Domänenmodell in nachfolgenden Diskussionen über Expertensysteme für andere Aufgabenstellungen in ebenfalls technischen Domänen als in seinen wesentlichen Zügen vielseitig verwendbar heraus.

Welche Anforderungen muß ein solches Domänenmodell erfüllen? Die wesentlichen Forderungen sind sicherlich

- hohe Ausdrucksfähigkeit,
- gute Strukturierbarkeit,
- gute Wartbarkeit und damit verbunden
- Unterstützung der Wissensakquisition,
- vielseitige Verwendbarkeit.

Im Klartext heißt das:

- Klassifikation von Objekten,
- Beschreibung von Objekten der Domäne und ihren Eigenschaften,
- Formulierung *lokaler* Einschränkungen auf Eigenschaftswerte.

Für Konstruktionsaufgaben kommen weitere Aspekte hinzu, die jedoch sicherlich nicht ausschließlich für diese gelten:

- Beschreibung der *Zerlegung* von Objekten in Teile bzw. Komponenten,
- Formulierung *globaler* Abhängigkeiten zwischen mehreren Eigenschaften eines oder mehrerer Objekte (Constraints).

Diese Liste ließe sich in Hinsicht auf andere Aufgabenstellungen beliebig erweitern. Tatsache ist jedoch, daß sie die Minimalanforderungen für einen vielseitig einsetzbaren Repräsentationsformalismus umfaßt.

Es ist leicht zu sehen, daß die hinreichend bekannte *semantische Modellbildung* unter Verwendung von Konzepten (oder Klassen), die in einer *Begriffshierarchie* (auch bekannt als konzeptuelle Hierarchie, *Is-a*-Hierarchie oder Taxonomie) angeordnet sind, die allgemeineren Anforderungen erfüllt. Die Mechanismen der Vererbung unterstützen die Wissensakquisition und ermöglichen eine frühzeitige Konsistenzüberprüfung. Die für PLAKON entwickelte Begriffsmodellierung orientiert sich daher auch im wesentlichen an Ideen aus KL-ONE [Brachman85] und OMEGA [Attardi85].

Hauptaugenmerk wurde dabei auf die Verknüpfung einer taxonomischen mit einer *Zerlegungshierarchie* gelegt. Dazu wurde die Konzept-Beschreibungssprache um eine Ausdrucksform erweitert, die die Darstellung von Zerlegungsmöglichkeiten besonders unterstützt. Die *Interpretation* dieser Form in Hinsicht auf den Konstruktionsprozeß ist Sache des verwendeten Kontrollmechanismus. (Auf eine explizite Integration konstruktionsrelevanter Eigenschaften in Form von vorgeprägten Schemata für Objekte wurde zugunsten der größeren Ausdrucksstärke und Flexibilität einer Begriffshierarchie verzichtet. Derartige Schemata wurden z.B. in den Systemen COMODEL [Kippe86] und DNS [Zucker86] vorgeschlagen.)

Die Verwendung hierarchischer Modelle in der Konstruktion ist nicht neu. DeMello [DeMello86] und Syska [Syska86] verwendeten UND-ODER-Graphen als Grundlage für Bauplanerstellung bzw. Methodenkonfiguration. Fox [Fox83] legte seinem Scheduling-System ISIS ein komplexes semantisches Netz von Aktions- und Ressourcen-Klassen zugrunde. Owsnicki skizzierte in [Owsnicki88] einen Ansatz zur Konfiguration mit MESON, einem KL-ONE-Derivat. In PLAKON wird erstmalig der Versuch unternommen, diese Mechanismen in einem *domänenunabhängig einsetzbaren* Konstruktionswerkzeug bereitzustellen.

Im folgenden wird der in PLAKON realisierte Repräsentationsformalismus BHIBS (*B*egriffs*hi*erarchie-*B*eschreibungs*s*prache) ausführlich dargestellt. Einer Schilderung der allgemeinen Mechanismen zur Objekt- und Konzept-Beschreibung (5.2) folgt die Darstellungen eines Sichtenkonzeptes (5.3). Für die Formulierung globaler Abhängigkeiten siehe Kapitel 6.

5.2 Die Begriffshierarchie

In der *Begriffshierarchie* werden alle Objekte der Anwendungsdomäne konzeptuell beschrieben. PLAKON unterscheidet zwei Gruppen von Objekten:

- *Konstruktionsobjekte* sind Bestandteile der Konstruktion. Sie werden im Verlaufe des Konstruktionsvorganges *dynamisch* erzeugt (instantiiert) und so lange verändert, bis sie im Sinne der Konstruktionsaufgabe vollständig spezifiziert sind. (In der Beispielsdomäne sind dies Autos und ihre Teile, s. Abb. 5.1.)
- *Weltobjekte* beschreiben das Umfeld, die „Welt", in das die Konstruktionsobjekte eingebettet werden bzw. auf das sie sich beziehen. Weltobjekte werden statisch erzeugt und im Verlaufe des Konstruktionsprozesses nicht mehr verändert. Sie können Konstruktionsobjekten als „komplexe Parameter" zugewiesen werden. (In der Auto-Domäne könnten z.B. detaillierte Informationen über Herstellerfirmen in Weltobjekten beschrieben werden.)

Innerhalb der Begriffshierarchie wird kein Unterschied zwischen Konstruktions- und Weltobjekten gemacht. Daher wird im weiteren auf diese Unterscheidung nicht weiter eingegangen.

Die Begriffshierarchie ist ein Baum aus Konzepten, die untereinander mit der *Is-a*-Relation verbunden sind. Sie dient dazu, die Objekte der Domäne zu typisieren, Klassen von Objekten und deren Unterklassen zu beschreiben und Objekteigenschaften festzulegen. Ein *Konzept* beschreibt jeweils die Klasse von Objekten, die die im Konzept festgelegten Eigenschaften erfüllt. Über die *Is-a*-Relation werden Eigenschaften eines Konzeptes an seine Spezialisierungen, d. h. seine Unterkonzepte, vererbt. Formal ausgedrückt: Gilt für zwei Konzepte K_1 und K_2 „K_1 **is-a** K_2", so folgt daraus, daß die Eigenschaftsmenge von K_1, $\mathcal{E}(K_1)$, eine Obermenge von $\mathcal{E}(K_2)$ ist und dementsprechend die Objektmenge von K_1, $\mathcal{I}(K_1)$, eine Teilmenge von $\mathcal{I}(K_2)$.

Die Definition der Begriffshierarchie als Baum schließt Mehrfachvererbung explizit aus. BHIBS stellt stattdessen *Sichten* bereit, um vergleichbare Ausdrucksmöglichkeiten zu schaffen. Diese werden in Abschnitt 5.3 ausführlich beschrieben und in 5.3.4 explizit gegen Mehrfachvererbung abgegrenzt.

Die Spezifikation eines Konzeptes erfolgt durch Angabe eines Oberkonzeptes, gefolgt von einer Liste der spezialisierenden Attribute mit ihren Wertbeschreibungen, d.h. den Eigenschaften. *Facetten* an den Eigenschaften dienen dazu, zusätzlich spezielle

Informationen für den Konstruktionsvorgang bereitzustellen (u.a. Default-Angaben, Berechnungsfunktionen).

Wertbeschreibungen können entweder

- den Wertebereich eines Attributes des Oberkonzeptes stärker einschränken oder
- zusätzliche Attribute zu denen des Oberkonzeptes einführen.

Ein neues Konzept wird durch Zuordnung eines *Konzeptnamens* zu einer derartigen Konzeptspezifikation definiert:

```
(ist! (ein Auto)
      (ein Konstruktionsobjekt¹
           (Geschwindigkeit [0km/h 300km/h]
                (Default 100km/h))
           (Farbe {rot gruen blau schwarz})
           (Hersteller (eine Autofirma))
           (Has-Parts (:set (ein Motor)
                            (eine Karosserie)
                            (ein Fahrgestell))) ))
(ist! (ein LKW)
      (ein Auto
           (Geschwindigkeit [0km/h 120km/h])
           (Hoechstlast [0t 30t])
           (Has-Parts (:set (ein Dieselmotor)
                            (eine Karosserie)
                            (ein Fahrgestell
                                 (Achslast [0t 40t]))))))
```

Einige Anmerkungen zur Syntax: `ist!` ist die Definitionsanweisung[2] für Konzepte. `(ein` *name*`)` bezeichnet das Konzept namens *name* (im Gegensatz zu `(der` *name*`)` (alternativ `die`, `das`) für Instanzen). Die für die Beschreibung der Eigenschaften verwendeten *Objektdeskriptoren* werden in 5.2.3 ausführlich behandelt.

[1]Zur Unterstützung des Konstruktionsvorganges ist vorgeschrieben, daß alle Konzepte, die Konstruktionsobjekte (im Gegensatz zu Weltobjekten) beschreiben, dem vordefinierten Konzept **`Konstruktionsobjekt`** untergeordnet sein müssen.

[2]Korrespondierend dazu gibt es (primär zur internen Verwendung) `ist?` für den Subsumtionstest: `(ist? (ein LKW) (ein Auto))` $\Rightarrow$ *ja*.

Die so entstehende taxonomische Hierarchie (s. Abb. 5.1) stellt also eine strenge Spezialisierungshierarchie dar. Dies ermöglicht die Überprüfung der Konsistenz neudefinierter Konzepte mit bereits vorhandenen hinsichtlich ihrer Eigenschaften und der Einordnung in die Hierarchie. Diese Überprüfung kann jederzeit im Verlaufe des Wissensakquisitionsprozesses durchgeführt werden und unterstützt diesen daher in einem wesentlichen Punkt.

Die strenge Spezialisierung bietet einen großen Vorteil für den Konstruktionsvorgang. Konstruktionsobjekte, die in seinem Verlauf als Instanzen nicht-terminaler Konzepte erzeugt wurden, können nach erfolgter Festlegung von Eigenschaften anhand der Vorgaben in der Begriffshierarchie *dynamisch spezialisiert* werden. Am Beispiel: Ein Auto-Objekt, dem nach weiterer Bearbeitung ein Dieselmotor(-Objekt) zugeordnet wird, kann danach zu einem LKW spezialisiert werden; diese Festlegung führt dann zu weiteren Einschränkungen auf anderen Eigenschaften. Ist die betrachtete Eigenschaft *hinreichend* für die Zuordnung zum Unterkonzept, kann die Spezialisierung *eindeutig* erfolgen, andernfalls erfolgt zumindest eine Einschränkung des Suchraums. Diesen Aspekt der Begriffshierarchie geeignet zu nutzen, ist eines der Kennzeichen der modellgetriebenen Konstruktion.

5.2.1 Closed World Assumption

Für die taxonomische Hierarchie wird angenommen, daß der beschriebene „Weltausschnitt" im Sinne der Aufgabenstellung *vollständig* ist; es gilt also die *Closed World Assumption.* Für die *Konstruktion in technischen Domänen* — und diese Zielgruppe soll hier noch einmal ausdrücklich betont werden — ist diese starke Forderung sowohl gerechtfertigt als auch erfüllbar: Gerechtfertigt ist sie, weil bei der Konstruktion nur vorhandene, d.h. beschriebene Komponenten verwendet werden können — es sollen keine Komponenten „neu erfunden" werden. Erfüllbar ist sie, weil die Zahl der in einer Domäne vorhandenen Objekte, Objekttypen und Varianten begrenzt ist und weil die Objekt-Eigenschaften, zumindest die konstruktionsrelevanten, bekannt sind.

5.2.2 Die Zerlegungshierarchie

Über die taxonomische Hierarchie wird eine *Zerlegungshierarchie* gelegt, die die Zerlegung von Domänenobjekten in ihre Komponenten beschreibt. Die *Has-Parts-* (bzw. *Part-of-*) Relation ist die Grundlage für die Erstellung einer Konstruktion: Der

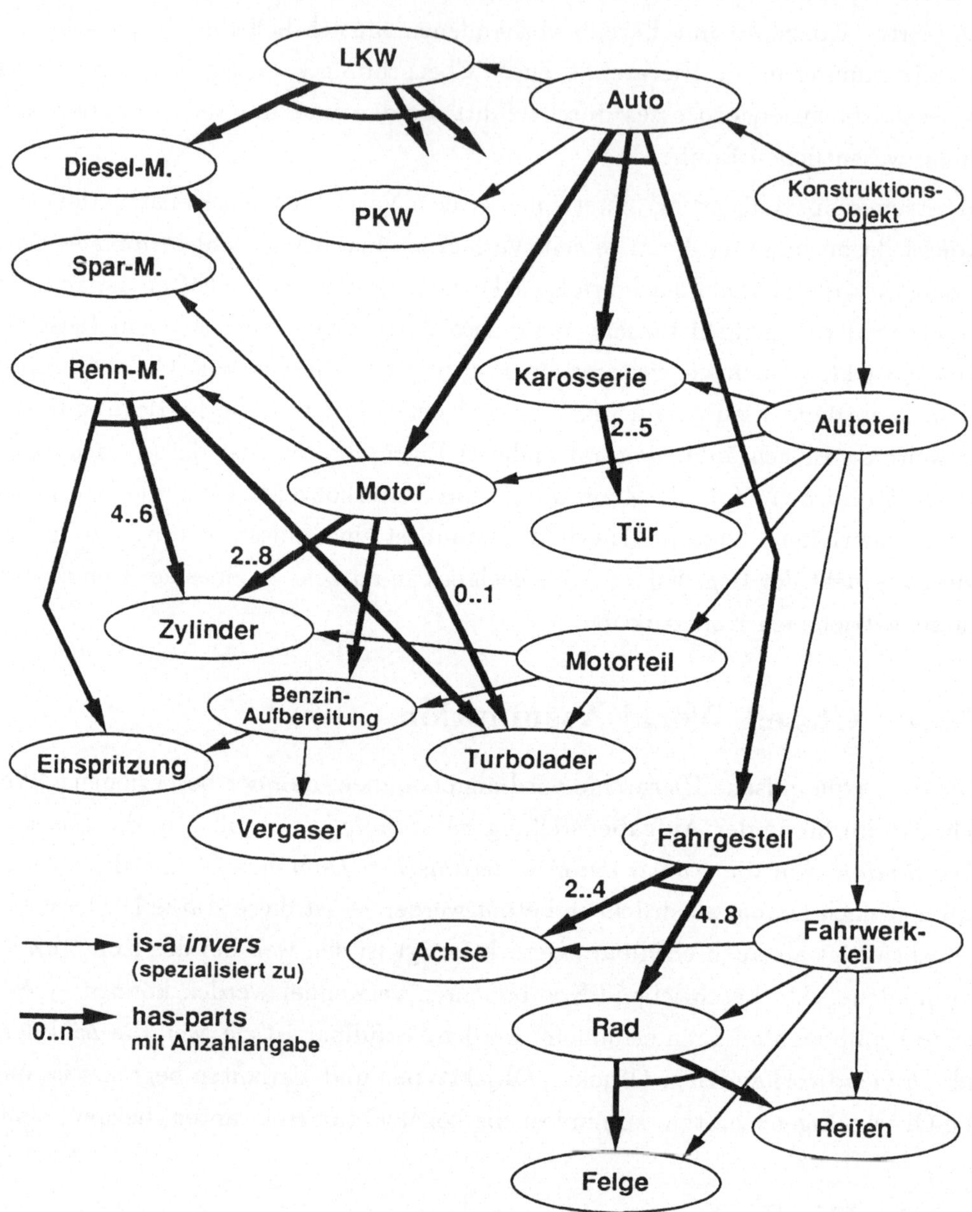

Abb. 5.1: *Begriffshierarchie (Ausschnitt)*

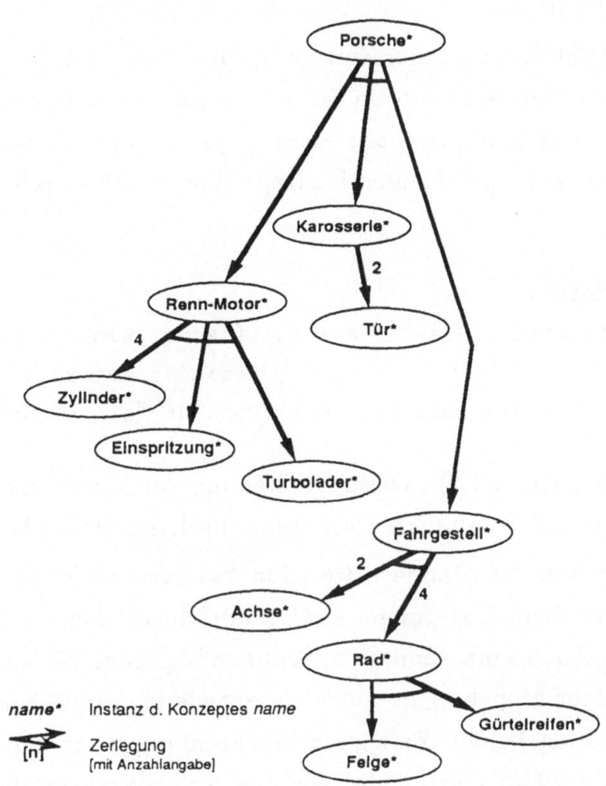

Abb. 5.2: *Fertige Konstruktion (Beispiel)*

Konstruktionsprozeß generiert sie als Menge von Objekten, die als Zerlegungsbaum mit dem Repräsentanten für die Gesamtkonstruktion als Wurzel angeordnet sind (s. Abb. 5.2).

Die fertige Konstruktion kann daher als Teilinstantiierung der Begriffshierarchie aufgefaßt werden. In diesem Sinne stellt die Begriffshierarchie für den Konstruktionsprozeß eine generische Repräsentation der *Menge aller zulässigen Konstruktionen* dar.

Für den BHIBS-Formalismus ist *has-parts* nur ein beliebiges *mengenwertiges Attribut*, das ein Objekt in eine 1-zu-n-Beziehung zu anderen Objekten setzt. Mit dem korrespondierenden Attribut *part-of* im referenzierten Objekt beschreibt das Attribut-Paar eine Zerlegungs-*Relation*. Die spezielle Interpretation dieser Attribute z.B. als Gliederungskriterium für Teilaufgaben oder als Aggregationsvorschrift in einem Bottom-Up-Prozeß ist wiederum Sache des Konstruktionsvorganges.

Mit Blick auf die Anforderungen der Zerlegungshierarchie sind die Ausdrucksmöglichkeiten für mengenwertige Attribute in BHIBS besonders reichhaltig. Um z.B. mehrfaches Vorkommen von Komponenten eines Typs in einer Zerlegung darstellen zu können, kann mit dem entsprechenden Konzept eine Anzahlangabe assoziiert werden. Am Beispiel:

```
(ist! (ein Motor)
      (ein Autoteil (Has-Parts (:set (:some (ein Zylinder) 2 12)
                                          (ein Vergaser) ...))))
(ist! (ein Zylinder) (ein Autoteil (Part-Of (ein Motor) ...)))
```

(für weitere Details siehe 5.2.4). Diese Darstellung zur Zerlegung eines Objektes in Komponenten findet sich in ähnlicher Form u.a. in dem System DNS [Zucker86].

PLAKON erlaubt neben der Standard-Relation *has-parts* beliebige Zerlegungsrelationen. Damit ist es möglich, Zerlegungen nach unterschiedlichen Gesichtspunkten separat zu beschreiben. Auch kann damit dem Problem begegnet werden, daß die einzelnen Komponenten in einer Menge nicht (oder nur schwierig) *direkt* angesprochen werden können. Die folgenden beiden Zerlegungsbeschreibungen sind daher äquivalent — welche letztendlich gewählt wird, hängt von den Anforderungen der Domäne ab:

```
(ist! (ein Auto) (ein Fahrzeug
                      (has-parts (:set (ein Motor)
                                       (eine Karosserie)
                                       (ein Fahrgestell)))))
(ist! (ein Auto) (ein Fahrzeug
                      (hat-motor (ein motor))
                      (hat-karosserie (eine karosserie))
                      (hat-fahrgestell (ein fahrgestell))))
```

5.2.3 Objekte und Objektdeskriptoren

In diesem Abschnitt soll auf die repräsentierbaren Objekte der Domäne und ihre Beschreibung in BHIBS etwas näher eingegangen werden. Es werden zwei Arten von Objekten unterschieden:

- *Atomare Objekte* „beschreiben sich selbst". Sie umfassen Symbole und Zahlen, die der Repräsentation abstrakter Begriffe und qualitativer bzw. quantitativer Größen dienen. Für technische Domänen wurden die verfügbaren Zahlenformate um dimensionierte Zahlen, d.h. Zahlen mit Maßeinheiten (s. Beispiele), und die zugehörigen Rechenvorschriften (siehe dazu 11.6) erweitert.
- *Komplexe Objekte* werden durch ein Bündel von Eigenschaften beschrieben. Sie entsprechen logisch den Entitäten der realen Welt, syntaktisch werden sie als *Instanzen* der sie beschreibenden Konzepte behandelt.

Inspizieren wir die Konzeptbeschreibung aus dem obigen Beispiel noch etwas genauer: Die Notation

```
(ist! (ein LKW)
      (ein Auto (Geschwindigkeit [0km/h 120km/h])))
```

entspricht (in freier FRL-Notation [Roberts77])

```
(frame LKW (ako auto)
       (geschwindigkeit nil ($value-restriction [0 120])))
```

Sie unterscheidet sich von letzterer im wesentlichen dadurch, daß die Wertemengenbeschreibung den Platz des Wertes selbst einnimmt. Damit wird z.B. `[0km/h 120km/h]` nicht als eine Menge von Objekten interpretiert, sondern als ein *einzelnes Objekt*, dessen *konkrete Ausprägung* noch nicht bekannt ist. `[0km/h 120km/h]` ist ein *Objektdeskriptor*. Die Verwendung von derartigen Objektdeskriptoren bietet einige Vorteile:

- Der Attribut-Zugriff, der im zweiten Fall bestenfalls *unbekannt* liefert, liefert direkt die verfügbare Information: „Die Geschwindigkeit eines LKW liegt zwischen 0 und 120 km/h.". Dies gilt insbesondere auch dann (via Vererbung), wenn dieser Zugriff auf ein beliebiges LKW-Objekt erfolgt, für das noch keine konkrete Geschwindigkeit festgelegt worden ist.
- Der Test, mit dem `80km/h` als korrekter Wert für das Attribut festgestellt wird, ist derselbe wie der, mit dem `[0km/h 120km/h]` als korrekte Einschränkung für das Attribut am LKW hinsichtlich des Auto-Konzeptes erkannt wird.
- Jedes Attribut hat einen Wert — schlimmstenfalls `(ein objekt)`.
- Ein Objektdeskriptor kann losgelöst von einer Attributbeschreibung existieren: Er kann überall dort eingesetzt werden, wo ein nicht eindeutig bekanntes Objekt repräsentiert werden soll.

In diesem Sinne sind auch Konzepte nichts anderes als Deskriptoren für komplexe Objekte. Während *benannte Konzepte*, wie die im obigen Beispiel vorgestellten, primär zum Aufbau der Begriffshierarchie dienen, können vor allem *anonyme Konzepte*, wie im obigen Beispiel „`(ein fahrgestell (achslast [0t 40t]))`“ nicht nur in instanzen-wertigen Attributen, sondern z.B. auch als Pattern in Regeln oder für Zugriffe auf Instanzenbestände (z.B. in konzeptuellen Constraints, s. 6.2.2) verwendet werden.

BHIBS stellt eine ganze Reihe von unterschiedlichen Objektdeskriptoren zur Verfügung:

- *Konkrete Werte* beschreiben sich selbst: `1`, `100km/h`, `rot`, `(das Auto-1)`.
- *Auswahlmengen* zählen die möglichen Objekte explizit auf: `{rot blau gruen schwarz}`.
- *Intervalle* beschreiben selbstverständlich nur Zahlen (ohne oder mit Maßeinheiten): `[0 120]` oder `[100m 4km]`.
- *Prädikate* umfassen alle Objekte, die dem Prädikat genügen: `(:satisfies numberp)`.
- *Konzepte* stehen für ihre Instanzen: `(ein Auto)`.
- *Atomare Konzepte* beschreiben atomare Objekte. Das Attribut `Self` hat bei jedem beliebigen Objekt das Objekt selbst als Wert. Definitionen wie z.B.:

```
(ist! (eine Pos-Zahl) (eine Zahl (Self [0 inf])))
(ist! (eine Farbe)
      (ein Symbol (Self {rot blau gruen ...})))
```

  erlauben die Einbettung von atomaren Objekten in die Begriffshierarchie.
- *Logische Operatoren* (Oder, Und, Nicht) beschreiben Objekte durch Verknüpfung mehrerer Objektdeskriptoren: `(:and [50 100] (:satisfies evenp))`.

5.2.4 Mengendeskriptoren

Bisher haben wir in Konzepten und Instanzen nur ein-wertige Attribute (das Attribut entspricht einer 1-zu-1-Relation) betrachtet. Um mehrwertige Attribute in das Prinzip „ein Attribut—ein Wert“ zu integrieren, werden zusätzlich *Objektmengen* als mögliche Werte eingeführt.

- *Mengendeskriptoren* beschreiben Objektmengen. Sie stellen eine Menge von zulässigen Objektmengen dar:

  `(:set (ein Motor) (ein Fahrgestell) (eine Karosserie))`

  umfaßt alle drei-elementigen Mengen, die je ein Motor-, Fahrgestell- und Karosserie-Objekt enthalten. Ein mengenwertiges Attribut beschreibt eine 1-zu-n-Relation zwischen einer Instanz und anderen Objekten.
- *Teilmengendeskriptoren* beschreiben Mengen gleichartiger Objekte:

  `(:some (ein Motor) 2 4)` (kurz: `#[(ein Motor) 2 4]`)

  umfaßt alle zwei- bis vier-elementigen Mengen, die nur Motor-Objekte enthalten. Sie werden innerhalb von Mengendeskriptoren verwendet.

Mengendeskriptoren werden vor allem für die Beschreibung der *Zerlegungshierarchie* genutzt (s. 2.2). Ein Mengendeskriptor hat das folgende Format (dabei seien K^* ein beliebiges Konzept, die K_i direkte oder indirekte Unterkonzepte von K^*):

(:set #[(ein K^*) m^* n^*] :>
    #[(ein K_1) m_1 n_1]...#[(ein K_k) m_k n_k])

Zu lesen: „Eine Menge mit m^* bis n^* Instanzen von K^*, darin enthalten m_1 bis n_1 vom Typ K_1, ..., m_k bis n_k vom Typ K_k", grundsätzlich gilt $m^* \geq \sum m_i$. Der erste Teilmengendeskriptor gibt also Konzept und Anzahl für *alle* Objekte der Menge an, auf das Schlüsselsymbol `:>` (zu lesen als *darin enthalten*) folgen Teilmengendeskriptoren als detaillierte Angaben für deren Zerlegung. Insbesondere gilt: die Menge darf jeweils *höchstens* n_i Instanzen eines K_i enthalten. Man beachte den folgenden Unterschied:

(:set #[(ein K^*) 1 inf] :> (ein K_1))
    ≡ „...davon *genau* ein K_1"
(:set #[(ein K^*) 1 inf] :> #[(ein K_1) 1 inf])
    ≡ „...davon *mindestens* ein K_1"

Läßt die Gesamtzahl mehr Elemente zu, als in der Teilmengenbeschreibung (mindestens) gefordert ist ($n^* \geq \sum n_i$), darf die Menge auch beliebige Instanzen von K^* enthalten, die in den K_i nicht explizit erwähnt wurden. Andererseits ist es möglich, Einschränkungen auf die Gesamtzahl zu formulieren ($n^* \leq \sum n_i$), die aus einer reinen Teilmengenzerlegung nicht hervorgehen würden, z.B.:

```
(:set #[K* 1 2] := #[K1 0 1] #[K2 0 1] #[K3 0 1])
```

also 1 bis 2 Elemente, davon maximal je 1 K_1, K_2 oder K_3. Das Schlüsselsymbol := ist hierbei zu lesen als *bestehend aus*, es impliziert in der allgemeinen Form $n^* \leq \sum n_i$. Bei dieser Form sind in der Zerlegung nicht explizit erwähnte Objekte als Elemente ausgeschlossen. (Existierten andererseits bei :> noch andere Unterkonzepte K_i, $i \geq 4$, wären auch deren Instanzen als Elemente zulässig. Denn wegen der 0 in den Teilmengendeskriptoren sind bei :> die K_1 bis K_3 nicht zwingend vorgeschrieben.)

Die in den obigen Beispielen verwendete Notation für Mengen ist nur eine Kurzschreibung:

```
(:set (ein Motor) (eine Karosserie) (ein Fahrgestell)) ≡
(:set #[(ein Autoteil) 3 3] :=
      #[(ein Motor) 1 1]
      #[(eine Karosserie) 1 1]
      #[(ein Fahrgestell) 1 1])
```

Sequenzen sind eine besondere Form von Mengendeskriptoren, deren Elemente als *geordnet* aufgefaßt werden. D.h. die Reihenfolge der Objekte in der Sequenz kann an anderer Stelle (z.B. bei Tests oder in Simulationen (s. Kapitel 10)) signifikant ausgenutzt werden. Sequenzen können z.B. verwendet werden, um bei der Konstruktion von Plänen eine Zerlegung in zeitlich geordnete Teilpläne zu beschreiben:

```
(:sequence #[(ein Teilplan) 3 5] :=
           (eine vorbereitung) #[(ein bearbeitungsschritt) 1 3]
           (eine nachbereitung))
```

Sequenzen beschreiben also eine Ordnung *innerhalb* der Konstruktion. Durch ein besonderes Auswahlkriterium kann allerdings darüberhinaus erreicht werden, daß die Reihenfolgeinformation auch während des Konstruktionsvorganges für die Bearbeitungsreihenfolge der Elemente einer Sequenz ausgenutzt wird (s. 7.4.2).

Insgesamt gesehen stellen Mengendeskriptoren ein mächtiges Instrument zur Beschreibung von 1-zu-n-Beziehungen dar, das eine Reihe von Möglichkeiten anbietet, lokal Einschränkungen über die Zusammensetzung einer Menge zu formulieren. Als „Bauvorschrift" für den Konstruktionsvorgang in PLAKON haben sie sich als hinreichend ausdrucksstark erwiesen.

Eine Relation im eigentlichen Sinne wird durch zusätzliche Verwendung eines korrespondierenden Attributs im referenzierten Objekt beschrieben. Steht auch hier ein Mengendeskriptor, beschreibt das Attribut-Paar eine m-zu-n-Relation.

5.3 Sichten

Sichten bieten die Möglichkeit, Objekte der Begriffshierarchie aus unterschiedlichen Gesichtspunkten zu betrachten (z.B. für Geräte elektrische und thermische Aspekte). Durch (zeitweise) Einengung der Begriffshierarchie auf eine Sicht kann sowohl die Wissensakquisition (durch Unterdrückung überflüssiger Information) als auch der Konstruktionsvorgang (durch Fokussierung auf eine Sicht) unterstützt werden.

Die Spezialisierung eines Objektes bzw. eines Konzeptes kann in jeder Sicht (mit Einschränkungen) unabhängig geschehen. Dies bedeutet insbesondere, daß unter dem Wurzelkonzept, auf dem die Sichten definiert sind, für jede Sicht eine separate Taxonomie definiert wird. Ein Konzept, das *sichtenübergreifend* definiert ist, d.h. das seine Eigenschaften aus mehreren Sichten ererbt, hat dann in jeder Sicht einen eigenen *Is-a*-Vorgänger und evtl. eigene Nachfolger. Instanzen sind immer sichtenübergreifend und erben demgemäß die Eigenschaften aller Sichten.

Abbildung 5.3 zeigt als Beispiel eine vereinfachte Begriffshierarchie für Fahrzeuge, aufgeteilt in die Sichten „Fortbewegungsart“ (FB) und „Antrieb“ (AN). An diesem Beispiel sollen im Folgenden einige Aspekte des Sichtenkonzeptes diskutiert werden.

5.3.1 Definition von Sichten

Eine Aufteilung auf Sichten wird an einem konkreten Konzept durchgeführt. Im Beispiel werden für das Konzept `(ein Fahrzeug)` die Sichten „Fortbewegungsart“(FB) und „Antrieb“(AN) definiert. Da `(ein Fahrzeug)` selbst in einer Sicht definiert ist, nämlich der höchsten, allgemeinen Sicht (ALL) (unter der auch die Begriffshierarchie-Wurzel `(ein Objekt)` vereinbart ist), ererben alle sichtenspezifischen Spezialisierungen von Fahrzeug die Eigenschaften aus der höheren Sicht. (Damit ererbt z.B. `(ein Landfahrzeug)` alle allgemeinen Eigenschaften von `(ein Fahrzeug)`.) Sichten sind daher selbst hierarchisch angeordnet.

Mit einer Erweiterung der in Abschnitt 5.2 eingeführten `ist!`-Syntax würde eine Konzeptdefinition dann wie folgt aussehen:

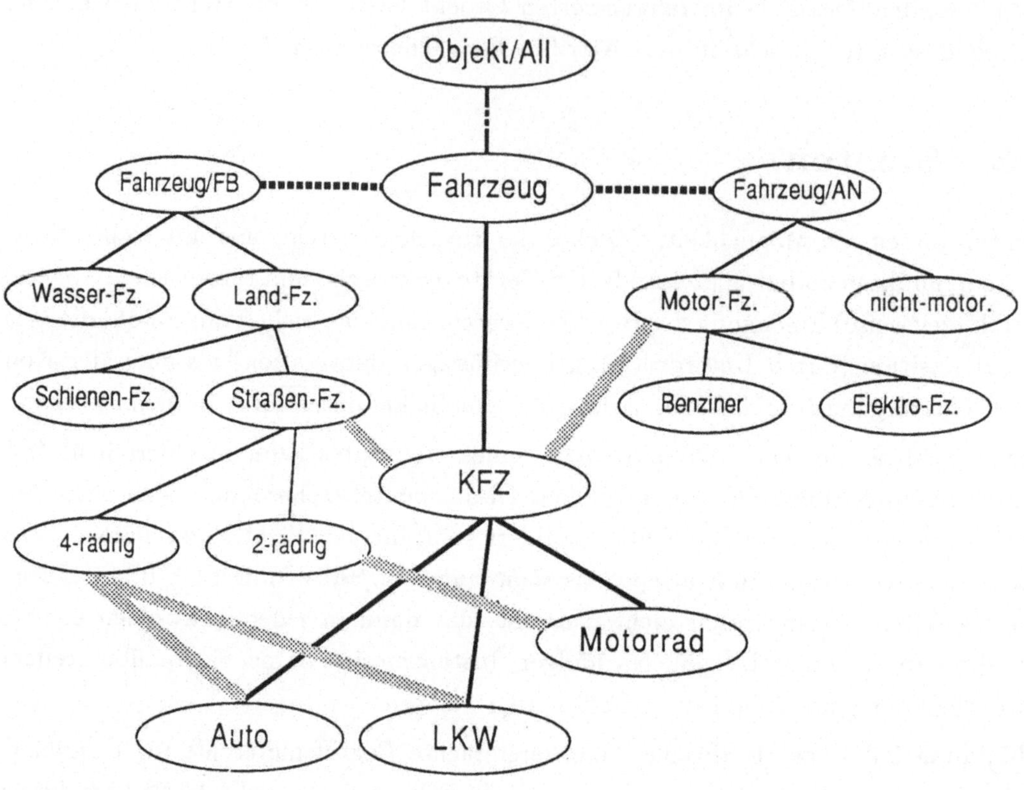

Abb. 5.3: *B.-Hierarchie mit zwei Sichten, freie Kopplung von Konzepten*

```
(ist! (ein Fahrzeug) (ein Konstruktionsobjekt
                          (...) (...) ;; Allgemeine Eigenschaften
                          /FB (...) (...)
                          /AN (...) (...)))
```

Dies definiert Fahrzeug als ein Konstruktionsobjekt (per Default in dessen Sicht ALL) und gleichzeitig zwei neue Sichten FB und AN unter `(ein Fahrzeug)`.

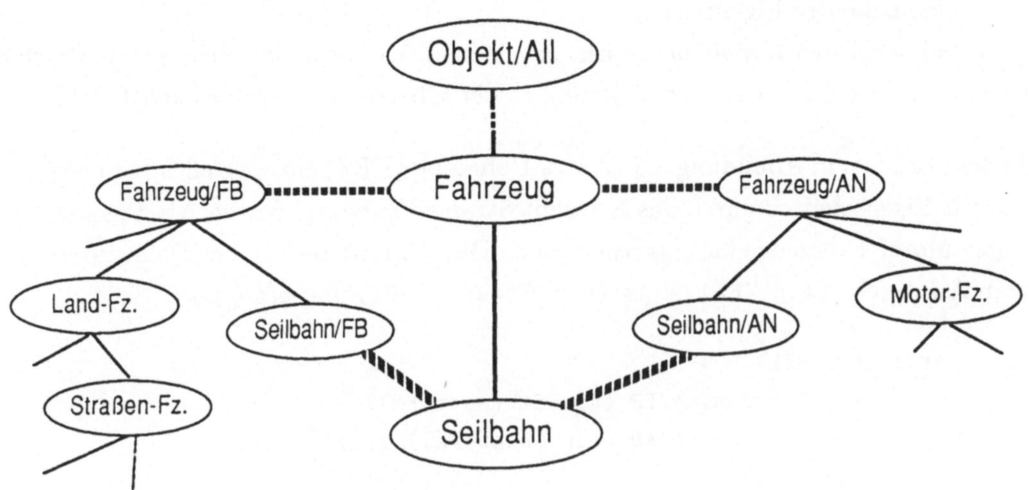

Abb. 5.4: *Feste Kopplung von übergreifenden Konzepten*

5.3.2 Sichtenspezifische Konzepte

Sichtenspezifische Konzepte sind Konzepte, die nur innerhalb einer Sicht definiert sind und dort vorhandene Konzepte weiter spezialisieren. Sie dürfen nur Eigenschaften, die zu der Sicht gehören bzw. innerhalb der Sicht ererbt sind, weiter spezialisieren, und alle neu aufgeführten Attribute gehören dann ebenfalls zu der Sicht. Aus höheren Sichten ererbte Eigenschaften dürfen hingegen *nicht* modifiziert werden.

Im Beispiel sind `(ein Landfahrzeug)` und `(ein Strassenfahrzeug)` sichtenspezifische Konzepte der Sicht FB.

```
(ist! (ein Landfahrzeug) (ein Fahrzeug/FB (...)  (...)))
```

Dies definiert `(ein Landfahrzeug)` als Spezialisierung von `(ein Fahrzeug)` in der Sicht FB.

5.3.3 Sichtenübergreifende Konzepte

Ein sichtenübergreifendes Konzept ist immer in einer höheren Sicht definiert (im Beispiel ALL) und bezieht seine sichtenbezogenen Eigenschaften von den angekoppelten sichtenspezifischen Konzepten. Es werden zwei Arten der Kopplung unterschieden:

- bei der *freien Kopplung* wirkt der sichtenspezifische Aspekt in der Obersicht wie eine beliebige Eigenschaft,
- bei der *festen Kopplung* bewirkt die Spezialisierung in der Sicht automatisch die korrespondierende Spezialisierung in der Obersicht (und umgekehrt).

In dem Beispiel in Abbildung 5.3 ist Kraftfahrzeug (KFZ) ein spezielles Fahrzeug, dessen FB-Eigenschaften durch das Konzept Strassenfahrzeug, dessen AN-Eigenschaften durch Motor-Fahrzeug charakterisiert sind. Dies kommt auch in der Definitionssyntax zum Ausdruck. `(ein KFZ)` ist an `(ein Strassen-Fz)` *frei gekoppelt*:

```
(ist! (ein KFZ)
      (ein Fahrzeug (/FB (ein Strassen-Fz))
                    (/AN (ein Motor-Fz)) ...))
```

Die sichtenbezogenen Spezialisierung einer Instanz wirkt wie die Einschränkung von Attributwerten in der Obersicht und ermöglicht eine Spezialisierung dort. Die Kopplung wird „frei" genannt, weil eine Spezialisierung in der tieferen Sicht nicht automatisch zu einer Spezialisierung in der höheren führt.

Am Beispiel: Ein Objekt vom Typ KFZ/ALL ist unter der Sicht FB ein Straßenfahrzeug. Durch Spezialisierung des FB-Aspektes zu 4-rädrig kann dann unter ALL eine Spezialisierung zu Auto oder LKW erfolgen (und umgekehrt). Unabhängig davon kann im AN-Aspekt eine Spezialisierung zu Benziner stattfinden, ohne daß dazu in ALL ein korrespondierendes Konzept vorhanden sein muß.

Im erweiterten Beispiel in Abb. 5.4 hingegen ist Seilbahn eine Spezialisierung von Fahrzeug, die auch in seinen FB- und AN-Aspekten eine eindeutige Spezialisierung darstellt: `(eine Seilbahn/ALL)` ist an `(eine Seilbahn/FB)` *fest gekoppelt*: Eine Spezialisierung in einer der drei Sichten zu `(eine Seilbahn)` führt automatisch zu einer Spezialisierung in den anderen Sichten, da es sich in allen Sichten um dasselbe (!) Konzept handelt.

Die Definitionssyntax entspricht der Syntax für eine „Erstdefinition" von Sichten. Die sichtenspezifischen Varianten desjenigen Konzepts, an dem die Sicht ursprünglich definiert wurde, sind ebenfalls fest an dieses gekoppelt (im Beispiel `(ein Fahrzeug/FB)` an `(ein Fahrzeug)`).

Für die beiden Kopplungsarten gilt also:

- Bei der *freien Kopplung* zwischen Konzepten K^* und $K^{/S}$ *impliziert* die Spezialisierung einer Instanz zu K^* die Spezialisierung zu $K^{/S}$ in der Sicht.
- Bei der *festen Kopplung* hingegen ist die Zugehörigkeit eines Objekts zu K^* der Zugehörigkeit zu $K^{/S}$ in der Sicht *äquivalent*.

5.3.4 Sichten vs. Mehrfachvererbung

Es ist leicht zu sehen, daß das geschilderte Sichten-Konzept letztlich dasselbe leistet, wie eine taxonomische Hierarchie mit *Mehrfachvererbung*. Gegenüber dieser haben Sichten jedoch den Vorteil, daß die „Vererbungslinie" für einzelne Eigenschaften eindeutig ist. Dadurch können der Zugriff auf einzelne Attribute optimiert und Konflikte durch Ererbung derselben Eigenschaft auf verschiedenen Pfaden vermieden werden.

Darüberhinaus erfolgt eine klare Zuordnung einzelner Attribute zu einer Sicht. Dadurch können „logisch gleiche" Slots in jeder Sicht unterschiedlich beschrieben werden (z.B. *has-parts* für Zerlegung nach verschiedenen Gesichtspunkten) oder vermittels Berechnungsvorschriften (z.B. zur Umrechnung) unterschiedlich interpretiert werden.

5.4 Zusammenfassung

Die vorgestellte Begriffshierarchie-Beschreibungssprache BHIBS erfüllt die in der Einführung genannten Anforderungen an ein Modellierungswerkzeug für technische Domänen:

- Hohe Ausdrucksfähigkeit ist durch eine Vielfalt von Deskriptoren zur Beschreibung zulässiger Objekte an unterschiedlichen Stellen im System gegeben.
- Gute Strukturierbarkeit resultiert sowohl aus der konzeptuellen Hierarchisierung (Taxonomie, Sichten), als auch aus den Beschreibungsmöglichkeiten für konstruktionsrelevante Zusammenhänge, sprich der Zerlegungshierarchie.
- Gute Wartbarkeit und Unterstützung der Wissensakquisition wird aus der strengen Spezialisierungshierarchie gewonnen, da via Vererbung von Eigenschaften inkonsistente Konzeptbeschreibungen frühzeitig erkannt werden können. Der implementierte Mechanismus erlaubt die Definition zeitweilig inkonsistenter Konzepte, signalisiert auftretende Fehler und erkennt deren Beseitigung unabhängig

davon, welche der möglichen Ursachen für eine Inkonsistenz beseitigt worden ist.

- Vielseitige Verwendbarkeit der Repräsentation ist auf einer tiefen Ebene u.a. dadurch gegeben, daß der Beschreibungsformalismus nicht nur zum Aufbau einer Hierarchie geeignet ist, sondern auch zur Formulierung von Zugriffspattern auf Datenbestände (z.B. in konzeptuellen Constraints). Facetten an Konzepten können zur Aufnahme anwendungsspezifischer Informationen dienen: Für die Konstruktion können dort z.B. Default-Werte und Bearbeitungsvorschriften (s. z.B. 6.4) eingetragen werden.
- Vielseitig verwendbar in Hinsicht auf den Einsatzbereich ist die Repräsentation wegen der leichten Anbindungsmöglichkeit anderer Formalismen, wie die Integration eines Constraint-Systems für die Konstruktion zeigt (s. Kapitel 6).

Die Erfahrung mit Anwendungen von PLAKON hat gezeigt, daß BHIBS seinen Anforderungen gerecht wird. Daß BHIBS oder ähnliche Formalismen auch über die Konstruktionsdomäne hinaus für Expertensysteme im technischen Bereich anwendbar sind bzw. sein können, scheint sich abzuzeichnen. Ein Beweis dafür steht noch aus.

Kapitel 6

Constraints in PLAKON

Ingo Syska, Roman Cunis

6.1 Einleitung

Um eine korrekte Konstruktion aufbauen zu können, müssen beim Konstruieren die gegenseitigen Abhängigkeiten zwischen den verwendeten Konstruktionsobjekten berücksichtigt werden. Eine wichtige Teilaufgabe von PLAKON ist es, Formalismen anzubieten, die es ermöglichen, die innerhalb der Konstruktionsdomäne bestehenden Abhängigkeiten zu repräsentieren und während des Konstruktionsvorganges auszuwerten.

Während des Konstruktionsvorganges erfolgt eine sukzessive Instantiierung von in der Begriffshierarchie beschriebenen Konzepten und Festlegung ihrer Eigenschaften. Die Instanzen werden entsprechend der kompositionellen Hierarchie zu Aggregaten zusammengefügt (s. Kapitel 7). Dabei sind neben den in der Begriffshierarchie repräsentierten lokalen Einschränkungen auf Eigenschaftswerte (vgl. 5.2.3) auch und vor allem numerische und nicht-numerische Zusammenhänge *zwischen* Eigenschaften eines oder mehrerer Objekte der Konstruktion zu berücksichtigen.

Für die Darstellung derartiger Zusammenhänge und ihre Berücksichtigung in der Problemlösung besonders geeignet sind sogenannte *Constraints* [Puppe88]. Im folgenden wird beschrieben, wie Constraints in PLAKON eingesetzt werden.

Dazu wird zuerst eine kurze Charakterisierung des Constraint-Konzeptes gegeben (s. 6.2.1). Auf die für die Auswertung der Constraints verwendeten Algorithmen

*Dieser Beitrag ist eine überarbeitete und aktualisierte Version von [Syska88]

wird in diesem Beitrag nicht eingegangen. PLAKON verwendet dafür aus der Literatur bekannte Standardverfahren zur Constraint-Propagation (s. dazu vor allem [Güsgen87], [Davis87]). Die nachfolgenden Abschnitte des Kapitels konzentrieren sich auf für PLAKON entwickelte Techniken zur Integration dieser Verfahren in ein Expertensystem-Werkzeug (s. 6.2.2 ff). Abschnitt 6.3 beschreibt spezielle, vor allem für Konstruktionsaufgaben benötigte Erweiterungen zu dem verwendeten Constraint-Verfahren. Abschließend wird den Constraints ein anderes, für die Auswertung von Zusammenhängen im Konstruktionsvorgang ebenfalls geeignetes Verfahren, sogenannte *Berechnungsfunktionen*, vergleichend gegenübergestellt.

6.2 Constraints zur Repräsentation und Auswertung von Abhängigkeiten

6.2.1 Das Constraint-Konzept

Constraints dienen zur Repräsentation und Auswertung von Abhängigkeiten [Sussman80]. Ein Constraint etabliert eine Relation zwischen Variablen. Es eignet sich dazu, sowohl die Constraint-Relation zu definieren, als auch gegebene Variablenwerte dynamisch so anzupassen, daß die Constraint-Relation erfüllt ist. Vergröbert läßt sich ein Constraint als Black-Box auffassen, die nach außen hin definierte Anschlüsse besitzt. Ihre Interna sorgen dafür, daß die repräsentierte Constraint-Relation erhalten bleibt.

Einzelne Constraints lassen sich durch Verknüpfung ihrer Anschlüsse zu Constraint-Netzen zusammensetzen. An das Netz angelegte Werte können propagiert und so entweder eine konsistente Wertebelegung des Gesamtnetzes gefunden oder ein Konflikt erkannt werden (s. auch Abb. 6.1).

Ein Beispiel für ein domänenunabhängiges Constraint-System ist CONSAT. CONSAT wurde an der GMD entwickelt [Güsgen87] und hat folgende funktionale Eigenschaften:

- Ein Constraint wird domänenunabhängig durch seine Variablen und die zwischen ihnen bestehende Constraint-Relation definiert.
- Es stehen mehrere flexible Mechanismen zur Beschreibung der Constraint-Relation bereit.
- Die Constraints lassen sich zu Constraint-Netzen zusammenfügen.

Es folgt ein Beispiel eines in CONSAT formulierten Constraints, das drei Variablen mit einer Multiplikationsbeziehung verknüpft.

```
(defconstraint
   (:name multiply)
   (:type primitive)
   (:interface factor1 factor2 product)
   (:relation
        (:pattern (factor1 factor2 (* factor1 factor2))
                 :if (constrained-p factor1 factor2))
        (:pattern (factor1 (/ product factor1) product)
                 :if (and (constrained-p factor1 product)
                          (neq factor1 0)))
        (:pattern ((/ product factor2) factor2 product)
                 :if (and (constrained-p factor2 product)
                          (neq factor2 0)))
        (:pattern (factor1 factor2 0)
                 :if (or (eq factor1 0) (eq factor2 0)))))
```

Im Constraint-Interface sind die Constraint-Variablen aufgeführt. Die Beschreibung der Constraint-Relation erfolgt intensional durch Angabe von Funktionen, bei denen jede der drei Variablen einmal durch die beiden anderen beschrieben wird. Die dem `:if` nachfolgende Bedingung sorgt dafür, daß eine Funktion nur dann ausgewertet wird, wenn ihren Argumenten ein gültiger Wert zugewiesen worden ist.

In PLAKON unterstützt eine Reimplementation des domänenunabhängigen Constraint-Systems CONSAT sowohl die Repräsentation der in der Domäne auftretenden Abhängigkeiten als auch deren Auswertung. Das Integrationskonzept wird im Folgenden beschrieben.

6.2.2 Repräsentation von Abhängigkeiten in der statischen Wissensbasis

Die von CONSAT bereitgestellten domänenunabhängigen Constraints werden als *Constraint-Klassen* in die statische Wissensbasis eingeführt. So beschreibt z.B. der oben definierte Multiplizierer die Klasse der Multiplikationsbeziehungen. Basierend auf den Constraint-Klassen können *konzeptuelle Constraints* definiert werden, die konzeptuelle Abhängigkeiten zwischen den Objekten der Domäne repräsentieren. Konzeptuelle Constraints sind Bestandteil der Begriffshierarchie. Sie beschreiben Abhängigkeiten zwischen Eigenschaften eines oder mehrerer Objekte, in dem sie die Slots, die die Eigenschaften verkörpern, mit einer oder mehreren Constraint-Klassen geeignet verbinden. Beispiel: Die Beziehung

„Der Hubraum aller Zylinder eines Motors ist gleich."

wird durch folgendes konzeptuelles Constraint repräsentiert:

```
(constrain ((#?M (ein Motor))
            (#?Z1 (ein Zylinder (part-of #?M)))
            (#?Z2 (ein Zylinder (part-of #?M))))
   (equal (#?Z1 Hubraum) (#?Z2 Hubraum)))
```

Die Definition besteht aus zwei Teilen. Der erste Teil, Domain-Pattern genannt, spezifiziert diejenigen Objekte, an die das Constraint gebunden werden soll. Objekte werden mit (ggf. anonymen) Konzepten beschrieben (vgl. 5.2.3). Die angegebenen *Pattern-Variablen* (`#?M` usw.) referenzieren die vom Pattern erfaßten Objekte. Der zweite Teil der Definition beschreibt die Bindung der Constraint-Klasse (hier `Equal`) an die spezifizierten Slots der Objekte. Dabei korrespondiert die Bindungsbeschreibung mit der Interface-Definition der Constraint-Klasse.

Anmerkung: Das gezeigte Beispiel für die Gleichheitsforderung zwischen zwei Zylindern eines Motors stellt nicht gerade die günstigste Weise dar, um diesen Zusammenhang zu modellieren. So, wie das Constraint hier formuliert ist, würde je eine Constraint-Instanz für jedes Paar von Zylindern eines Motors erzeugt werden. Außerdem wird die Ungleichheit von `#?Z1` und `#?Z2` nicht gefordert. Eine bessere Lösung für diesen Fall findet sich in 6.3.1.

Konzeptuelle Constraints können auch verwendet werden, um einen komplexeren, formelhaften Zusammenhang zwischen Objekteigenschaften zu beschreiben, der durch die Kombination mehrerer primitiver Constraint-Klassen ausgedrückt wird. Dazu ein Beispiel: Der Zusammenhang

Der Hubraum R eines Zylinders berechnet sich aus dem Zylinderdurchmesser D und der Hubhöhe H nach der Formel: $R = D^2 \times \frac{1}{4}\pi \times H$.

wird ausgedrückt durch:

```
(constrain ((#?Z (ein Zylinder)))
  (square (#?Z Durchmesser) ?DQuadrat)
  (multiplier ?DQuadrat 0.7854 ?ZFlaeche) ;; 0.7854 = 1/4π
  (multiplier ?ZFlaeche (#?Z Hubhoehe) (#?Z Hubraum)))
```

Dabei werden interne Verknüpfungen zwischen den Constraint-Klassen durch sogenannte Constraint-Variablen (`?DQuadrat`, `?ZFlaeche`) hergestellt.

6.2.3 Auswertung der Constraints während des Konstruktionsvorganges

In PLAKON besteht der Konstruktionsvorgang im Kern aus einer Folge von Instantiierungen von Objektkonzepten und von Festlegungen von Slotwerten. Genau wie die Objekte werden auch die konzeptuellen Constraints instantiiert. Dazu erfolgt ein Abgleich (Match) der Domain-Pattern der konzeptuellen Constraints gegen die Menge der Objektinstanzen. Instanzen, die zur Domain-Spezifikation passen, werden an die entsprechenden Pattern-Variablen gebunden. Sobald alle Pattern-Variablen eines Patterns belegt sind, wird das konzeptuelle Constraint instantiiert. D.h. die Variablen der dem konzeptuellen Constraint zugrundeliegenden Constraint-Klasse werden an die entsprechenden Slots der Objektinstanzen gebunden. Die Instantiierung erfolgt automatisch, weil jede Erzeugung oder Änderung einer Objektinstanz den Abgleichprozeß anstößt. Auf diese Weise werden im Laufe des Konstruktionsvorganges ständig neue Constraint-Instanzen erzeugt.

An den Slot einer Objektinstanz können mehrere Constraint-Instanzen gebunden werden. Durch die Constraint-Instantiierungen wird so ein monoton wachsendes *Constraint-Netz* erzeugt. Dieses Netz repräsentiert alle im aktuellen Zustand der Konstruktion existierenden Abhängigkeiten. Ein Beispiel, entsprechend den in 6.2.2 und 6.3.1 genannten konzeptuellen Constraints, zeigt Abbildung 6.1.

Trotz des inkrementellen Aufbaus kann das Constraint-Netz jederzeit in drei Schritten ausgewertet werden:

- Belegung der Constraint-Variablen mit den aktuellen Werten bzw. zulässigen Wertemengen (vgl. Objektdeskriptoren in 5.2.3) der Instanzenslots.

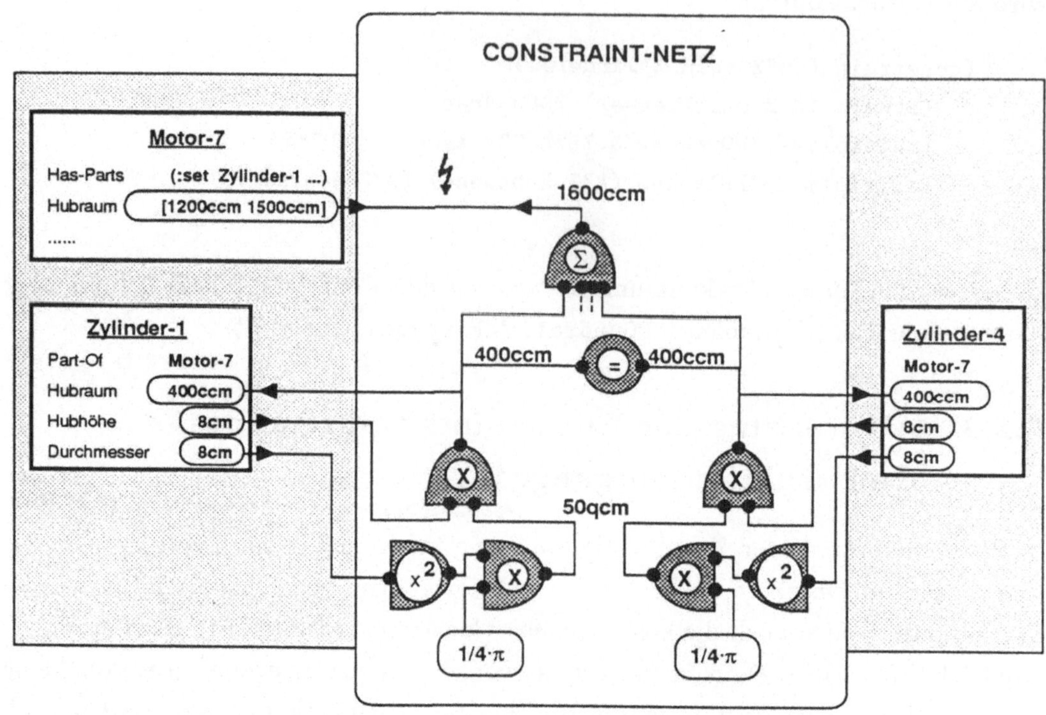

***Abb. 6.1**: Beispiel für ein Constraint-Netz*

- Propagation der Variablenwerte mit Hilfe des Constraint-Systems.
- Übertragung der Endbelegung der Variablen in die entsprechenden Slots.

Der Kontrollmechanismus von PLAKON kann bei Bedarf jederzeit die Propagation anstoßen:

- Anhand von Constraints, die auf bereits bekannten (d.h. anderweitig festgelegten bzw. hinreichend weit eingeschränkten) Slotwerten basieren, werden Werte in Slots bestimmt bzw. Wertemengen eingeschränkt.
- Bei gegebener Abhängigkeitsstruktur werden Werte und Wertemengen auf ihre Konsistenz überprüft.

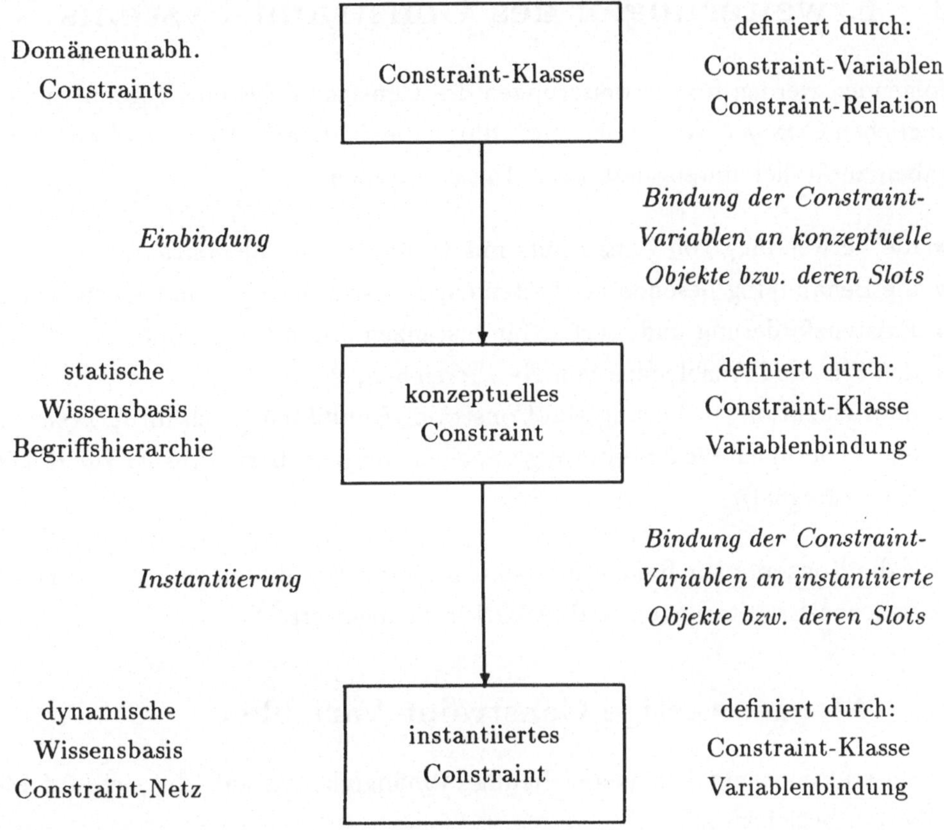

Abb. 6.2: *Konzept der 3-stufigen Constraint-Integration*

6.2.4 3-stufige Constraint-Integration

Die Einbindung von Constraints in PLAKON erfolgt also in drei Stufen (s. Abb. 6.2): Auf der obersten Stufe stehen die Constraint-Klassen. Sie sind domänenunabhängig und werden durch das integrierte Constraint-System bereitgestellt. Aufbauend auf den Constraint-Klassen werden auf der zweiten Stufe konzeptuelle Constraints definiert, welche die in der betrachteten Domäne bestehenden Abhängigkeiten beschreiben. Während des Konstruktionsvorganges werden die konzeptuellen Constraints instantiiert. Das dabei entstehende Constraint-Netz bildet die dritte Stufe. Auf dieser Stufe werden die Constraints ausgewertet, d.h. es wird versucht, konsistente Belegungen des Constraint-Netzes zu finden oder Konflikte festzustellen und so die Parametrierung der Objektinstanzen zu steuern.

6.3 Erweiterungen des Constraint-Systems

Im folgenden werden fünf Erweiterungen des Constraint-Systems gegenüber dem ursprünglichen CONSAT-System skizziert, durch die die Bearbeitung von Konstruktionsaufgaben zusätzlich unterstützt wird. Diese betreffen

- die Verwendung von Constraints mit variabler Variablenanzahl,
- die Behandlung besonderer Wertemengenbeschreibungen und Wertetypen,
- Existenzforderung und -verbot für Instanzen durch Constraints,
- das Ein- und Ausblenden von Netzbereichen,
- die Relaxation zur Lösung von Constraint-Konflikten (auch für CONSAT gibt es eine experimentelle Erweiterung um einen vergleichbaren Ansatz zur Relaxation [Hertzberg88]).

Bis auf die Konzepte zur Relaxation bei Constraint-Konflikten sind die im Folgenden beschriebenen Erweiterungen in PLAKON implementiert.

6.3.1 Mengenwertige Constraint-Variablen

Bei Konstruktionsaufgaben treten häufig Abhängigkeiten auf, die sich auf Mengen von Werten beziehen, z.B.:

„Das Gesamtgewicht eines Autos ist gleich der Summe der Gewichte aller seiner Komponenten"

Das Problem, diese Abhängigkeit zu repräsentieren, liegt darin, daß die Anzahl der Anschlüsse der zugrundeliegende Constraint-Klasse „Summe" (`Sum`) nicht a priori bestimmt werden kann. Es werden also Constraint-Klassen mit einer variablen Anzahl von Anschlüssen benötigt. Diese Option fehlt jedoch in Standard-Constraint-Systemen wie CONSAT. Zur Lösung dieses Problems verwenden wir das Konzept der *mengenwertigen Constraint-Variablen.* Eine mengenwertige Variable kann an eine beliebige Anzahl von Instanzenslots gebunden werden. Dieses Konstrukt erlaubt es, die Constraint-Klasse „Summe" als Constraint mit zwei Anschlüssen zu definieren. Ein „Standard-Anschluß" stellt den Summenwert zur Verfügung, und an einem mengenwertigen Anschluß werden die Summanden gesammelt. Mit Hilfe einer mengenwertigen Variable kann die obige Gesamtgewichtsbeziehung wie folgt repräsentiert werden:

```
(constrain ((#?A (ein Auto))
            (#?O :all (ein Objekt (part-of ?A))))
   (sum (#?A Gewicht) (#?O Gewicht)))
```

Die Instantiierung dieses Constraints erfolgt in zwei Schritten:

- Sobald das Pattern für den Standard-Anschluß (`#?A`) erfüllt ist, wird dieser an den Gewichts-Slot der Instanz von `Auto` gebunden.
- Der mengenwertige Anschluß wird dynamisch an die Gewichts-Slots aller (auch noch später erzeugten) Objektinstanzen gebunden, die zum Pattern von `#?O` passen.

Bei der Auswertung des Gewichts-Constraints werden alle aktuell gebundenen Instanzen berücksichtigt. Der berechnete Summenwert wird in den Gewichts-Slot des Objekts `Auto` eingetragen. (Das in 6.2.2 genannte Beispiel zur Gleichheitsforderung für Hubraumwerte in Zylindern kann mit der analog definierten Constraint-Klasse `All-Equal` ohne die dort genannten Probleme gelöst werden). Das Konzept der mengenwertigen Constraint-Variablen ermöglicht also die Verwendung eines Standard-Constraint-Systems zur Behandlung von Objekt*mengen* anstelle einzelner Objekte.

6.3.2 Behandlung spezieller Objektdeskriptoren

Neben der Propagation von Einzelwerten oder Alternativmengen wie in CONSAT ist das Constraint-System von PLAKON auch in der Lage, andere Objektdeskriptoren zu propagieren.

Die meisten numerischen Constraint-Klassen können auch Zahlen mit Maßeinheiten verarbeiten. Darüberhinaus sind sie derart erweitert worden (z.B. gegenüber der `Multiplier`-Definition aus 6.2.1), daß sie Intervalle (auf Zahlen ohne und mit Maßeinheiten) verwerten können. Bei der Behandlung von Intervallen wurde eine pragmatische Lösung gewählt, die für viele der damit verbundenen Probleme (für eine ausführliche Diskussion siehe [Davis87]) den „Weg des geringsten Aufwandes" darstellt:

- Intervalle sind grundsätzlich geschlossen, ∞ bzw. $-\infty$ als obere bzw. untere Grenze sind jedoch zulässig.

- Bei der Propagation resultierende diskontinuierliche Intervalle werden in ihre konvexe Hülle umgewandelt (so liefert z.B. $\sqrt{[4\ 9]}$ statt $[-2\ -3] \vee [2\ 3]$ nur $[-2\ 3]$), und somit wird nicht immer die optimal mögliche Einschränkung geliefert.
- Bei Zusammenhängen, in denen sich Intervalle bei iterativer Propagation asymptotisch an einen eindeutigen Wert annähern, terminiert die Propagation nur dann, wenn durch Rundungsungenauigkeiten in der Floating-Point-Darstellung zufällig gleiche Ober- und Untergrenzen erreicht werden — hier ist noch Arbeit notwendig. (Bei dem Zusammenhang $x = 2x$, das mit $x = [-1\ 1]$ nur die triviale Lösung $x = 0$ besitzt, werden die Intervallgrenzen bei jedem Propagationsschritt halbiert — aber 0 theoretisch nie erreicht!)

Constraint-Klassen in PLAKON können aber auch so definiert werden, daß sie z.B. Mengendeskriptoren (s. 5.2.4) und/oder sogar Konzepte (diese jedoch nur als Konstanten) akzeptieren. Ein interessantes Beispiel dazu ist `Number-Restriction`: Es hält die Anzahlvorgabe in einem Mengendeskriptor für Instanzen eines gegebenen Konzeptes konsistent mit einer numerischen Variablen:

```
(constrain ((#?M (ein Motor)))
   (number-restriction (#?M Has-Parts) (ein Zylinder)
                       (#?M Anzahl-Zylinder)))
```

6.3.3 Existenzfordernde und -verbietende Constraints

Innerhalb der Konstruktionsdomäne treten neben den Abhängigkeiten zwischen Objekteigenschaften, die wir bisher betrachtet haben, auch Abhängigkeiten auf, die die Existenz bzw. Nicht-Existenz von Objekten fordern [Descotte85]. Beispiele:

„Wenn ein Auto nach Österreich exportiert werden soll,
dann muß es einen Katalysator besitzen."
„Wenn ein Auto in die Türkei exportiert werden soll,
dann darf es keinen Katalysator besitzen."

Um diese Art von Abhängigkeiten im bisherigen konzeptuellen Rahmen repräsentieren und auswerten zu können, werden zwei neue Constraint-Klassen eingeführt, die Klassen `Exist` und `Not-Exist`. Mit ihrer Hilfe lassen sich obige Abhängigkeiten wie folgt formulieren:

```
(constrain ((#?A (ein Auto (Exportziel 'Oesterreich))))
  (exist (ein Katalysator)))

(constrain ((#?A (ein Auto (Exportziel 'Tuerkei))))
  (not-exist (ein Katalysator)))
```

Die Constraints werden instantiiert, sobald ein entsprechendes Exportziel eingetragen wird. Ihre Instantiierung und Auswertung unterscheidet sich allerdings von der anderer Constraints: Bei der Instantiierung eines existenzfordernden Constraints wird das bei der `Exist`-Klasse angegebene Konzept-Pattern, im Beispiel (ein Katalysator), in einen sogenannten *Exist-Pool* eingetragen. In diesem Pool werden alle Existenzforderungen für Objektinstanzen gesammelt. Der Kontrollmechanismus berücksichtigt den Pool während des Konstruktionsvorganges und kann gezielte Objektinstantiierungen durchführen. Mit dem Eintrag in den Exist-Pool ist die Instantiierung eines existenzfordernden Constraints abgeschlossen. Im Gegensatz zu anderen Constraint-Klassen findet keine Einbindung in das Constraint-Netz statt. Analog verhält es sich mit der Instantiierung von nichtexistenzfordernden Constraints. Hierbei erfolgt ein Eintrag in einen *Not-Exist-Pool*. Während des Konstruktionsvorganges dürfen keine Objektkonzepte instantiiert werden, die zu den in den Not-Exist-Pool eingetragenen Konzept-Patterns passen. Einträge in den Exist- bzw. Not-Exist-Pool erfolgen nur, wenn sie nicht in Widerspruch zu der aktuellen Konstruktion oder zu bereits bestehenden Pool-Einträgen stehen. Andernfalls tritt ein Konflikt auf.

Die Einführung spezieller Constraint-Klassen erlaubt also eine saubere Einbindung von (nicht-)existenzfordernden Abhängigkeiten in das Constraint-System.

6.3.4 Ein- und Ausblenden von Netzbereichen

Während des Konstruktionsvorganges ist es sinnvoll, nicht ständig alle bekannten Abhängigkeiten gleichzeitig zu berücksichtigen, sondern bestimmte Bereiche des Constraint-Netzes temporär auszublenden.

Beispiel: Da sich bei der Auslegung des Armaturenbrettes eines Autos die Positionen der Instrumente und Bedienelemente gegenseitig beeinflussen, ist es vorteilhaft, die Positionierung solange zu verzögern, bis feststeht, welche Teile in welcher Anzahl zu positionieren sind. Andernfalls würde mit jedem neu hinzukommenden Teil automatisch eine Neupositionierung aller bereits vorhandenen Teile erfolgen. Dies ist in der

Regel unerwünscht und führt zu vielen überflüssigen Berechnungen. Daher ist es im Beispiel nützlich, diejenigen Constraints, die zur Auswertung räumlicher Beziehungen dienen, zeitweise auszublenden, d.h. bei der Propagierung nicht zu berücksichtigen.

In PLAKON können wir Netzbereiche, sogenannte *Constraint-Kontexte*, spezifizieren, die über spezielle, bei der Definition der konzeptuellen Constraints vergebene Namen referenziert werden können. Das Ein- und Ausblenden von Netzbereichen oder von einzelnen Constraints wird durch den Kontrollmechanismus von PLAKON gesteuert (s. 7.4.4) und gezielt zur Effizienzsteigerung eingesetzt. Dabei ist allerdings zu beachten, daß aus Sicht der Constraint-Propagierung beim Ein- und Ausblenden von Constraints Veränderungen in der Topologie des Constraint-Netzes stattfinden. Eine konsistente Netzbelegung kann daher nur in bezug auf die aktuelle Menge der eingeblendeten Constraints berechnet werden. Wenn ausgeblendete Netzbereiche zu einem späteren Zeitpunkt im Konstruktionsvorgang wieder sichtbar werden, kann es jedoch geschehen, daß sich die bis dahin berechnete Belegung in Bezug auf die Menge aller Constraints als inkonsistent erweist. Logisch gesehen war dieses Inkonsistenz natürlich schon immer vorhanden, sie wird jedoch wegen der Ausblendung unter Umständen erst lange nach der eigentlichen Festlegung der zur Inkonsistenz führenden Werte erkannt.

6.3.5 Relaxationsfaktoren zur Behebung von Constraint-Konflikten

Wenn sich bei der Auswertung des Constraint-Netzes herausstellt, daß die Slotwerte inkonsistent sind, liegt ein Constraint-Konflikt vor. Eine inkonsistente Constraint-Belegung wäre z.B. `(Multiplier 3 4 9)`.

Zur Behebung eines Constraint-Konfliktes stehen zwei Möglichkeiten zur Verfügung:

- Wahl anderer Slotwerte und damit einer konsistenten Constraint-Belegung, z.B. `(Multiplier 3 4 12)`.
- Relaxation, d.h. Ausblenden eines Constraints, so daß die Netzbelegung konsistent wird.

Eine Konfliktlösung durch Wahl anderer Slotwerte erfolgt unabhängig vom Constraint-System mit Hilfe von Backtracking, das der PLAKON-Kontrollmechanismus durchführt (vgl. 7.4.5). Um einen Konflikt durch Relaxation beheben zu können, wird Wissen über Relaxierbarkeit von Constraints benötigt. Dazu unterscheiden wir zwei Typen von Constraints. *Harte Constraints* repräsentieren unumstößliche Abhängigkeiten, die nicht aufgehoben werden können, z.B. Naturgesetze. *Weiche Constraints* dagegen werden verwendet, um Heuristiken oder Optimalitätskriterien zu implementieren, die im Konfliktfall ignoriert werden können. Die Relaxierbarkeit von Constraints wird durch Relaxationsfaktoren beschrieben, die den konzeptuellen Constraints zugeordnet sind. Ein Relaxationsfaktor von Null kennzeichnet ein hartes, nicht relaxierbares Constraint. Weiche Constraints besitzen einen Faktor größer als Null; je größer der Faktor, desto leichter können die Constraints relaxiert werden.

Constraint-Konflikte können mittels globaler oder lokaler Relaxation gelöst werden. Bei einer globalen Relaxation betrachten wir alle Constraints auf einmal und blenden schrittweise diejenigen mit den höchsten Relaxationsfaktoren solange aus, bis eine konsistente Wertebelegung des Constraint-Netzes erreicht wird ([Marcus86], [Descotte85], [Hertzberg88]).

Um einen Konflikt mit lokaler Relaxation zu lösen, verwenden wir sogenannte *Constraint-Bündel*. Ein Constraint-Bündel ist eine Menge konzeptueller Constraints, die dieselbe Abhängigkeit innerhalb der Domäne beschreiben, aber in unterschiedlicher Ausprägung, mit unterschiedlichen Relaxationsfaktoren. Tritt an einem Constraint-Bündel ein Konflikt auf, so tauschen wir das verwendete Constraint gegen ein anderes aus demselben Bündel aus, das eine niedrigere Relaxierbarkeit besitzt und normalerweise eine weniger strenge Restriktion erzeugt. Auf diese Art können Abhängigkeiten der Domäne in definierter Weise relaxiert werden.

Die hier beschriebenen Verfahren zur Relaxation sind in PLAKON noch nicht implementiert. Weiterhin liegen auch noch keine Konzepte vor, um `Exist-` und `Not-Exist-`Constraints (s. 6.3.3) zu behandeln, die auf die hier genannte Weise nicht relaxiert werden können.

6.4 Constraints vs. Berechnungsfunktionen

Die Verwendung von Constraints und Constraint-Netzen zur Auswertung von Abhängigkeiten kann sich „stark bremsend" auf das Laufzeitverhalten von PLAKON auswirken. Trotz der beschriebenen Möglichkeiten zur Ausblendung von Netzbereichen kann der Propagationsaufwand einen erheblichen Umfang annehmen. Daher bietet PLAKON als eine weitere Möglichkeit zur Auswertung von Abhängigkeiten den Einsatz von *Berechnungsfunktionen* zur Bestimmung einzelner Slotwerte an (siehe auch 7.4.3).

Das in 6.2.2 gezeigte Beispiel zur Hubraumberechnung eines Zylinders ließe sich mit einer Berechnungsfunktion am Konzept `Zylinder` wie folgt realisieren:

```
(ist! (ein Zylinder)
      (ein Autoteil
           (Hubraum [100ccm 1000ccm]
                (Berechnungsfunktion Berechne-Hubraum)
                (Bearb-Verfahren (Berechnungsfunktion)))
           (Hubhoehe [6cm 12cm])
           (Durchmesser [5cm 10cm])))
```

mit einer (vom Benutzer in LISP zu schreibenden) Berechnungsfunktion `Berechne-Hubraum`, die Zugriff auf die gesamte Instanz hat, die gewünschte Berechnung durchführt und den Hubraumwert liefert.

Neben dem Vorteil der schnelleren Ausführungszeit (einmalige, direkte Ausführung möglicherweise compilierten Codes statt schrittweiser, ggf. oft wiederholter Propagation in einem deklarativ beschriebenen Constraint-Netz) hat dieser Ansatz auch zwei gravierende Nachteile:

- Richtung: Constraints sind *multidirektional*, Berechnungsfunktionen hingegen *unidirektional*. `Berechne-Hubraum` berechnet nur den Hubraum aus den anderen Werten, nicht aber einen der anderen Werte bei gegebenem Hubraum.
- Ausführungszeitpunkt: Ein Constraint wird immer dann ausgeführt, wenn sich einer der anliegenden Werte ändert. Die Berechnungsfunktion wird hingegen *einmal* zu einem von der Kontrolle bestimmten Zeitpunkt ausgeführt, wenn der Parameter „Hubraum“ zur Bearbeitung ansteht (vgl. 7.4.3). Dabei muß durch geeignete Steuerung des Konstruktionsvorganges (s. 7.4.6) sichergestellt sein, daß an den Eingangsparametern bereits verwertbare Werte anliegen. Insbesondere kann also nur schwer erzielt werden, daß ein „Netz“ von voneinander abhängigen Berechnungsfunktionen in der richtigen Reihenfolge „propagiert“ wird.
- Konflikterkennung: Bedingt durch einen Ausführungszeitpunkt, der von Änderungen an Eingangsparametern unabhängig ist, werden auftretende Konflikte von Berechnungsfunktionen unter Umständen erst sehr viel später erkannt.

Bei Constraint-Propagation hingegen werden immer alle vorhandenen Zusammenhänge geprüft und Konflikte sofort erkannt (es sei denn, die dazu benötigten Netzbereiche sind ausgeblendet, vgl. 6.3.5).

6.5 Zusammenfassung und Bewertung

Das vorgestellte Konzept zur Repräsentation und Auswertung von Abhängigkeiten durch Constraints zeichnet sich durch folgende Eigenschaften aus:

- Die in der betrachteten Domäne existierenden Abhängigkeiten werden explizit mit Hilfe konzeptueller Constraints repräsentiert.
- Durch die Constraint-Propagation breiten sich die Auswirkungen von Konstruktionsentscheidungen automatisch auf die gesamte Konstruktion aus.
- Das Integrationskonzept unterstützt die Unterteilung von PLAKON in Module, von denen jedes bestimmte Aufgaben innerhalb des Problemlösungsprozesses übernimmt (vgl. Kapitel 3 und [Chandrasekaran87]).

Kapitel 7

Begriffshierarchie-orientierte Kontrolle

Andreas Günter

7.1 Einleitung

Bei den meisten heutigen Expertensystemen im Bereich der Planung und Konfigurierung besteht die Wissensbasis aus einer Menge von Objektdefinitionen und einer darauf bezugnehmenden Menge von Regeln (vgl. [McDermott82], [Soloway87]). Diese Regeln haben zwei Aufgaben, sie beschreiben korrekte/effiziente (Teil-) Lösungen, und sie steuern den Kontrollfluß. Dieser Ansatz führt zu folgenden Problemen: Schwierigkeiten bei der Wissensakquisition, der Konsistenzerhaltung und der Modifikation der Wissensbasis. Die Vermischung von verschiedenen Wissensarten führt zu unbefriedigende Erklärungen, teilweise gravierenden Wartungsproblemen und mangelnder Modularität (vgl. [Coy89], [Harmon89], [Soloway87]).

Die bisherigen Lösungsansätze für diese bekannten Probleme führten zur Einführung von Regelkontexten, speziellen Meta-Regeln oder zur Angabe von problemspezifischen Konfliktlösungsstrategien (vgl. [Aiello86], [Beetz87], [Clancey87], [Davis82], [Fickas85], [Sauers88]). Das grundsätzliche Problem von regelbasierten Systemen wurde durch diese Verbesserungen nicht gelöst. Regeln haben nur eine schwache Struktur und sind zur Beschreibung von lokalen Zusammenhängen geeignet, aber nur eingeschränkt zur globalen Steuerung der Kontrolle in einem Expertensystem.

---

*Dieser Beitrag ist eine überarbeitete und aktualisierte Version von [Günter90]

Wir beschreiben einen Teil einer Expertensystem-Architektur, bei der die Wissensrepräsentation die Kontrolle unterstützt, ohne selbst Kontrollwissen zu beinhalten. In der *Begriffshierarchie-orientierten Kontrolle (*BO*)* von PLAKON verzichten wir auf diese Art von Regeln. Das Wissen über Objekte und korrekte Lösungen ist in einer Begriffshierarchie deklarativ repräsentiert (Abschnitt 7.3). Davon getrennt gibt es mehrere Arten von separat repräsentiertem Kontrollwissen. Dieses Kontrollwissen unterteilen wir in Abschnitt 7.2 in unterschiedliche Kategorien von Kontrollwissen. Der Kontrollmechanismus orientiert sich an der Begriffshierarchie. Aus der Begriffshierarchie ist ableitbar, wie die aktuelle Teillösung noch weiter bearbeitet werden muß. Der BO wird im Hauptteil dieses Papiers (Abschnitt 7.4) ausführlich beschrieben. Wir schließen mit einer Zusammenfassung.

Aufbauend auf unseren allgemeinen Begriffsdefinitionen über Konstruktionsaufgaben in Kapitel 4 führen wir zunächst einige Begriffe aus dem Kontrollbereich ein. Wir unterscheiden zwischen Kontroll- und Konstruktionsentscheidungen. *Konstruktionsentscheidungen* betreffen die Konstruktion an sich, z.B. die Bestimmung des Attributwertes eines Konstruktionsobjektes. *Kontrollentscheidungen* betreffen dagegen den dynamischen Ablauf des Konstruktionsvorganges, z.B. die Reihenfolge, in der die einzelnen Konstruktionsschritte bearbeitet werden. Eine vergleichbare Einteilung nimmt Genesereth [Genesereth83] vor, er unterscheidet zwischen „Base-level" und „Meta-level". Stefik [Stefik81] bezeichnet Kontrollentscheidungen im Kontext von Planungsproblemen als *Metaplanung*, also als die Planung der Planerstellung.

Unter Kontrolle verstehen wir die *Steuerung* der Suche im Lösungsraum. *Kontrollwissen* definieren wir als Wissen zur expliziten Steuerung des Konstruktionsvorganges, d.h. Wissen, das den Kontrollentscheidungen zugrunde liegt. In [Clancey87] wird dafür folgende Umschreibung gewählt: „*what is true about the world* [...] [is] separate from *what to do to solve problems*".

7.2 Kategorien von Kontrollwissen

Wir möchten zunächst einige anschauliche Beispiele für Kontrolle unkommentiert zur Diskussion stellen und dadurch diesen Bereich skizzieren (vgl. [Günter89]):

- Ein Experte, der ein Auto konstruiert, fängt nicht mit dem Aschenbecher an.

- Wenn ein Architekt bei der Statikberechnung feststellt, daß das 1. Stockwerk zu „schwer“ ist, wird er nicht automatisch seine letzte Entscheidung rückgängig machen, sondern z.B. das Schwimmbad in das Erdgeschoß verlagern.
- Bei der Entscheidung, welchen Stahlträger er verwenden soll, benutzt ein Architekt ein Statikprogramm zur Unterstützung. Bei der Entscheidung über die Farbe des Hauses fragt er den Eigentümer. Die Küche könnte wie in einem ähnlichen Fall angeordnet werden, und der Kamin wird auf die Standardposition plaziert.
- Bei der Planung einer Amerikareise wird man die An- und Abreise planen, bevor man den Besuch von Las Vegas im Detail festlegt. Wenn allerdings der Besuch von Las Vegas der wesentliche Grund für die Reise ist, ist es sinnvoll, An- und Abreise in Abhängigkeit des Auftritts von Barbara Streisand zu planen.
- Die Planung einer chemischen Analyse wird kein Experte durch komplette Breitensuche lösen. Aber in bestimmten Situationen wird er einige Alternativen durchprobieren.
- Die Reparaturplanung zur TÜV-Abnahme kann in Teilprobleme aufgeteilt werden, deren Lösungen relativ unabhängig voneinander sind und mit jeweils anderen Methoden bearbeitet werden können.

An diesen — nur scheinbar trivialen — Beispielen kann man die Aufgaben der Kontrolle erkennen:

- Wie kann man ein Problem in Teilprobleme unterteilen und entsprechend auf die jeweiligen Teilaspekte fokussieren?
- Was wird als nächstes bearbeitet?
- Welche Verfahren werden zur Entscheidungsfindung herangezogen?
- Wie werden Konflikte am besten aufgelöst?

Basierend auf unseren eingeführten Begriffen unterteilen wir das Kontrollwissen in folgende Kategorien:

- *Reihenfolgewissen:* Wissen über die Reihenfolge, in der die Teilaufgaben und die einzelnen Konstruktionsschritte am günstigsten bearbeitet werden.
- *Bearbeitungswissen:* Wissen darüber, wie man einen Wert für einen Konstruktionsschritt bestimmen kann.

- *Konfliktlösungswissen:* Wissen darüber, wie in Konfliktsituationen zu verfahren ist. Bei komplexen Anwendungen müssen oft heuristische Entscheidungen getroffen werden. Dies beinhaltet mögliche Fehlentscheidungen, die im späteren Verlauf zu Konflikten führen können. Das Konfliktlösungswissen gibt Hinweise zur Aufhebung von Konflikten.
- *Fokussierungswissen:* Wissen darüber, welche Teile der aktuelle Problemlösung zur Zeit nicht betrachtet werden müssen. Dadurch kann der Suchraum reduziert werden und eine Steigerung der Effizienz erreicht werden.

Diese Einteilung dient dazu, das benötigte Kontrollwissen zu strukturieren. Damit ist es möglich, Kontrollentscheidungen den einzelnen Kategorien zuzuordnen und die Trennung von Kontrollentscheidungen aus verschiedenen Kategorien zu erreichen. Die Einteilung ist unabhängig von der Repräsentation und Implementation des Kontrollwissens.

In Abschnitt 7.4.11 nehmen wir bezug auf diese Einteilung und stellen zusammenfassend dar, wie diese verschiedenen Kategorien von Kontrollwissen in PLAKON repräsentiert werden.

7.3 Repräsentation der Konstruktionsobjekte

In diesem Abschnitt werden kurz die zentralen Aspekte der Begriffshierarchie von PLAKON für den Konstruktionsvorgang dargestellt (vgl. Kapitel 5).

In der *Begriffshierarchie* werden die Konzepte aller Konstruktionsobjekte der Anwendungsdomäne und die Abhängigkeiten zwischen ihnen konzeptionell beschrieben. Für die Begriffshierarchie gilt die „Closed-World-Assumption", bei der angenommen wird, daß der beschriebene Weltausschnitt im Sinne der Aufgabenstellung vollständig ist. Konzepte werden durch Frames repräsentiert, in deren Slots *Objektdeskriptoren* die jeweils zulässige Wertemenge charakterisieren. Ein Objektdeskriptor beschreibt die Menge der zulässigen Werte oder Objekte für eine Eigenschaft oder eine Relation.

Im Verlaufe des Konstruktionsvorganges werden Instanzen von Konzepten (auch von nicht-terminalen) erzeugt und später schrittweise spezialisiert. Diese *dynamischen Instanzen* ererben die Eigenschaften (Objektdeskriptoren) der Konzepte. Die Slots beinhalten aber bei der Erzeugung noch keine konkreten Werte.

Beispiel für ein Konzept

```
Konzept MOTOR
        is-a:          Konstruktions-Objekt
        is-a+inv:      Rallye-Motor Renn-Motor
        PS:            [10PS  400PS]
        Has-parts:     (:set [ein Zylinder 2 12]
                             eine Zuendung
                             [ein Turbolader 0 1])
        Part-of:       ein Auto
```

Beispiel einer Instanz

```
Instanz MOTOR-7
        Instance-of:      MOTOR
        PS:               [10PS 250PS]
        Part-of:          AUTO-3
        Has-parts:        (:set    [ein Zylinder 2 12]
                                   eine Zuendung
                                   [ein Turbolader 0 1])
```

Insbesondere durch die kompositionelle Hierarchie wird mit der Begriffshierarchie die *Menge aller zulässigen Konstruktionen* deklarativ definiert. Eine Konstruktion ist eine korrekte, vollständige Instantiierung der Begriffshierarchie, in der die Konstruktionsobjekte durch die has-parts-Relation miteinander verbunden sind.

7.4 Konstruktionsvorgang

Stark vereinfacht kann der Konstruktionsvorgang im BO als ein Zyklus beschrieben werden, in dem jeweils ein Konstruktionsschritt ausgewählt und durchgeführt wird. Dabei orientiert sich der Konstruktionsvorgang an der Begriffshierarchie. Ziel ist es, eine komplette, widerspruchsfreie Instantiierung der Begriffshierarchie zu finden, die den Anforderungen der Aufgabenstellung genügt. Aus der Sicht des Konstruktionsvorganges ist das entscheidende Merkmal der Begriffshierarchie, daß durch den Vergleich der aktuellen Teilkonstruktion mit der Begriffshierarchie festgestellt werden kann, welche Konstruktionsschritte „syntaktisch" durchführbar sind. Dafür werden die dynamischen Instanzen der aktuellen Teilkonstruktion mit den Konzepten der Begriffshierarchie verglichen. Durch den Vergleich kann festgestellt werden, ob eine Instanz noch unvollständig spezifiziert ist. Der Konstruktionsvorgang ist beendet, wenn eine Konstruktion (d.h. alle Instanzen) entsprechend der Begriffshierarchie vollständig spezifiziert ist. Die Aufgabe der Kontrolle ist es, die Suche in dem Lösungsraum zu steuern, der durch die Begriffshierarchie vorgegeben wird.

Der elementare Teil des *zentralen Zyklus* des Konstruktionsvorganges besteht im wesentlichen aus den folgenden Schritten (eine vollständige Beschreibung folgt in Abschnitt 7.4.9):

1. Untersuchung der aktuellen Teilkonstruktion auf syntaktisch durchführbare Konstruktionsschritte. Diese Konstruktionsschritte werden in einer *Agenda* zusammengefaßt. Die Agenda repräsentiert die Menge der in der aktuellen Situation möglichen Aktionen zur Weiterentwicklung der Teilkonstruktion (vgl. Abschnitt 7.4.1).
2. Auswahl eines durchzuführenden Konstruktionsschrittes aus der Agenda mit Hilfe von *Agenda-Auswahlkriterien.* Ein solches Auswahlkriterium kann sich auf Konstruktionsobjekte, auf bestimmte Eigenschaften von Konstruktionsobjekten, oder eine Bewertung der Agenda-Einträge beziehen. Die Auswahlkriterien haben als einzigen Effekt die Bestimmung eines durchzuführenden Konstruktionsschrittes (vgl. Abschnitt 7.4.2).
3. Durchführung des ausgewählten Konstruktionsschrittes unter Anwendung eines oder mehrerer Bearbeitungsverfahren. Ein Bearbeitungsverfahren ist eine

Methode zur Ermittlung eines Wertes für einen Konstruktionsschritt (z.B. ein Default, eine Benutzereingabe, eine Berechnungsfunktion, eine Simulation u.a.) (vgl. Abschnitt 7.4.3).

4. Optional kann an dieser Stelle das Constraint-Netz propagiert werden (vgl. Abschnitt 7.4.4).

Innerhalb dieses Zyklus wird an drei Stellen Kontrollwissen benötigt:

- zur Auswahl eines Konstruktionsschrittes aus der Agenda,
- zur Bestimmung der anzuwendenden Bearbeitungsverfahren und
- zur Steuerung der Propagation des Constraint-Netzes.

Dies sind jeweils separate, explizite Kontrollentscheidungen.

Der beschriebene Zyklus wurde von der *Blackboard-Architektur* beeinflußt (vgl. [Hayes-Roth85]). Die Generierung der Agenda und die Auswahl des jeweiligen Konstruktionsschrittes entsprechen dem Vorgehen in einem Blackboard-System. Im Gegensatz zur Blackboard-Architektur ist der zentrale Zyklus insgesamt wesentlich stärker sequenzialisiert, er ist in eine Sequenz von „Schritten“ unterteilt.

7.4.1 Generierung der Agenda

Die Teilkonstruktion wird daraufhin untersucht, welche Konstruktionsschritte durchführbar sind. Dazu werden die dynamischen Instanzen der Teilkonstruktion mit den entsprechenden Konzepten der Begriffshierarchie verglichen. Ist eine Instanz noch unvollständig spezifiziert, wird ein entsprechender Eintrag in die Agenda generiert. Eine Instanz ist noch nicht vollständig spezifiziert, wenn z.B. Slots noch keine terminalen Werte beinhalten oder die Instanz noch spezialisiert werden kann. Wir unterscheiden zwischen den folgenden Typen von Konstruktionsschritten:

- *spezialisieren:* Eine dynamische Instanz wird entsprechend der Begriffshierarchie zu einer Instanz eines spezielleren Konzeptes verfeinert.
- *zerlegen:* Ein Aggregat wird in seine Einzelkomponenten zerlegt (Top-Down-Vorgehen).
- *parametrieren:* Für eine Eigenschaft (Slot) einer Instanz wird ein Wert bestimmt.

- *integrieren:* Ein Konstruktionsobjekt wird einem Aggregat als Komponente zugeordnet, dies entspricht einem Bottom-Up-Vorgehen. Dieser Konstruktionsschritt-Typ beinhaltet auch das „Verschmelzen" von Konstruktionsobjekten. Dies bedeutet, daß zwei Konstruktionsobjekte zu einem Objekt zusammengefaßt werden. Dieser Schritt ist insbesondere bei einem gemischten Top-Down/Bottom-Up-Vorgehen notwendig.

Die Generierung der Agenda wird durch die Begriffshierarchie unterstützt, da die Begriffshierarchie die generische Beschreibung aller vollständigen, zulässigen Konstruktionen enthält. Dies ermöglicht einen rein syntaktischen Vergleich zwischen Instanz und Konzept und garantiert, das für alle notwendigen Konstruktionsschritte die entsprechenden Agenda-Einträge generiert werden.

Beispiel: Agenda-Einträge für die Instanz `Motor-7`

```
Spezialisiere   MOTOR-7
Zerlege         MOTOR-7   Slot   HAS-PARTS
Parametriere    MOTOR-7   Slot   PS
```

Aus Effizienzgründen kann durch einen Fokus auf Konstruktionsobjekte oder Konstruktionsschritt-Typen die Generierung der Agenda eingeschränkt werden (vgl. Abschnitt 7.4.6).

7.4.2 Auswahl aus der Agenda

Die Einträge in der Agenda repräsentieren die zur Zeit syntaktisch durchführbaren Konstruktionsschritte. Aus dieser Agenda wird nun mit Hilfe von *Agenda-Auswahlkriterien* ein Eintrag ausgewählt. Wir unterscheiden zwischen den folgenden Arten von Auswahlkriterien:

- *Auswahl durch Pattern*
  Durch die Angabe eines Pattern werden die Agenda-Einträge ausgewählt, die das Pattern erfüllen. Ein Pattern ist eine (teilweise) Spezifikation eines Konstruktionsschrittes, es kann bestehen aus der Angabe des Konstruktionsschritt-Types, der Konstruktionsobjekte oder der Slots von Konstruktionsobjekten.

- *Auswahl durch Bewertung*
  Durch eine domänenabhängige Bewertungsfunktion wird jedem Agenda-Eintrag ein Wert zugewiesen. Der höchst bewertete Eintrag wird ausgewählt. Solch eine Bewertungsfunktion kann die Optimalität, die Kosten oder andere domänenabhängige Maße betreffen.
- *Auswahl nach Sequenz*
  Die Auswahl erfolgt entsprechend der zeitlichen Ordnung der Konstruktionsobjekte (z.B. Planungsoperatoren) in einer Sequenz (s. Abschnitt 5.2.4).

Zur Auswahl aus der Agenda werden mehrere Auswahlkriterien in einer Liste nach Priorität geordnet. Dabei können Auswahlkriterien aller Kategorien beliebig kombiniert werden. Erfüllt mehr als ein Agenda-Eintrag ein Auswahlkriterium, werden die nachfolgenden zur weiteren Auswahl benutzt. Ein Agenda-Auswahlkriterium entspricht somit anschaulich folgender Aussage: „Bearbeite *bevorzugt* bestimmte Konstruktionsschritte“.

Beispiel für Agenda-Auswahlkriterien

```
Bevorzuge Spezialisierungs-Schritte
Bevorzuge Zerlegungs-Schritte
Bevorzuge Schritte die den Slot PREIS betreffen
Bevorzuge Schritte die sich auf den Motor beziehen
Waehle Schritt "parametriere den Slot PS vom Motor"
```

Aus der Agenda von Abschnitt 7.4.1 würde mit diesen Kriterien der Konstruktionsschritt: „Spezialisiere `Motor-7`“ ausgewählt werden.

7.4.3 Anwendung von Bearbeitungsverfahren

Nachdem ein Konstruktionsschritt aus der Agenda ausgewählt wurde, wird er mit Hilfe von Bearbeitungsverfahren durchgeführt. Damit ist gemeint, daß für den Konstruktionsschritt ein Wert bestimmt und dieser Wert wird in die aktuelle Teilkonstruktion eingetragen. Für jeden Konstruktionsschritt ist durch den entsprechenden Objektdeskriptor der noch zulässige Wertebereich vorgegeben. Ein Bearbeitungsverfahren ist eine domänenunabhängige Methode zur Bestimmung von Werten für

Konstruktionsschritte. Im BO von PLAKON sind folgende vorgesehen:

- *Default*
  Übernahme eines statischen oder dynamischen Defaults. Ein statischer Default ist ein konkreter Wert (z.B. 65PS), ein dynamischer Default ist eine Funktion zur Auswahl aus dem noch zulässigen Wertebereich (z.B. „Mittelwert des noch zulässigen Bereiches“ oder „Minimum“).
- *Berechnungsfunktion*
  Auswerten einer Berechnungsfunktion. Dies kann eine beliebige vom Benutzer definierte Funktion sein. Diese Funktion wird aber nur bei der Durchführung des entsprechenden Konstruktionsschrittes ausgeführt (vgl. Abschnitt 6.4).
- *Constraint-Propagierung*
  Propagierung des Constraint-Netzes zur weiteren Einschränkung des zulässigen Wertebereiches.
- *Benutzeranfrage*
  Hierbei wird der Benutzer nach einem Wert für den aktuellen Konstruktionsschritt gefragt. Dabei hat ein Benutzer auch die Möglichkeit diese Anfrage zurückzustellen, bzw. andere Bearbeitungsverfahren einzusetzen.
- *Simulation*
  Auswertung von externen Simulationsprogrammen (vgl. Kapitel 10).
- *Bibliothekslösungen*
  Einsatz von Bibliothekslösungen. Dies ist ein fall-basierter Ansatz bei dem ein Wert aus einem „ähnlichen“ Fall übernommen wird (vgl. Kapitel 9).

Die anzuwendenden Bearbeitungsverfahren werden nach Priorität geordnet. Liefert ein Bearbeitungsverfahren einen mit der aktuellen Teilkonstruktion konsistenten Wert zurück, wird dieser Wert in die Teilkonstruktion übernommen. Konsistent ist ein Wert, wenn er im noch zulässigen Wertebereich liegt, oder einer der möglichen Spezialisierungen entspricht. Die Propagierung der Constraints erfolgt erst später (vgl. hierzu Abschnitt 7.4.4). Falls der Wert inkonsistent ist, wird das nächste Bearbeitungsverfahren ausgewertet. Wird auf diese Weise kein konsistenter Wert gefunden, wird der Benutzer nach einem Wert gefragt oder der Konstruktionsschritt wird zurückgestellt.

7.4.4 Steuerung der Propagation des Constraint-Netzes

Abhängigkeiten zwischen Konstruktionsobjekten können in PLAKON als Constraints repräsentiert werden. Während des Konstruktionsvorganges werden sie in einem Constraint-Netz verwaltet. Durch die Propagierung des Constraint-Netzes kann der Suchraum eingeschränkt werden, und Inkonsistenzen zwischen Konstruktionsobjekten werden frühestmöglich erkannt. Die Propagierung des Constraint-Netzes kann relativ aufwendig werden, daher kann es aus Effizienzgründen sinnvoll sein, sie einzuschränken (vgl. Kapitel 6, [Stefik81a], [Kratz88]).

Im BO von PLAKON kann die Propagierung des Constraint-Netzes wie folgt kontrolliert werden:

- *Wann soll propagiert werden*
  Es kann u.a. angegeben werden, ob nach jedem Zyklus, nach jedem *n-ten* Zyklus oder abhängig von domänenabhängigen Bedingungen das Constraint-Netz propagiert werden soll.
- *Welcher Bereich soll propagiert werden*
  Das Constraint-Netz kann in Kontexte unterteilt werden. Man kann dann die Propagierung auf bestimmte Kontexte beschränken (vgl. Abschnitt 6.3.4).
- *Wie soll propagiert werden*
  Hier besteht die Auswahl zwischen globaler (Default) und lokaler Konsistenz oder einer Kombination beider Propagierungsarten (s. [Güsgen87]).

Beispiel für die Kontrolle des Constraint-Netzes

```
Bedingung-Constraint-Propagation:   in jedem 3. Zyklus
Constraint-Kontexte:                alle Kontexte
Propagierungs-Modus:                global
```

Neben dem Effizienzgewinn hat die Einschränkung der Constraint-Propagation auch einen Nachteil: Einen möglichen Effizienzverlust dadurch, daß Konflikte später erkannt werden.

7.4.5 Auflösung von Konflikten

Eine weitere Aufgabe der Kontrolle ist zu entscheiden, wie in Konfliktsituationen zu verfahren ist. Konfliktlösungswissen soll Hinweise zur Aufhebung von Konflikten geben. Dieses Wissen wird in Form von im Konfliktfall auszuwertenden Regeln repräsentiert. Diese Konfliktlösungsregeln beschreiben einen Zusammenhang zwischen einer Konfliktsituation und deren möglichen Ursachen; dabei können Lösungsvorschläge mit vorgegeben werden (vgl. [Dhar85]). Die einzige mögliche Aktion von Konfliktlösungsregeln ist das generieren von „Vorschlägen" zur Konfliktauflösung. Aus diesen Angaben wird vom System automatisch (oder vom Benutzer) ein *Aufsetzpunkt* für ein „intelligentes" Backtracking bestimmt.

Beispiel für eine Konfliktlösungsregel

```
WENN  Benzinverbrauch des Motors zu hoch
    -->
  Ursache:        Slot PS vom MOTOR
  Vorschlag:      Wert reduzieren
```

Gibt es im Konfliktfall keine domänenabhängige, anwendbare Konfliktlösungsregel, wird die Konfliktlösung domänenunabhängig durchgeführt. Dazu kann das Constraint-Netz daraufhin untersucht werden, welche Attributwerte am Konflikt beteiligt sind. Im schlechtesten Fall wird chronologisches Backtracking angewendet.

Abhängig vom Modus der dynamischen Wissensbasis kann dieses Backtracking durch einen TMS- oder ATMS-ähnlichen Mechanismus unterstützt werden (vgl. Kapitel 8).

7.4.6 Phasen und Strategien

Ein Konstruktionsvorgang läßt sich häufig in verschiedene *Phasen* einteilen, in denen unterschiedliches Kontrollwissen benötigt wird. Das in einer Phase anzuwendende Kontrollwissen wird in einer *Strategie* repräsentiert. In einer Strategie kann u.a. folgendes Kontrollwissen spezifiziert werden:

- *Konstruktionsschritt-Fokus*, zur Einschränkung der Generierung der Agenda.

- *Auswahlkriterien*, durch die aus der Agenda ein Konstruktionsschritt ausgewählt wird.
- *Bearbeitungsverfahren*, die in der Phase zur Ermittlung von Werten benutzt werden.
- *Konfliktlösungsregeln*, die im Konfliktfall angewendet werden sollen.
- *Constraint-Steuerung*, wann, wie oft und welche Bereiche des Constraint-Netzes propagiert werden.

In regelbasierten Expertensystemen werden die Regeln oftmals mit Hilfe von Regelmengen strukturiert (vgl. [Beetz87], [Bocionek90], [McDermott82], [Soloway87]). Diese Einteilung ist notwendig, um die großen Regelmengen zu modularisieren. Im Gegensatz dazu werden die Phasen entsprechend dem Vorgehen eines Experten in der jeweiligen Domäne eingeteilt. Ist in der Anwendungsdomäne eine Phaseneinteilung nicht sinnvoll, besteht der Konstruktionsvorgang aus nur einer Phase.

Die Einteilung in Phasen kann durch die Angabe von Fokusse auf die Teilkonstruktion, die Konstruktionsobjekte und das Constraint-Netz zu einer Effizienzsteigerung führen. Weiterhin kann in einer Strategie auf die *Sichten* der Begriffshierarchie referenziert werden (Kapitel 5.3). Dies führt dazu, daß innerhalb einer Phase nur diese Sicht der Begriffshierarchie berücksichtigt wird. Als Nebeneffekt wird durch die Einteilung in Phasen auch das Kontrollwissen strukturiert.

7.4.7 Auswahl und Beendigung von Phasen

Wenn man vorsieht, daß ein Konstruktionsvorgang aus mehreren Phasen besteht, dann ist eine weitere Aufgabe der Kontrolle, die als nächstes zu bearbeitende Phase zu bestimmen. Das Kontrollwissen über den Ablauf der Phasen wird in *Kontrollregeln* repräsentiert. Kontrollregeln steuern die Auswahl der jeweils als nächstes zu bearbeitenden Phase. Der einzige Effekt von Kontrollregeln ist die Auswahl einer Phase und damit die Auswahl der entsprechenden Strategie.

Einer Strategie können Abbruchbedingungen zugeordnet werden. Sind diese Bedingungen erfüllt, wird die Phase beendet, und die Kontrollregeln bestimmen die nächste Phase. Eine Phase wird immer dann automatisch beendet, wenn die Agenda keine Einträge mehr enthält.

Beispiel für eine Kontrollregel

```
WENN  alle Komponenten des Autos festgelegt sind
        UND
      der Motor noch nicht vollstaendig spezifiziert ist
 -->
 Neue-strategie "Motor-Phase"
```

7.4.8 Auswahl der Suchstrategie

In den meisten Domänen ist Tiefensuche eine sinnvoll Suchstrategie; deswegen wurde sie bei der bisherigen Beschreibung des zentralen Zyklus auch implizit angenommen. Im BO von PLAKON werden aber auch noch andere Suchstrategien bereitgestellt. Mit Hilfe der Suchstrategie wird die als nächstes zu bearbeitende Teilkonstruktion bestimmt. PLAKON bietet hier folgende Möglichkeiten zur Angabe eines *Teilkonstruktions-Fokus* (TK-Fokus):

- Tiefensuche (Default).
- Breitensuche.
- Auswahl der höchstbewerteten Teilkonstruktion (Best-First), in diesem Fall benötigt man eine Bewertungsfunktion für Teilkonstruktionen.
- Auswahl durch den Benutzer.

Die Information über die anzuwendende Suchstrategie wird ebenfalls in den Strategien hinterlegt.

7.4.9 Der vollständige zentrale Zyklus

Zu Beginn dieses Abschnittes haben wir einige wesentliche Teile des zentralen Zyklus beschrieben. Da wir einige Erweiterungen des zentralen Zyklus vorgestellt haben, wird dieser hier noch einmal vollständig dargestellt:

1. Mit Hilfe der Kontrollregeln wird eine Phase zur Bearbeitung bestimmt. Die mit dieser Phase verbundene Strategie wird die aktuelle Strategie.

2. Auswahl der als nächstes zu bearbeitenden Teilkonstruktion mit Hilfe der Suchstrategie im TK-Fokus.
3. Generierung der Agenda unter Berücksichtigung des Konstruktionsschritt-Fokus. Wenn die Agenda leer ist, zurück zu Schritt *1*.
4. Auswahl eines Konstruktionsschrittes aus der Agenda mit Hilfe von Agenda-Auswahlkriterien.
5. Festlegung der anzuwendenden Bearbeitungsverfahren, diese sind entweder in der Strategie vorgegeben oder speziell für einzelne Konstruktionsschritte definiert.
6. Durchführung des Konstruktionsschrittes mit Hilfe der Bearbeitungsverfahren. Weiterentwicklung der aktuellen Teilkonstruktion in der dynamischen Wissensbasis.
7. Optionale Propagierung des Constraint-Netzes.
8. Im Konfliktfall würde an dieser Stelle das Konfliktlösungswissen ausgewertet werden, ein „Aufsetzpunkt" für das Backtracking berechnet werden und der Zyklus in Schritt *3* wieder aufgenommen werden.
9. Ist die Teilkonstruktion entsprechend der Begriffshierarchie komplett, dann ist der Konstruktionsvorgang beendet.
   Ist die Abbruchbedingung der Phase erfüllt ist, weiter bei Schritt *1*, ansonsten bei Schritt *2*.

Detaillierte Hinweise zur Syntax des Kontrollwissens und die vollständige Beschreibung aller Kontrollfunktionen ist im BO-Handbuch [Günter90a] enthalten.

7.4.10 Interaktive Konstruktion

Der BO ermöglicht es, daß fast jede Entscheidung auch interaktiv durch den Benutzer getroffen werden kann. Im einzelnen kann ein Benutzer die folgenden Entscheidungen treffen:

- *Werte für Konstruktionsschritte*
  Bei Anwendung des Bearbeitungsverfahren „Benutzeranfrage" kann ein Benutzer die Werte von Konstruktionsschritten vorgeben.
- *Agenda-Auswahl*
  Der Benutzer kann interaktiv einen Konstruktionsschritt aus der Agenda auswählen.

- *Konfliktlösung*
  Im Konfliktfall wird der Benutzer gefragt, welche Entscheidung zurückgenommen werden soll, das System sucht dann selbstständig den entsprechenden Aufsetzpunkt.
- *Auswahl einer Phase*
  Der Benutzer bestimmt, welche Phase als nächstes bearbeitet werden soll. Damit legt er die aktuelle Strategie fest.
- *Auswahl der aktuellen Teilkonstruktion*
  Der Benutzer trifft die Entscheidung, welche Teilkonstruktion als nächstes weiterentwickelt werden soll. Er fungiert quasi als Suchstrategie.
- *Constraint-Propagation steuern*
  Die Propagierung des Constraint-Netzes wird durch den Benutzer gesteuert.
- *Modus „Interaktive Konstruktion"*
  Dies ist ein vordefinierter, stark interaktiver Modus der Problemlösung. Es wird keine Agenda generiert, der Benutzer selektiert stattdessen interaktiv aus der Teilkonstruktion einen noch durchzuführenden Konstruktionsschritt. Für diesen kann er ebenfalls einen Wert vorgeben. PLAKON verwaltet in diesem Modus *nur* noch die Konsistenz der Lösung.

Alle diese Möglichkeiten zur Benutzerinteraktion sind optional und beliebig kombinierbar. Einige dieser Interaktionsmöglichkeiten setzten Kenntnisse des Kontrollmechanismus voraus. Mit dem BO von PLAKON kann somit die ganze Bandbreite von vollautomatischen Systemen bis zu hochgradig interaktiven Systemen realisiert werden.

7.4.11 Die Kategorien von Kontrollwissen im zentralen Zyklus

In Abschnitt 7.2 haben wir Kategorien von Kontrollwissen eingeführt. Hier folgt jetzt eine Zuordnung des Kontrollwissens der Begriffshierarchie-orientierten Kontrolle zu den einzelnen Kategorien:

- *Reihenfolgewissen* ist repräsentiert in Form von Kontrollregeln und Agenda-Auswahlkriterien.
- *Bearbeitungswissen* ist repräsentiert als Bearbeitungsverfahren.

- *Konfliktlösungswissen* wird ausgedrückt mit Hilfe der Konfliktlösungsregeln.
- *Fokussierungswissen* ist repräsentiert als Konstruktionsschritt-Fokus zur Einschränkung der Generierung der Agenda, Teilkonstruktions-Fokus, und der Steuerung der Constraint-Propagation.

7.5 Zusammenfassung und Beurteilung

Eine Expertensystem-Architektur ist nur dann effizient und sinnvoll einsetzbar, wenn Wissensrepräsentation und Kontrolle aufeinander abgestimmt sind. Wir wollten dies erreichen und dabei zwischen dem Kontrollwissen und einer deklarativen, statischen Wissensbasis in Form einer Begriffshierarchie eine klare Trennline ziehen.

Die vorgestellte Begriffshierarchie repräsentiert die Menge aller zulässigen Konstruktionen. Damit unterstützt sie wesentlich den Konstruktionsvorgang. Es kann abgeleitet werden „was noch zu tun ist", und wann eine Konstruktion korrekt und vollständig ist. Die Kontrolle „interpretiert" die Begriffshierarchie, dies kann als ein *modellbasiertes* Vorgehen bezeichnet werden. Das verwendete Kontrollwissen wird explizit, deklarativ und separat von den Objektbeschreibungen repräsentiert. Es wird zwischen Kontroll- und Konstruktionsentscheidungen strikt unterschieden.

Im Gegensatz zu unserem Ansatz werden bei einer „typischen" Expertensystemregel die Wissensarten nicht klar getrennt. Dort sind in einer Regel folgende Informationen gleichermaßen enthalten:

- Wissen über den Kontext, in dem die Regel relevant ist,
- Bedingungen, in welcher Situation die Regelanwendung sinnvoll ist,
- Wissen über die Konstruktionsobjekte, und
- die eigentliche Schlußfolgerung.

Dabei muß weiterhin festgelegt werden, in welcher Reihenfolge die Regeln am günstigsten ausgewertet werden, und die Regeln sind häufig nicht unabhängig voneinander. Sogenanntes *Erfahrungswissen* wird in den meisten Expertensystemen mit Hilfe solcher Regeln ausgedrückt. Das Resultat ist oftmals eine große Menge von wenig strukturierten Regeln. Dies führt zu den bekannten, teilweise gravierenden Problemen bei der Wissensakquisition und Wartung.

Von uns werden auch Regeln (Kontroll- und Konfliktlösungsregeln) verwendet, aber nur für kleine, genau spezifizierte Aufgaben, insbesondere der Aktionsteil der Regeln ist jeweils stark eingeschränkt (vgl. Abschnitt 7.4.5 und 7.4.7). Die Regeln sind in dem Sinne unabhängig voneinander, daß die Ergebnisse einer Regelausführung nicht andere Regeln beeinflussen können. Im BO werden durch Regeln keine Konstruktionsobjekte modifiziert, sondern nur einzelne, klar getrennte Kontrollentscheidungen getroffen.

PLAKON ist ein Expertensystemkern, deswegen ist ein umfangreicher, flexibler und aufwendiger Kontrollmechanismus notwendig, da der Lösungsraum bei Konstruktionsaufgaben oftmals sehr groß ist und viele heuristische Entscheidungen getroffen werden müssen. In diesen Fällen ist eine einfache und schnellere Suchstrategie nicht effizient einsetzbar. Als flexibel bezeichnen wir einen Kontrollmechanismus,

- der die Realisierung von unterschiedlichen Problemlösungsstrategien unterstützt, und
- der innerhalb einer Problemlösungsstrategie Mechanismen zur variablen, situationsabhängigen Steuerung anbietet.

Der BO ist Teil eines Werkzeugsystems für die Problemklasse „Planen und Konfigurieren in technischen Domänen". Für eine konkrete Aufgabe wird nur selten die gesamte Funktionalität benötigt werden, deswegen ist der BO *konfigurierbar.* Der BO kann jeweils der Aufgabenstellung angepaßt werden, insbesondere wird dadurch auch die Realisierung von „einfachen" Kontrollstrategien effizient unterstützt.

Im Vergleich zu dem KADS-Modell von Wielinga und Breuker [Wielinga86], haben wir nur eine Einteilung des Kontrollwissens vorgenommen. Im KADS-Modell wird das gesamte Wissen von Experten in vier Ebenen eingeteilt (Domain-, Inference-, Task und Strategy-Level).

Die *Skelettpläne* von Friedland (vgl. [Friedland85]) sind abstrakte Grobpläne, die auf die Zerlegungsrelation in der Begriffshierarchie abgebildet werden können. Die Operationen *plan-selection* und *plan-refinement* entsprechen dem Zerlegungs- bzw. Spezialisierungsschritt im BO. DeMello entwickelte für dieselbe Aufgabe einen UND/ODER-Graphen (vgl. [DeMello86]). Beide Ansätze erlauben allerdings nur ein striktes Top-Down-Vorgehen. Weiterhin wird keine Trennung zwischen Kontroll- und Konstruktionsentscheidungen angestrebt, und das Kontrollwissen wird nicht explizit und deklarativ repräsentiert.

Der BO ermöglicht gleichermaßen ein Top-Down-Vorgehen (Spezialisieren von Aggregaten, Dekomposition), ein Bottom-Up-Vorgehen (Aggregation von Komponenten) und einen opportunistischen Ansatz (vgl. [Hayes-Roth79]). Die *Least-Commitment*

Strategy von Stefik [Stefik81a] ist dadurch realisierbar, daß man alle Constraints sofort propagiert und jeweils die am meisten eingeschränkten Konstruktionsschritte bearbeitet.

Der BO und PLAKON insgesamt wurden für den Einsatz in technischen Domänen entwickelt. Wesentliche Annahmen sind die *Strukturiertheit* der Domäne und die *Closed-World-Assumption* (vgl. Abschnitt 5.2.1). Unter Strukturiertheit verstehen wir, daß die Struktur der Konstruktionsobjekte, insbesondere die Zerlegung in Teilkomponenten, relativ detailliert vorliegt. Die Mechanismen des BO unterstützen nicht die Lösung von typischen „trickreichen" Problemen. Ein Beispiel für ein solches Problem ist das 8-Puzzle von Nilsson [Nilsson82]: dort besteht ein Plan aus 1 bis n Planschritten, welche von der Struktur sehr ähnlich sind, dies ist die einzige vorliegende „Strukturinformation".

Kapitel **8**

Verwaltungskonzepte für dynamische Wissensbasen

Ingo Syska, Matthias Schick

8.1 Einleitung

Die dynamische Wissensbasis eines Konstruktionssystems dient zur Aufnahme aller während des Konstruktionsvorganges anfallenden Daten. Dies können Zwischenergebnisse sein, oder auch Kontrollinformationen zur Steuerung des Konstruktionsvorganges.

Beispiel für Zwischenergebnisse:

- Instanzen von Konstruktionsobjekten
- Teilkonstruktionen

Beispiel für Kontrollinformationen:

- Liste noch zu erledigender Aufgaben (Agenda, Konfliktmenge)
- Fokus- oder Kontextinformationen

Die dynamische Wissensbasis stellt Mechanismen zur Verwaltung dieser Objekte bereit. Beim Entwurf einer Komponente für die dynamische Wissensbasis innerhalb eines Konstruktionssystems stellt sich nun die Frage, welche Anforderungen bestehen und welche Verwaltungskonzepte verwendet werden sollen. Im folgenden werden

*Dieser Beitrag ist eine überarbeitete und aktualisierte Version von [Syska89]

wir uns mit diesen Fragestellungen auseinandersetzen, wobei der Schwerpunkt auf Mechanismen zur Verwaltung von Zwischenergebnissen des Konstruktionsvorganges liegt.

8.2 Anforderungen an die dynamische Wissensbasis

An die Organisation und Funktionalität einer dynamischen Wissensbasis lassen sich sowohl allgemeine, problemunabhängige, als auch spezielle, von der zu lösenden Problemstellung abhängige Anforderungen stellen. Beginnen wir mit den allgemeinen Anforderungen:

8.2.1 Allgemeine Anforderungen

Wie jede Softwarekomponente, so muß auch die dynamische Wissensbasis die zur Verfügung stehenden Ressourcen an Raum (Speicherplatz) und Zeit (Laufzeit) möglichst gut ausnutzen. Dies bedeutet:

- kompakte Repräsentation des Wissens und
- effektiver Zugriff auf das Wissen.

Neben diesen ressourcenbedingten Anforderungen steht die Forderung nach der

- Erhaltung der Integrität des Wissens.

D.h. in der Wissensbasis abgelegte Wissensinhalte dürfen durch interne Manipulationen nicht verändert werden. Alle von der Wissensbasis bereitgestellten Funktionen müssen die Integrität des Wissens gewährleisten.

Was bedeuten diese Anforderungen für dynamische Wissensbasen in Konstruktionssystemen?

Der Konstruktionsvorgang kann durch eine schrittweise Elaboration von Teilkonstruktionen beschrieben werden, wobei eine Teilkonstruktion aus einer Menge von Konstruktionsobjekten besteht und den Zustand der Konstruktion zu einem bestimmten Zeitpunkt repräsentiert. Teilkonstruktionen dienen als Grundlage für die Kontrolle der Konstruktion, d.h. aufgrund der aktuellen Teilkonstruktion wird entschieden, welche Konstruktionsschritte als nächstes durchzuführen sind. Daraus ergibt sich als Forderung:

- Unterstützung teilkonstruktionsorientierter Zugriffspfade.

Ausgehend von einer Teilkonstruktion wird durch Anwendung eines Konstruktionsschrittes eine neue Teilkonstruktion erzeugt und so ein Elaborationsnetz aufgebaut. An dieser Stelle ist es eigentlich nur ein Elaborations*baum*, erst in späteren Erweiterungen wird daraus ein „echtes“ *Netz.* Konstruktionsschritte wirken i.d.R. nur lokal, z.B. wird ein Objekt instantiiert oder ein bestimmter Objektparameter eingestellt. Aus diesem Grund verändern sich von einer Teilkonstruktion zur nächsten nur sehr wenige Objekte und selbst diese nur geringfügig. Die Mehrzahl aller Objekte und Objekteigenschaften bleibt unverändert.

Beispiel: Angenommen, das Konstruktionssystem soll ein Objekt `GERÄT` konstruieren das, neben vielen anderen, folgende Eigenschaften besitzt:

Konzept GERÄT	
	...
Leistung	[0 100]
has-part	(ein Bauteil)
	...

Bei der Konstruktion des Gerätes entsteht konzeptuell ein Elaborationsnetz, das vereinfacht einen Aufbau wie in Abbildung 8.1 gezeigt haben könnte:

In einem ersten Elaborationsschritt wird das Konzept `GERÄT` aus der statischen Wissensbasis zu einem Objekt `GERÄT#1` instantiiert, wobei die Eigenschaften des Konzeptes an die Instanz vererbt werden. Die Teilkonstruktion TK1 enthält nun die Instanz `GERÄT#1`. Als zweiter Schritt wird der Wertebereich des Slots `Leistung` weiter eingeschränkt. Man erhält dann eine zweite Teilkonstruktion TK2, die durch eine Elaborationskante mit der ersten verbunden ist (Veränderungen im Vergleich zur vorangehenden Teilkonstruktion sind *kursiv* gekennzeichnet). Die TK2 wird in einem dritten Schritt zur TK3 weiterentwickelt, wobei aus dem noch zulässigen Leistungsbereich ein einzelner Wert ausgewählt worden ist. Alternativ kann sich die Kontrollkomponente auch für einen Schritt entscheiden, der statt einer Werteauswahl die Festlegung des

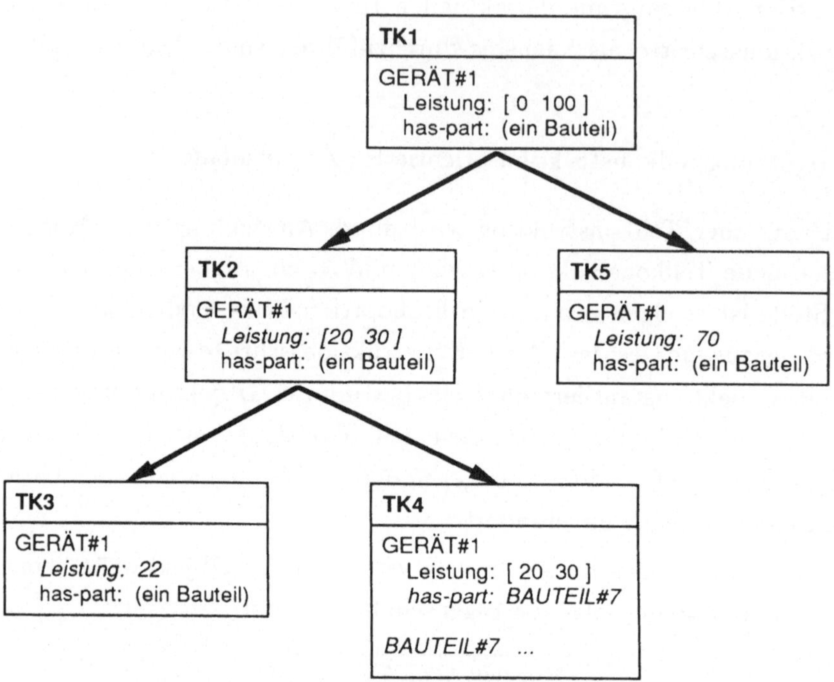

Abb. 8.1: *Beispiel-Elaborationsnetz für* `GERÄT#1`

`has-part`-Slots vornimmt, was zur TK4 führt. Ebenso könnte alternativ zum zweiten Schritt direkt eine Festlegung des Leistungswertes stattfinden (TK5).

Hinsichtlich der Teilkonstruktionen läßt sich folgendes beobachten: Das Objekt `GERÄT#1` ist Bestandteil aller 5 Teilkonstruktionen. Es ändert sich in den einzelnen Teilkonstruktionen nur geringfügig. Insbesondere kann das Konzept `GERÄT` noch eine beliebige Anzahl weiterer, hier nicht betrachteter Slots besitzen, die sich ebenfalls nicht ändern.

Es wäre nun sicherlich ungünstig, bei jeder Erzeugung einer neuen Teilkonstruktion alle zur alten Teilkonstruktion gehörenden Objekte in die neue einzukopieren. Dann erhielte man schon bei diesem einfachen Beispiel 5 annähernd identische Kopien ein und desselben Objektes. Da eine Teilkonstruktion in der Regel aus einer Vielzahl von Objekten besteht, würde ein solcher Ansatz sehr schnell die zur Verfügung stehenden Speicherressourcen sprengen. Daraus folgt:

- Die dynamische Wissensbasis benötigt eine spezielle Organisation zur redundanzarmen Repräsentation der zu den Teilkonstruktionen gehörenden Objektinstanzen.

Die bisher gestellten Anforderungen lassen sich für alle Konstruktionssysteme des spezifizierten Typs ableiten. Daneben existieren weitere, aus der Art des zu bearbeitenden Konstruktionsproblems resultierende Anforderungen.

8.2.2 Problemabhängige Anforderungen

In Abhängigkeit von der Komplexität des zu lösenden Konstruktionsproblems werden unterschiedliche Problemlösungsstrategien und Kontrollverfahren benötigt, die auch unterschiedliche Anforderungen an den Umfang des zu verwaltenden Wissens und die Funktionalität der dynamischen Wissensbasis stellen. Um diese Anforderungen präzisieren zu können, werden im folgenden Konstruktionsprobleme in verschiedene Klassen eingeteilt. Als Klassifikationskriterium wird der Umfang des in der jeweiligen Konstruktionsdomäne zur Verfügung stehenden Entscheidungswissen verwendet.

Der Konstruktionsvorgang besteht aus einer Sequenz von Konstruktionsschritten, wobei nach jedem Schritt entschieden werden muß, welcher als nächstes durchzuführen ist. Steht stets das gesamte zur Entscheidung benötigte Wissen zur Verfügung, so kann eine *Konstruktionsentscheidung* immer eindeutig getroffen werden. Geht man von einer abgeschlossenen Konstruktionsumgebung aus, d.h. einer Umgebung, in der sich weder das statische Domänenwissen noch die Aufgabenstellung während des Konstruktionsvorganges ändert, sind Fehlentscheidungen ausgeschlossen. (Als Fehlentscheidungen werden dabei Konstruktionsentscheidungen bezeichnet, die im weiteren Konstruktionsvorgang zu einem Konstruktionskonflikt führen.) I.d.R. befindet sich ein Konstruktionssystem leider nicht in der glücklichen Lage, über vollständiges Entscheidungswissen zu verfügen. In diesem Fall müssen zusätzliche Heuristiken zur Entscheidungsfindung eingesetzt werden. In Abhängigkeit von der *Stärke der Heuristik* kann es dabei mehr oder weniger häufig zu Fehlentscheidungen kommen. Es entstehen Konstruktionskonflikte, die die Kontrollkomponente zwingen, Maßnahmen zur Auflösung eines Konfliktes einzuleiten und ein Backtracking durchzuführen. Die Häufigkeit von Backtracking hängt von der Stärke der Entscheidungsheuristiken ab und hat ihrerseits Konsequenzen für die dynamische Wissensbasis (z.B. für den Repräsentationsaufwand in der dynamischen Wissensbasis). Die Stärke einer Heuristik entspricht dabei dem Verhältnis der Zahl von aufgrund der Heuristik richtig getroffenen Konstruktionsentscheidungen zur Gesamtzahl aller Entscheidungen. Sie kann als Maß für die Güte des Enscheidungswissens verwendet werden.

Basierend auf diesem Maß ergeben sich folgende Problemklassen mit entsprechenden Anforderungen an die dynamische Wissensbasis:

- *Problemklasse I:*

  Das für die Konstruktionsentscheidungen benötigte Wissen steht zu jedem Zeitpunkt in vollem Umfang zur Verfügung, d.h. es gibt eine Heuristik der Stärke 1. In diesem Fall sind Konstruktionsentscheidungen immer eindeutig und Fehlentscheidungen ausgeschlossen. Es können keine Konstruktionskonflikte auftreten.

  Ein Beispiel für eine Problemstellung der Klasse I ist die Konfigurierung von VAX-Computeranlagen, wie sie vom System XCON durchgeführt wird ([McDermott82], s. auch 2.2.1). In XCON werden alle Entscheidungen ausschließlich auf der Grundlage bereits erfolgter Konstruktionsschritte getroffen. In XCON brauchen keine Heuristiken zur Entscheidungsfindung eingesetzt werden, der Konstruktionsvorgang ist backtracking-frei.

  Bezogen auf die dynamische Wissensbasis bedeutet dies, daß

  1. das Elaborationsnetz zu einem Elaborationspfad degeneriert, weil keine alternativen Teilkonstruktionen verwaltet werden müssen.
  2. kein Backtracking erfolgt und damit kein Zugriff auf alte Teilkonstruktionen notwendig ist.

  Zur Lösung von Konstruktionsproblemen der Klasse I braucht ausschließlich auf die jeweils neueste Teilkonstruktion zugegriffen werden. Es werden nur die aus den Problemklassen ableitbaren Anforderungen berücksichtigt. Andere Komponenten eines Konstruktionssystems, wie z.B. eine mögliche Erklärungskomponente, können aber den Zugriff auf alte Teilkonstruktionen durchaus erforderlich machen.

- *Problemklasse II:*

  In der Konstruktionsdomäne stehen starke Heuristiken zur Verfügung, d.h. es kommt nur selten zu Fehlentscheidungen. Für die Kontrolle bedeutet dies, daß prinzipiell eine Konfliktbehebung durch Backtracking möglich sein muß, um alternative Konstruktionsentscheidungen treffen zu können. Beim Backtracking gehen alle nach dem Aufsetzpunkt durchgeführten Konstruktionsschritte verloren. Da es allerdings aufgrund der starken Heuristik relativ selten benötigt wird, fällt dieser Verlust nicht zu sehr ins Gewicht. Für die Problemklasse II lassen sich daher folgende Anforderungen definieren:

- Verwaltung eines Elaborationsnetzes mit alternativen Teilkonstruktionen.
- Zugriff auf alle Teilkonstruktionen des Elaborationsbaumes.

- *Problemklasse III:*
  In der Konstruktionsdomäne stehen nur schwache Heuristiken zur Verfügung. Es müssen häufig vage Entscheidungen getroffen werden, die im weiteren Konstruktionsvorgang oft zu Konflikten führen. Würde man die Konfliktlösungsverfahren der Klasse II übernehmen, so nähme der Informationsverlust und der damit verbundene Berechnungsaufwand unakzeptable Ausmaße an. In der Klasse III müssen daher Mechanismen eingesetzt werden, die es erlauben, den Informationsverlust beim Backtracking möglichst klein zu halten. Dies bedeutet, im Fall eines Konfliktes nur die direkt vom Konflikt betroffenen Schritte zurückzuziehen und alle von der zum Konflikt führenden Konstruktionsentscheidung unabhängigen Konstruktionsschritte zu übernehmen. Als Konsequenz daraus muß in der dynamischen Wissensbasis zusätzliches Wissen über Abhängigkeiten zwischen Konstruktionsentscheidungen und -schritten verwaltet werden. Insbesondere muß die dynamische Wissensbasis zusätzlich zu den Funktionen für die Problemklasse II

  - entscheidungsorientierte Zugriffspfade

  bereitstellen. Mittels dieser Zugriffspfade können für jede Konstruktionsentscheidung die von ihr abhängigen Konstruktionsschritte, Objekte und Objektwerte bestimmt werden, wodurch im Konfliktfall eine gezielte Ausblendung möglich wird.

- *Problemklasse IV:*
  In der Problemklasse IV stehen gar keine oder nur sehr schwache Heuristiken bereit, so daß häufig über eine lokale Breitensuche alternative Entscheidungen ausprobiert und verschiedene Lösungen verglichen werden müssen. Weiterhin bestehen sehr viele Ahbängigkeiten zwischen den einzelnen Teilkonstruktionen

bzw. zwischen den dazugehörigen Objekten. Diese beiden Faktoren vergrößern die Gefahr von Konstruktionskonflikten erheblich.

Dies bedeutet, daß in der dynamischen Wissensbasis zusätzlich zu den Anforderungen der Klasse III ein

- effizienter Wechsel zwischen alternativen Teilkonstruktionen möglich sein muß,
- und die Konflikte in geeigneter Weise zu repräsentieren und behandeln sind.

Das schnelle Umschalten wird sicherlich nur dann möglich sein, falls alle Teilkonstruktionen gleichzeitig im System verfügbar sind. Daraus ergibt sich für die vierte Problemklasse zusätzlich die Anforderung, Teilkonstruktionen in ähnlicher Weise platzsparend zu speichern und zu verwalten, wie wir es bereits für Objekte vorgeschlagen haben.

Im folgenden Kapitel sollen nun die bisher aufgestellten Anforderungen an die Dynamische-Wissensbasis-Komponente eines Konstruktionssystems in entsprechende Verwaltungskonzepte umgesetzt werden.

8.3 Verwaltungskonzepte für dynamische Wissensbasen

In Abhängigkeit von der Klasse des zu lösenden Problems werden sehr unterschiedliche Anforderungen an die dynamische Wissensbasis gestellt . Als Reaktion darauf sind zwei Vorgehensweisen möglich:

- *Der Universalansatz*:
  Da die Problemklassen aufeinander aufbauen, wird eine Komponente, die den Anforderungen der Klasse IV genügt, auch gleichzeitig die Anforderungen aller anderen Klassen erfüllen. Als dynamische Wissensbasis steht dann genau eine, für alle Klassen einsetzbare, Universalkomponente zur Verfügung. Dem Vorteil, eine universellen Komponente mit einheitlichen Schnittstellen zu verwenden, steht allerdings ein Nachteil gegenüber: Die bereitgestellten Funktionen, z.B. entscheidungsorientierte Zugriffspfade, werden in den einfacheren Problemklassen nicht benötigt und daher die Speicher- und Laufzeitressourcen unnötig belastet.

- *Der Modulansatz*:
  Für jede Problemklasse wird ein spezielles, den Anforderungen angepaßtes Verwaltungskonzept eingesetzt. Jedes Konzept ist minimal in dem Sinne, daß keine Systemressourcen vergeudet werden.

Im Rahmen der Entwicklung von PLAKON wurde dem Modulansatz gegenüber dem Universalansatz der Vorzug gegeben. Hauptargumente für diese Entscheidung sind:

- Praktisch einsetzbare Systeme müssen die zur Verfügung stehenden Systemressourcen möglichst effizient nutzen.
- Die Anzahl der Problemklassen und damit der benötigten Module ist relativ klein.

Dieser Weg wird auch in den neueren Versionen bekannter Expertensystemwerkzeuge wie z.B. KEE, ART oder BABYLON gegangen, dort besteht die Möglichkeit, ein einzelnes Modul optional zum normalen Inferenzmechanismus hinzuzuschalten.

In PLAKON stehen vier unterschiedliche *Modi der dynamischen Wissensbasis* zur Verfügung, die abhängig von der zu bearbeitende Problemklasse alternativ in das Konstruktionssystem eingebunden werden können. Neben dieser hohen Flexibilität, bezüglich der Komplexität angemessen reagieren zu können, besitzen die Module zusätzlich den Vorteil, daß sie speziell auf die Konstruktionsproblematik ausgerichtet sind und daher sehr effizient den Problemlöser bei der Verwaltung seines Suchraums unterstützen können.

Die interne Struktur der dynamischen Wissensbasis ist nach außen hin verdeckt, es stehen einheitliche Modulschnittstellen zur Verfügung. Im folgenden werden wir die vier im Rahmen von PLAKON entwickelten Verwaltungskonzepte in allgemeiner Form darstellen, so daß sie auch für andere Konstruktionssysteme Verwendung finden können.

8.3.1 Modus I (XCON-Modus)

In der Problemklasse I wird immer nur auf die neueste Teilkonstruktion, d.h. auf den aktuellen Zustand der Konstruktion zugegriffen. Daher braucht die Historie des Konstruktionsvorganges nicht verwaltet zu werden. Trivialerweise benötigt man daher für die Klasse I keine speziellen Verwaltungskonzepte. Alte Eigenschaftsausprägungen werden einfach mit neuen überschrieben, Objekte werden direkt erzeugt. Die dynamische Wissensbasis beschreibt zu jedem Zeitpunkt immer genau den gerade aktuellen Konstruktionszustand.

8.3.2 Modus II (Backtracking-Modus)

Schwieriger wird es in der Problemklasse II. Hier müssen sowohl Historien als auch alternative Teilkonstruktionen verwaltet werden. Dazu stehen standardmäßig Konstrukte wie Kontexte (z.B. in KNOWLEDGE CRAFT), Welten (z.B. in KEE) oder Viewpoints (z.B. in ART) zur Verfügung [Esprit86]. Diese Ansätze setzen voraus, daß ein Kontext-Baum nur anhand weniger Hypothesen verzweigt und daß innerhalb eines Kontextes viele Änderungen vorgenommen werden und intensiv gearbeitet wird. Dementsprechend ist es sinnvoll, Objekte von „höheren" Kontexten in tiefere zu kopieren, wie es z.B. bei KNOWLEDGE CRAFT der Fall ist [Carnegie88]. Wie in Abschnitt 8.2.1 gezeigt, führt ein solches Vorgehen aber im Bereich der Konstruktion zu erheblichen Redundanzproblemen.

Speziell für Konstruktionssysteme wurde daher ein Konzept entwickelt, bei dem jedes Objekt genau einmal repräsentiert und die verschiedenen Eigenschaftsausprägungen nebeneinander geführt werden. Eine Eigenschaft wird also durch eine Liste von Eigenschaftswerten beschrieben. Die Zugriffe werden anhand eines *Viewpoint-Baumes* gesteuert. Dieser Baum ist isomorph zum existierenden Elaborationsnetz (bzw. hier nur Elaborationsbaum), wobei den einzelnen Teilkonstruktionen eineindeutig Viewpoints zugeordnet sind. Wird während des Konstruktionsvorganges der Fokus auf eine bestimmte Teilkonstruktion gesetzt, so erfolgt eine Aktivierung des dazugehörigen Viewpoints und aller seiner Vorgänger. Wechselt der Fokus, so ändert sich auch die Viewpoint-Aktivierung entsprechend. Es existiert immer genau ein aktivierter Pfad im Viewpoint-Baum. Betrachtet man die mit den Viewpoints assoziierten Teilkonstruktionen, so umfaßt dieser Pfad genau diejenigen Teilkonstruktionen, aus denen die aktuelle Teilkonstruktion durch schrittweise Elaboration hervorgegangen ist.

Der Aktivierungszustand eines Viewpoints dient zur Bestimmung, ob ein Objekt bzw. ein Eigenschaftswert unter einem gegebenen Teilkonstruktions-Fokus existiert. Dazu werden die Objekte und deren Eigenschaftsausprägungen mit Viewpoints markiert: Bei der Erzeugung erhält jedes Objekt einen Verweis auf den gerade aktuellen (und dadurch aktiven) Viewpoint. Werden neue Eigenschaftswerte eingetragen, so werden sie am Anfang in die entsprechende Werteliste eingefügt und ebenfalls mit dem aktuellen Viewpoint versehen.

Anhand der so erfolgten Viewpoint-Markierung läßt sich folgendes Zugriffskriterium definieren:

- Ein Objekt existiert genau dann in einer gegebenen Teilkonstruktion, wenn der mit dem Objekt assoziierte Viewpoint aktiv ist.
- Es ist gerade derjenige Wert einer an eine Eigenschaft gebundene Werteliste gültig, der als erster (bezogen auf die Position in der Liste) einen gültigen Viewpoint besitzt.

Orientieren wir uns an dem Beispiel aus Abschnitt 8.2.1. Zu dem dortigen Elaborationsnetz, bzw. -baum, gehört ein isomorpher Viewpoint-Baum. Die Objekte werden genau einmal repräsentiert und besitzen Viewpoint-Verweise wie beschrieben. Angenommen, die Teilkonstruktion TK3 sei aktuelle Teilkonstruktion. Dann ergibt sich die in Abbildung 8.2 gezeigte Situation (die aktuelle Teilkonstruktion und aktive Viewpoints sind hervorgehoben):

Ist Teilkonstruktion TK3 aktuelle Teilkonstruktion, so sind die Viewpoints VP1, VP2 und VP3 aktiv. Damit ist ein Zugriff auf alle in TK1, TK2 und TK3 erzeugten Objekte und Eigenschaftswerte möglich: Das Objekt `Gerät#1` ist mit dem aktiven Viewpoint VP1 markiert und somit in TK3 sichtbar (im Gegensatz zum Objekt `Bauteil#7`). Beim Zugriff auf die Eigenschaft `Leistung` ergibt das obige Zugriffskriterium (erster Wert mit aktivem Viewpoint) den korrekten Slotwert von 22 in TK3 (vgl. dazu auch Abschnitt 8.2.1). Der Zugriff auf `has-part` liefert entsprechend `(ein Bauteil)`.

Bei einem Wechsel der aktuellen Teilkonstruktion ändert sich die Viewpoint-Aktivierung entsprechend, es sind andere Objekte und Objekteigenschaften zugreifbar. Ein Zugriff erfolgt also immer bezogen auf eine aktuelle Teilkonstruktion.

Der Fokuswechsel läßt sich in LISP sehr effizient implementieren: Dazu wird in den Objekten bzw. Wertelisten statt auf den Viewpoint selbst auf einen sogenannten Viewpoint-Token verwiesen. Jeder Viewpoint besitzt einen eindeutigen Viewpoint-Token, der aus einer LISP-Cons-Zelle mit Aktivierungsmarke und Viewpoint-Namen besteht. Da nun alle Objekte, die zu einem Viewpoint gehören, auf den*selben* Token (diesselbe Cons-Zelle) verweisen, braucht bei einem Aktivierungswechsel die Aktivierungsmarke des Token nur genau ein einziges Mal geändert werden. Die Änderung ist dann automatisch auch bei allen Objekten sichtbar, die auf diesen Token verweisen.

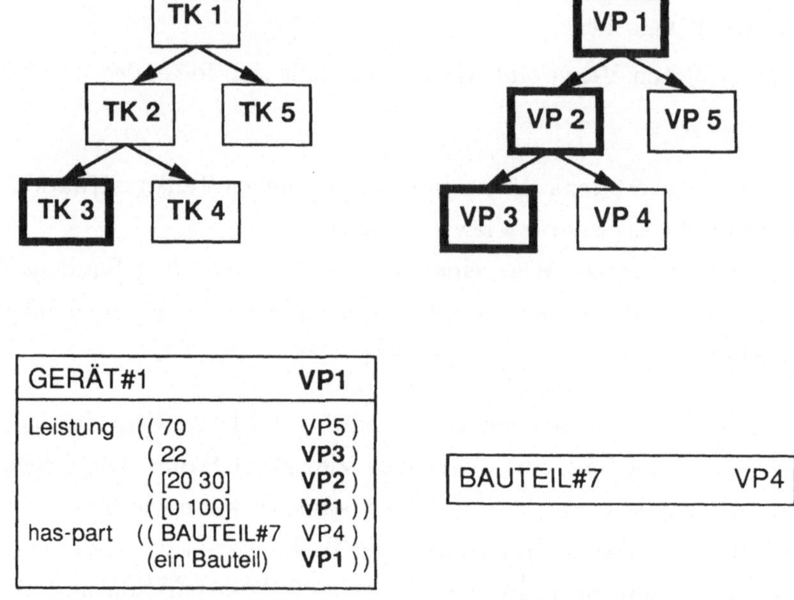

Abb. 8.2: *Elaborations- und Viewpointbaum*

Der hier dargestellte Viewpoint-Mechanismus bietet also eine redundanzarme Repräsentationsstruktur und einen effizienten teilkonstruktionsorientierten Datenzugriff für Problemstellungen der Klasse II.

8.3.3 Modus III (TMS-Modus)

Die Problemklasse III ist durch die Forderung nach entscheidungsorientierten Zugriffspfaden gekennzeichnet. Diese Pfade sollen, ausgehend von einer Konstruktionsentscheidung, einen Zugriff auf die von dieser Entscheidung abhängigen Objekte bzw. Objekteigenschaften ermöglichen. Gleichzeitig sollte versucht werden, soviel wie möglich von den Ideen des Viewpoint-Mechanismus zu übernehmen, da diese zu einer redundanzarmen Wissensrepräsentation führen.

Um einen entscheidungsorientierten Zugriff zu ermöglichen, muß in der dynamischen Wissensbasis explizit über die Abhängigkeiten zwischen Konstruktionsentscheidungen und daraus abgeleiteten Objekten und Eigenschaftsausprägungen und zwischen den

Objekten/Eigenschaften untereinander Buch geführt werden. Dabei entsteht ein sukzessiv wachsendes Abhängigkeitsnetz. Es repräsentiert die aus dem Konstruktionsvorgang resultierenden Abhängigkeitsbeziehungen und besteht aus markierten Knoten und gerichteten Kanten. Die Markierung zeigt, ähnlich der Viewpoint-Aktivierungsmarke, den Aktivierungszustand des Knotens an. Konzeptuell können folgende Knotentypen unterschieden werden:

- Prämissenknoten: Prämissenknoten sind immer gültig, d.h. aktiv (und können daher im Netz vernachlässigt werden). Prämissen bezüglich der dynamischen Wissensbasis sind z.B. alle Fakten der statischen Wissensbasis.
- Entscheidungsknoten: Entscheidungsknoten dienen zur Repräsentation der Konstruktionsentscheidungen. Sie besitzen keine Vorgänger, sind also logisch unabhängig voneinander. Entscheidungsknoten können ihre Markierung wechseln: Ein Wechsel von „gültig" nach „ungültig" entspricht z.B. der Rücknahme einer Entscheidung bei Konflikten.
- Abgeleitete Fakten: Diese Knoten dienen zur Aufnahme von Gültigkeitsinformation für die Konstruktionsobjekte und deren Eigenschaftsausprägungen.

Das Abhängigkeitsnetz wird während des Konstruktionsvorganges aufgebaut. Der Konstruktionsvorgang besteht aus einer Sequenz von Konstruktionsschritten. Abstrakt gesehen kann ein Konstruktionsschritt auch als *Inferenzschritt* aufgefaßt werden. Inferenzschritte können z.B. eine Regelauswertung, eine Constraint-Propagierung oder eine Berechnung von Funktionswerten sein. Um den Netzaufbau zu ermöglichen, müssen der dynamischen Wissensbasis durchgeführte Inferenzschritte mitgeteilt werden. Dazu wird ein Inferenzschritt als Black Box aufgefaßt, die eine Menge von Eingabedaten e_i einliest und daraus eine Menge von Ausgabedaten a_j erzeugt:

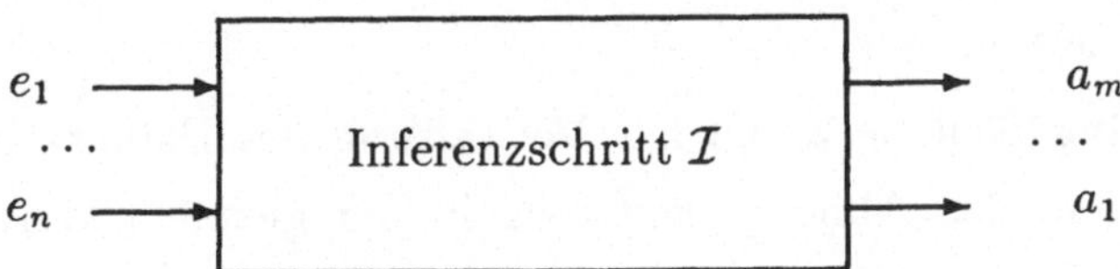

Basierend auf diesem Modell können die Inferenzschritte der dynamischen Wissensbasis in einer einheitlichen Form bekannt gemacht werden. Sie lassen sich dann direkt in eine Abhängigkeitsstruktur überführen, bei der jedes a_j von allen e_i abhängt. Die dynamische Wissensbasis berechnet außerdem die Markierung für alle neu erzeugten Knoten.

Das hier beschriebene Abhängigkeitsnetz orientiert sich an dem Doyleschen TMS [Doyle79]. Basierend auf den aus der Konstruktionsdomäne abgeleiteten Anforderungen lassen sich allerdings folgende Vereinfachungen gegenüber einem TMS vornehmen:

- Bei der Durchführung eines Inferenzschrittes werden für die abgeleiteten Fakten immer neue Knoten angelegt. Das resultierende Abhängigkeitsnetz ist daher zyklenfrei.
- Die Menge von direkten Vorgängern eines Knotens wird bei der Markierungsberechnung immer konjunktiv interpretiert. D.h. ein Knoten ist genau dann aktiv, wenn alle seine Vorgänger aktiv sind. Disjunktive Verknüpfungen treten, solange in der dynamischen Wissensbasis nur Elaborations*bäume* verwaltet werden sollen, nicht auf: Eine Disjunktion würde nämlich bedeuten, daß ein Objekt bzw. ein Eigenschaftswert auf mehrere Arten abgeleitet worden ist. Dies ist aber nur möglich, wenn auch auf Elaborations-Ebene ein und diesselbe Teilkonstruktion über mehrere Pfade erreicht werden kann, d.h. der Elaborationsbaum zu einem echten Elaborations*netz* erweitert wird.
- Es werden nur monotone Abhängigkeiten verwaltet. Diese Einschränkung folgt aus der Forderung, daß das TMS-Netz „nur“ die aufgrund des Konstruktionsvorganges entstehenden Abhängigkeiten zwischen Konstruktionsentscheidungen und den daraus abgeleiteten Fakten repräsentieren soll. Das Nicht-Vorhandensein von Objekten, Eigenschaftswerten und Konstruktionsentscheidungen wird in der dynamischen Wissensbasis nicht repräsentiert, was die Verwendung nicht-monotoner Abhängigkeiten überflüssig macht.

Die Einschränkungen ermöglichen eine sehr effiziente Berechnung des Aktivierungszustandes der Netzknoten.

Wie wird das Abhängigkeitsnetz nun zur Verwaltung des Elaborationsnetzes eingesetzt? Es ist möglich, das Abhängigkeitsnetz in der gleichen Weise zu verwenden wie einen Viewpoint-Baum: Mit jedem Objekt und mit jeder Eigenschaftsausprägung wird anstelle eines Viewpoints ein entsprechender Knoten im Abhängigkeitsnetz assoziiert. Genau wie die Viewpoints besitzen auch die Netzknoten Aktivierungszustände, die basierend auf den Aktivierungen der Entscheidungsknoten durch Propagation bestimmt werden.

Die Menge aller aktiven Entscheidungsknoten bilden die sogenannte *Entscheidungsgrundlage*. Die Gültigkeit von Objekten und deren Eigenschaften wird immer in Bezug auf eine gegebene Entscheidungsgrundlage bestimmt. Da im verwendeten Modell des Konstruktionsvorganges jede Entscheidung zu einer neuen Teilkonstruktion führt, lassen sich Entscheidungsgrundlagen und Teilkonstruktionen direkt einander zuordnen. So bleibt auch der bei der Viewpoint-Verwaltung mögliche teilkonstruktionsorientierte Zugriff erhalten: Zu jeder Teilkonstruktion gehört eine entsprechende Entscheidungsgrundlage, die wiederum zu einer definierten Aktivierung von Netzknoten führt. Für Objektzugriffe kann dasselbe Zugriffskriterium verwendet werden wie beim Viewpoint-Mechanismus.

Die Verwendung eines expliziten Abhängigkeitsnetzes ermöglicht also einen entscheidungsorientierten Zugriff auf die verwalteten Objekte, wobei durch das verwendete Konzept eine redundanzarme Repräsentation erhalten bleibt. Aufwendiger gestaltet sich allerdings der Wechsel des Teilkonstruktions-Fokus: Der Aktivierungszustand der Netzknoten gilt nur für die jeweils aktuelle Teilkonstruktion. Bei einem Wechsel ändert sich die Entscheidungsgrundlage, eine Propagation zur Neuberechnung der Aktivierungen wird erforderlich. Obwohl das Abhängigkeitsnetz bereits an die Verwaltung von Elaborationsnetzen angepaßt ist, kann eine Propagation einen erheblichen Berechnungsaufwand bedeuten.

8.3.4 Modus IV (ATMS-Modus)

Zwischen den Problemklassen III und IV bestehen einige Gemeinsamkeiten bezüglich der internen Verwaltungsstruktur. So macht die Forderung nach entscheidungsorientierten Zugriffspfaden auch hier den Einsatz eines Abhängigkeitsnetzes erforderlich. Ferner besteht in der Klasse IV ein einzelner Konstruktions- oder Inferenzschritt ebenfalls aus mehreren elementaren Ableitungsschritten, die in geeigneter Weise vom Problemlöser an die Verwaltung der dynamischen Wissensbasis übermittelt werden müssen.

Im Gegensatz zur Klasse III ist in der Problemklasse IV aber ein effizienter Fokuswechsel zwischen alternativen Teilkonstruktionen gefordert. Statt eines TMS-orientierten Abhängigkeitsnetzes wird für die Klasse IV daher ein ATMS-orientiertes Netz verwendet [DeKleer86], das sich durch die Möglichkeit auszeichnet, sämtliche Teilkonstruktionen parallel verwalten zu können.

Aus dem Einsatz eines ATMS resultiert der weitere grundlegende Unterschied zu den anderen Verwaltungssystemen, daß Fakten auf alternativen Konstruktionspfaden abgeleitet werden können. Das hat die Konsequenz, daß der Elaborationsbaum zu einem echten Elaborationsnetz expandiert, in dem die Teilkonstruktionen nur noch implizit vorhanden sind. Eine Teilkonstruktion ergibt sich hier ausschließlich aus der aktuell gültigen Entscheidungsgrundlage und den daraus ableitbaren Fakten.

Wir gehen bei unseren Betrachtungen auch hier davon aus, das nur monotone Abhängigkeiten verwaltet werden müssen. Daher haben wir uns zunächst auf die Verwendung des Basis-ATMS beschränkt, prinzipiell ist aber die Einbindung neuerer, nicht-monotoner Erweiterungen ([DeKleer86a], [Dressler88]) noch möglich, falls dies aufgrund unserer weiteren Untersuchungen notwendig wird.

In Kapitel 14 wird ein weiterer, in PLAKON nicht integrierter Ansatz für eine ATMS-basierte Expertensystemarchitektur vorgestellt. In [Schick90] findet sich eine ausführliche Beschreibung der Konzepte, der Implementation und der Integration in PLAKON des im folgenden dargestellten Ansatzes. Im folgenden werden wir uns detaillierter mit der Verwendung eines ATMS zur Lösung von Konstruktionsproblemen befassen.

Wir folgen der allgemeinen Auffassung, das ATMS als eigenständige Komponente oder Subsystem innerhalb der Gesamtarchitektur zu betrachten. Deshalb wird für jedes Datum, mit dem der Problemlöser arbeitet, im ATMS genau ein seperater *Knoten* erzeugt, so daß das ATMS ausschließlich auf seinen eigenen Datenstrukturen arbeitet. Einige Daten werden vom Problemlöser explizit als *Annahmen* behandelt, von deren Gültigkeit so lange ausgegangen wird, bis Evidenz für das Gegenteil vorliegt. Diese Annahmen entsprechen den Entscheidungsknoten, die wir für die Klasse III eingeführt haben.

Wir assozieren auf tiefer Ebene mit jedem Objekt-Attribut-Wert-Tripel genau einen Knoten im ATMS, so daß innerhalb der objektorientierten Repräsentationssprache von PLAKON nur ganze Objekte sichtbar sind. Jede Objekt-Attribut-Kombination bildet eine Klasse oder sogenannte ATMS-*Variable*, innerhalb welcher unterschiedliche Werte jeweils paarweise einen Konflikt darstellen, sofern nicht der eine Wert eine Einschränkung des anderen Wertes ist.

Jeder Ableitungsschritt innerhalb des Problemlösungsprozesses wird vom ATMS in Form einer *Rechtfertigung* aufgezeichnet. Rechtfertigungen stellen die Abhängigkeit eines Datum von einer oder mehreren konjunktiv verknüpften Antezedenzen (Annahmen oder abgeleitete Knoten) dar.

In der ATMS-Terminologie wird eine Menge von Annahmen *Umgebung* genannt, dies ist ein Synonym zum Begriff Entscheidungsgrundlage. Jeder Knoten besitzt eine Menge der ihn stützenden Umgebungen, das sogenannte *Label*, die sich aus den Rechtfertigungen für diesen Knoten ergeben. Das Label ist die Entsprechung zu den Aktivierungsmarkierungen der anderen Klassen.

Im Gegensatz zu den Klassen I–III kann nun ein Knoten bzw. die dazugehörige Variablenbelegung durch mehrere, unabhängige Inferenzschritte abgeleitet werden. Zum einen können dadurch Zyklen im Abhängigkeitsnetz entstehen, deren Behandlung sich beim ATMS allerdings aufgrund des Propagationsalgorithmus problemlos gestaltet, zum anderen kann ein Wert mehrere Entscheidungsgrundlagen besitzen, die alle explizit im Label des entsprechenden Knotens ablesbar sind.

Jede Umgebung charakterisiert einen *Kontext*, der aus den Annahmen der Umgebung und den daraus ableitbaren Knoten gebildet wird. Durch unsere Abbildung der Variablenbelegungen auf die ATMS-Knoten beschreibt ein Kontext gerade den Zustand eines oder mehrerer Objekte auf Basis der jeweiligen Entscheidungsgrundlage, so daß sich eine natürliche Abbildung der ATMS-Kontexte auf unsere Teilkonstruktionen ergibt.

Es existiert ein spezieller Knoten *false* im ATMS, der als Konsequenz aller inkonsistenten Ableitungen verwendet wird. Liegt der False-Knoten innerhalb eines Kontextes, so nennt man die zugehörige Umgebung ein *Nogood*. Ein Nogood kennzeichnet eine in sich widersprüchliche Annahmenmenge und ist daher sehr gut geeignet, unsere Konstruktionskonflikte zu repräsentieren.

Die Hauptaufgabe des ATMS ist es, sämtliche Knoten-Label minimal und konsistent zu halten. Minimalität bedeutet: Solange monotone Ableitungen vorliegen, kann ein Knoten, der aus einer Umbebung ableitbar ist, auch aus jeder Obermenge dieser Umgebung abgeleitet werden. Das wird dazu benutzt, nur jeweils die kleinsten Umgebungen in einem Label zu speichern. Die Konsistenzbedingung ist erfüllt, wenn bei Entdeckung neuer Nogoods diese und deren Obermengen aus jedem Knotenlabel entfernt werden. Diese beiden Charakteristika der Knotenlabel erfüllen unsere Forderung nach einer guten Resourcenausnutzung.

Durch die parallele Verwaltung aller konsistenten Kontexte ergibt sich gegenüber den anderen Klassen ein verändertes Zugriffskriterium für die Objekt-Zugriffe. Bestehen für eine Konstruktionsentscheidung mehrere, sich gegenseitig ausschließende Alternativen, wird für jede Alternative eine *Kontrollannahme* erzeugt. Die derzeit gültige

Auswahl wird durch die entsprechende Kontrollannahme in einer *Fokusumgebung* repräsentiert. Diese Umgebung entspricht unserer aktuellen Entscheidungsgrundlage und stellt somit den aktuellen Zustand der Konstruktion dar, und wir verfahren beim Objektzugriff dann wie folgt:

- Ein Objekt existiert genau dann in der aktuellen Teilkonstruktion, wenn mindestens eine Entscheidungsgrundlage für das Objekt existiert, von der alle Kontrollannahmen Teilmenge[1] der Fokusumgebung sind.
- Es ist gerade derjenige Wert einer an eine Eigenschaft gebundene Werteliste gültig, der als erster eine Entscheidungsgrundlage besitzt, von der alle Kontrollannahmen Teilmenge der Fokusumgebung sind.

Jetzt haben wir die Voraussetzungen für ein effizientes Umschalten zwischen unterschiedlichen Teilkonstruktionen geschaffen, denn der Wechsel erfolgt einfach durch Veränderung der Kontrollannahmen in unserer Fokusumgebung. Meistens wollen wir im Laufe des Konstruktionsvorganges nur eine Lösung erhalten, falls noch zusätzliche Optimalitätskriterien gefordert sind, werden wir bestenfalls einige, wenige Lösungsmöglichkeiten parallel verfolgen, um dann die beste auszuwählen. Zur Optimierung der Label-Verwaltung wird häufig die *Consumer-Architektur* [DeKleer86b] als Schnittstelle zwischen ATMS und Problemlöser eingesetzt. Dabei handelt es sich um ein Protokoll, das festlegt, wann und wie Annahmen und Rechtfertigungen ins ATMS übertragen werden. Ein einzelner Consumer beschreibt den Zusammenhang zwischen Fakten als Eingabe einerseits und neuen Ableitungen und Annahmen andererseits, die aufgrund dieser Fakten gültig sind. Werden diese Zusammenhänge bereits für ganzen Klassen von ATMS-Variablen formuliert, so spricht man von einem *Class-Consumer.*

Für jeden Inferenzschritt wird vom Problemlöser ein Consumer instantiiert, und für jeden Consumer wird im ATMS ein spezieller Knoten, genannt *Consumer-Knoten*, angelegt, der ebenfalls via Propagation ein Label erhält. Wenn nun ein solcher Consumer „feuert", das heißt der Inferenzschritt durchgeführt wird, werden genau die im Consumer formulierten Rechtfertigungen ins ATMS übernommen.

Das Consumer-Protokoll bietet einige gute Perspektiven für die Kontrolle des Gesamtsystems ([Forbus88], [Dressler89]), doch diese Kontrollmöglichkeiten stehen für die PLAKON-Architektur nicht im Vordergrund, denn die Begriffshierachie legt häufig

[1]Die Teilmengentests, die für diese Operationen benötigt werden, lassen sich aufgrund der Bitvektorrepräsentation innerhalb des ATMS effizient berechnen.

schon die weitere Fortführung des Lösungsprozesses für die Kontrollkomponente fest. Allerdings gewährleistet die Consumer-Architektur die korrekte Aufzeichnung der Abhängigkeiten, falls einige Restriktionen bei der Formulierung eingehalten werden. Dieses Argument hat daher für PLAKON neben der Übersichtlichkeit des Mechanismus stärkeres Gewicht.

Das Vorgehen von PLAKON basiert auf der Bereitstellung verschiedener Konstruktionsschritt-Typen und entsprechender Bearbeitungsverfahren zur konkreten Durchführung einzelner Konstruktionsschritte (vgl. Kapitel 7). Wir haben deshalb alternativ den Ansatz gewählt, diese Konstruktionsschritt-Typen und Bearbeitungsverfahren auf Consumer abzubilden. Wir halten hierfür eine Tabelle bereit, deren Spalten durch die Konstruktionsschritt-Typen und deren Zeilen aus den möglichen Bearbeitungsverfahren bestimmt werden. Ein Eintrag in dieser Tabelle enthält jeweils die Rechtfertigungen und Annahmen, die sich aus der entsprechenden Kombination ergeben.

Die Durchführung eines Konstruktionsschrittes erfolgt nun durch Instantiierung des entsprechenden Consumers anhand der Tabelle und sofortige Ausführung des zugehörigen Consumer-Knotens. Diese Vorgehensweise spiegelt das Normalverhalten wieder, wenn die Begriffshierachie den Konstruktionsvorgang steuert. Darüber hinaus besteht allerdings auch die Möglichkeit, mehrere Konstruktionsschritte als Consumer zu instantiieren, und die Auswahlkontrolle temporär an das ATMS abzugeben. Durch Abbildung der von PLAKON verwalteten Fokusse in das ATMS wird dort solange die Ausführung der nächsten Konstruktionsschritte bestimmt, bis die Kontrollkomponente wieder aufsetzen kann.

Die geforderte, explizite Darstellung und Behandlung von Konflikten bereitet bei der Verwendung eines ATMS keine Schwierigkeiten, denn sie ist durch die Verwaltung der Nogoods bereits gegeben. Allerdings erfordert die nur noch implizite Darstellung der Teilkonstruktionen eine zusätzliche Behandlung von Konflikten, die die derzeitige oder eine frühere Fokusumgebung betreffen. Durch jeden Konflikt besteht die Möglichkeit, daß Entscheidungsgrundlagen, die die Ergebnisse früherer Konstruktionsschritte stützen, inkonsistent werden. Weil die Revision der inkonsistenten Entscheidungsgrundlagen ATMS-intern abläuft, werden Teile der bereits fertigen Konstruktion ohne Wissen des Problemlösers wieder ungültig. Wir sorgen deswegen dafür, daß diese speziellen Konflikte dem Problemlöser explizit mitgeteilt werden, damit dieser entsprechende Neubearbeitungen veranlassen kann.

8.4 Diskussion

In den vorangegangenen Abschnitten haben wir Verwaltungskonzepte für dynamische Wissensbasen in Konstruktionssystemen vorgestellt. Dabei wurden ausgehend von problemabhängigen und -unabhängigen Anforderungen Lösungen für die einzelnen Problemklassen entwickelt. Im Rahmen der PLAKON-Entwicklung werden diese Ansätze realisiert und getestet. Die Unterschiede in den internen Strukturen der dynamischen Wissensbasis lassen sich weitgehend nach außen hin verdecken. Bei den Ansätzen für die Klassen III und IV tritt allerdings das Problem auf, daß während des Konstruktionsvorganges die durchgeführten Inferenzschritte der dynamischen Wissensbasis explizit zugänglich gemacht werden müssen. Daraus resultiert, daß zumindest für diese Problemklassen spezielle Anpassungen der Kontrollkomponente vorzunehmen sind. Dies gilt insbesondere für die vierte Klasse, in der die Schnittstelle zum ATMS mit Consumer-Architektur einige Erweiterungen und Änderungen erforderlich gemacht haben. Aber viele Erkenntnisse, die erst durch Entwicklung der höheren Modi gewonnen wurden, lassen sich auch wieder auf die unteren Klassen anwenden, so daß sich bei einer gründlichen Nacharbeit die Einheitlichkeit der Modulschnittstelle wieder herstellen läßt.

In Rahmen der Klassen III und IV wurden auch Konzepte zur automatischen Extraktion von Inferenzschritten untersucht: Sogenannte *Watchdogs* können lesende und schreibene Zugriffe auf Objekte der dynamischen Wissensbasis protokollieren und daraus Informationen über Inferenzschritte ableiten. Weiterhin zeigte sich, daß aufgrund der Einfachheit der Zugriffskriterien für die Klasse III kein völlig freier Fokuswechsel zwischen Teilkonstruktionen möglich ist. Probleme entstehen immer dann, wenn alternative Wertebelegungen für eine Objekteigenschaft nicht auch, wie es das Konzept des Elaborationsbaums vorsieht, in alternativen Ästen abgelegt sind, sondern, was in der Klasse III prinzipiell möglich ist, durch entsprechende Veränderungen der Entscheidungsgrundlage in einem einzigen Pfad geführt werden. Hier ist durch gesonderte Maßnahmen dafür zu sorgen, daß nur solche Fokuswechsel erlaubt werden, die sich auf entsprechende Fokuswechsel im Elaborationsbaum abbilden lassen. Trotz dieser Schwierigkeit hat sich der Modulansatz für die dynamische Wissensbasis in PLAKON bewährt. So kann für jede Problemklasse ein speziell angepaßter Verwaltungsmechanismus zur Verfügung gestellt werden. Die Lösung einfacher Konstruktionsprobleme wird nicht unnötig durch komplexe Mechanismen wie ein ATMS belastet.

Kapitel 9

Fallbasiertes Konstruieren mit Bibliothekslösungen

Andreas Günter, Kai Pfitzner

9.1 Einleitung

Experten orientieren sich bei der Lösung von komplexen Aufgaben oftmals an bekannten Lösungen zu ähnlichen Aufgabenstellungen. Sie arbeiten nicht nur mit den vielzitierten „Daumenregeln", sondern auch mit individuellen, zuvor gelösten Fällen, die ihnen als Heuristik für ihr Vorgehen dienen. Die Entwicklung sogenannter „fallbasierter Systeme" hat die Automatisierung dieses Verhaltens zum Ziel. Einmal gelöste Fälle sollen nicht einfach „vergessen" werden, sondern zukünftig das Verständnis neuer Sachverhalte, die Einschätzung der Entwicklung dynamischer Prozesse und die Lösung von Problemen unterstützen (vgl. [Bartsch-Spörl87]). Eine weitere Motivation für den Einsatz von Fällen liegt in ihrem Potential für die Wissensakquisition. Mühsame Experteninterviews können entfallen, wenn fallbasierte Systeme das Verhalten von Experten protokollieren und für das eigene Vorgehen nutzen können. Der Wunsch, PLAKON um die Fähigkeit fallbasierten Konstruierens zu erweitern, führte zu unserem Konzept der *Bibliothekslösungen*. Die optionale Bibliothekslösungskomponente ermöglicht es, mit PLAKON Konstruktionsaufgaben unter Verwendung zuvor erstellter Konstruktionen zu lösen. Der Begriff „Bibliothekslösungen" nimmt Bezug auf die Tatsache, daß Konstruktionsfälle in einer Fallbibliothek verwaltet werden.

Der wesentliche Unterschied im Einsatz von Problemlösungswissen in Form von Fällen anstatt von Regeln besteht in der *globalen* Orientierung an einer *individuellen* Erfahrung im Gegensatz zur *lokalen* Entscheidungsübertragung *generalisierter* Erfahrung bei Regeln. Dabei ist bei Regeln im vorhinein genau anzugeben, in welcher Situation eine Regel angewendet werden soll.

Von einem „lösungsorientierten" Vorgehen versprechen wir uns einen Effizienzgewinn durch Übertragung statt Neubestimmung von Konstruktions- und Kontrollentscheidungen, sowie die Möglichkeit, einmal getroffene Fehlentscheidungen zukünftig zu vermeiden. Bevor wir das in PLAKON realisierte Bibliothekslösungskonzept genauer beschreiben, grenzen wir es gegen verwandte Ansätze ab:

- *Änderungskonfiguration*
  Bei der Änderungskonfiguraton gilt es, eine real existierende Konstruktion (z.B. eine in einer Fabrik installierte Produktionsanlage) an eine neue Aufgabenstellung anzupassen (z.B. eine Erweiterung der Kapazität). Im Gegensatz zu einer Neukonstruktion entstehen dabei Kosten für die Modifikation der Konstruktion (z.B. Demontage). Die Verwendung vorhandener Konstruktionsteile ist der Beschaffung neuer aus Kostengründen vorzuziehen. Eine Vereinfachung gegenüber dem von uns behandelten fallbasierten Konstruieren ergibt sich aus der Tatsache, daß die zu modifizierende Konstruktion bereits vorgegeben, also nicht mehr aus einer Menge von Alternativen auszuwählen ist (vgl. [Weiner89]).
- *Konstruieren mit gelernten Konzepten oder Regeln*
  Durch Induktion über Konstruktionsvorgänge wird „generelles" Wissen über Lösungen und Lösungsprozesse generiert. Das generalisierte Wissen wird bei der Lösung zukünftiger Konstruktionsaufgaben eingesetzt. Ein Bezug auf individuelle Konstruktionsprozesse entfällt. Z.B. erzeugt das System CHEF (s. [Hammond89]) Pläne durch Änderung von erlernten Plänen. Eine weitere Zielsetzung von CHEF ist es, neue, verbesserte Pläne zu erlernen.
- *Konstruieren mit Skelettplänen und Skripten*
  Im Planungsbereich gibt es Konstruktionssysteme die auf *Planskeletten* (vgl. [Friedland]) oder *Skripten* (vgl. [Dorn89], [Schank77], [Schank89]) basieren. Diese konstruieren nicht mit konkreten Fällen, sondern mit Hilfe von abstrakten Grobplänen.

Um das Wissen über die erfolgreiche Lösung von Konstruktionsaufgaben für zukünftige Aufgaben nutzen zu können, sind folgende Basisfunktionen notwendig:

- *Die Erzeugung und Verwaltung von Bibliothekslösungen*
  Lösungen, deren Aufgabenstellungen sowie deren zugehöriger Konstruktionsvorgang müssen in einer Bibliothek gespeichert und verwaltet werden.
- *Die Auswahl von Bibliothekslösungen*
  Aus der Bibliothek von Fällen muß der Fall ausgewählt werden, der die Lösung der aktuellen Aufgabenstellung am besten unterstützt.
- *Die Integration von Fall-Wissen in den Konstruktionsvorgang*
  Das in einem Fall enthaltene Wissen muß in den Konstruktionsvorgang integriert werden. Das umfaßt die Konsistenzprüfung, die eigentliche Übertragung und unter Umständen den Abbruch des Falleinsatzes, wenn dieser sich als ungeeignet erweist.

In den folgenden Abschnitten werden diese Basisfunktionen detailliert beschrieben.

9.2 Erzeugung und Verwaltung von Bibliothekslösungen

Voraussetzung für das fallbasierte Konstruieren ist das Wissen über erfolgreiche Lösungen von Konstruktionsaufgaben. In PLAKON kann für jede gelöste Konstruktionsaufgabe eine Fallbeschreibung erzeugt werden. Zur Struktur einer Fallbeschreibung gehören:

- die Aufgabenbeschreibung, als initiale Teilinstantiierung der PLAKON-Begriffshierarchie,
- der Konstruktionsvorgang, als Elaborationsnetz mit Konstruktionsschritten und Teilkonstruktionen und
- die vollständige Konstruktion, als *Endteilkonstruktion*[1].

Ein Fall enthält damit Wissen über die Problemstellung, den Lösungsvorgang und die Lösung. Die Fallbeschreibung enthält dagegen kein Wissen über die zum Zeitpunkt einer Konstruktionsentscheidung geltende Kontroll-Strategie (zur Kontrolle von PLAKON siehe Kapitel 7). Das ist insofern nicht notwendig, als die Bibliothekslösungskomponente den Konstruktionsvorgang nicht durch Strategievorgaben beeinflußt.

[1]Wir führen die Endteilkonstruktion explizit an, obwohl sie ein Teil des Elaborationsnetzes ist, da sie auch unabhängig von diesem eingesetzt werden kann.

Jeder Fall wird in der Bibliothek unabhängig verwaltet, d.h. gespeichert, geladen und gelöscht. Lediglich bei der Auswahl von Fällen (siehe Abschnitt 9.4) werden diese in Beziehung zueinander gesetzt. Dazu existiert eine Bibliotheksverwaltungsstruktur. Gegenwärtig wird für eine automatische Auswahl von Fällen verlangt, daß die PLAKON-Begriffshierarchie einen Teilbaum beinhaltet, der die für die Aufgabenstellung relevanten Konzepte beschreibt. Die Instantiierung dieses Teiles der Begriffshierarchie ist Teil jeder Lösung. Die Fall-Bibliothek enthält eine Kopie dieses Begriffshierarchie-Teilbaumes als Verwaltungsstruktur, in der für jede neue Bibliothekslösung deren Aufgabenstellungsangaben eingetragen und mit Referenzen auf den Fall versehen werden. Dadurch wird eine Indizierung der Fälle erreicht, die es ermöglicht, für jedes Aufgabenstellungskriterium unmittelbar festzustellen, in welcher Bibliothekslösung es mit welchem Wert belegt ist.

9.3 Die Auswahl von Bibliothekslösungen

Von entscheidender Bedeutung für den Nutzen fallbasierten Konstruierens ist die Auswahl des geeignetsten Falles für eine gegebene Konstruktionsaufgabe. Grundlage für alle bekannten Auswahlverfahren ist die Ähnlichkeit der gegebenen Aufgabenstellung mit der in den Fällen gelösten Aufgabenstellungen. Unter der Annahme einer „Stetigkeit“ der Domäne werden für ähnliche Aufgabenstellungen ähnliche Lösungen erwartet. Die Schwierigkeit besteht darin, ein geeignetes Maß für die Ähnlichkeit von Aufgabenstellungen zu finden. In der gegenwärtigen Version erfolgt die Auswahl von Fällen auf der Basis einer hohen Anzahl von Gemeinsamkeiten der Instanzen der Aufgabenstellungskonzepte. Nach Formulierung einer aktuellen Konstruktionsaufgabe, d.h. der Instantiierung des im vorangehenden Abschnitt beschriebenen Teilbaumes der Begriffshierarchie, wird in der Indexstruktur der Bibliothek nach Referenzen auf Fälle mit gleichen Werten gesucht. Schließlich wird derjenige Fall ausgewählt, dessen Aufgabenstellung die größte Anzahl von Gemeinsamkeiten mit der aktuellen Aufgabe aufweist. Es ist möglich, den Attributen von Konzepten der Aufgabenstellung Gewichte zuzuordnen, die ihre Relevanz für die Lösung widerspiegeln.

Dieser von uns in PLAKON implementierte Ansatz hat folgende Nachteile:

- Erforderlich ist eine domänenabhängige Modellierung einer Aufgabenstellungsstruktur als Teilbaum der Begriffshierarchie.

- Konstruktionen, die für eine von der gegebenen Aufgabenstellung deutlich abweichende Aufgabe konstruiert wurden, werden nicht berücksichtigt, obwohl sie u.U. von Nutzen wären.

Um diese Mängel zu beheben, wurde in [Pfitzner90] ein alternativer Ansatz zur Auswahl von Fällen vorgeschlagen. Wir werden diesen hier kurz skizzieren, obwohl er in der gegenwärtigen Version von PLAKON nicht implementiert ist. Von einer domänenabhängigen Aufgabenstruktur als Teilbaum der Begriffshierarchie wird abgesehen. Jede initiale Teilinstantiierung der Begriffshierarchie wird als Aufgabenstellung aufgefaßt. Dadurch wird der Ansatz flexibler. Teil der Aufgabenstellung kann prinzipiell jede Instanz der Begriffshierarchie sein. Damit können auch Benutzerwünsche in Hinblick auf bestimmte Konstruktionsobjekte als Teil der Zielkonstruktion bei der Auswahl berücksichtigt werden. Durch die initiale Teilinstantiierung wird der Lösungsraum, der in der Begriffshierarchie als Menge aller zulässigen Konstruktionen aufgespannt wird, eingeschränkt. Ein Fall wird ausgewählt, wenn seine Lösung Element dieses eingeschränkten Lösungsraumes ist. Die Überprüfung dieser Bedingung erfolgt durch einen Vergleich der *ini*tialen Teilkonstruktion der aktuellen Konstruktionsaufgabe ($K_{ini,a}$) mit der *End*teilkonstruktion des betrachteten Falles ($K_{end,f}$). Findet sich für jede Instanz $I_{j,ini,a}$ in $K_{ini,a}$ eine korrespondierende Instanz $I_{k,end,f}$ in $K_{end,f}$, d.h. eine Instanz mit gleichen oder spezielleren[2] Attributwerten, und existiert keine Instanz in $K_{end,f}$, die in $K_{ini,a}$ ausgeschlossen wurde, dann liegt die Lösung von $K_{end,f}$ in dem durch $K_{ini,a}$ beschriebenen Lösungsraum. Findet sich kein solcher Fall, so wird derjenige ausgewählt, der mit den wenigsten Modifikationen, d.h. zurückzunehmenden und alternativ durchzuführenden Konstruktionsschritten in einen solchen überführt wird.

Diese Überprüfung ist nicht nur sehr aufwendig, so daß sie praktisch nicht für alle Fälle der Bibliothek durchgeführt werden kann, sondern nimmt die Lösung bereits vorweg. Aus diesem Grund wurde zum einen vorgeschlagen, den Modifikationsaufwand nicht zu berechnen, sondern zu schätzen, zum anderen die Menge der betrachteten Fälle durch eine Vorauswahl zu reduzieren. Als „Schätzkriterien" bieten sich an:

- der Typ des zurückzunehmenden Konstruktionsschrittes (eine Zerlegung prägt eine Konstruktion z.B. typischerweise mehr als eine Parametrierung),

[2]die Instanzen in $I_{j,ini,a}$ sind typischerweise nicht vollständig spezifiziert, d.h. Slots enthalten noch zulässige Wertebereiche

- die Hierarchieebene (kompositionell und taxonomisch) eines zu modifizierenden Konstruktionsobjektes (ein abweichendes Aggregat zieht möglicherweise direkt weitere strukturelle Abweichungen nach sich, ein abweichendes atomares Konstruktionsobjekt nicht),
- die Anzahl von Konstruktionsobjekten, die durch Constraints an ein zu modifizierendes Objekt gebunden sind.

Die Vorauswahl kann durch die Klassifizierung von Konstruktionsaufgaben geschehen. Die Konstruktionen der in der Bibliothek enthaltenen Fälle werden zu Clustern zusammengefaßt, d.h. es werden (nicht notwendigerweise disjunkte) Teilmengen gebildet, die eine hohe Ähnlichkeit untereinander, eine niedrige Ähnlichkeit zu Konstruktionen anderer Cluster aufweisen. Für die Fälle eines Clusters wird aus ihren Aufgabenstellungen eine Aufgabenklasse generalisiert, d.h. es wird für jedes Cluster eine abstrakte Aufgabenbeschreibung erzeugt. Die Aufgabenbeschreibung stellt eine PLAKON Teilkonstruktion dar. Sie beschreibt die Eigenschaften, die in allen Aufgabenstellungen für die gesuchten Konstruktionen gefordert wurden und wird als Aufgabenklasse bezeichnet. Die Fälle der Aufgabenklasse, in die die aktuelle Aufgabe am besten paßt, werden als Kandidaten für den Schätzprozeß zurückgeliefert.

9.4 Die Integration von Bibliothekslösungen in den Konstruktionsvorgang von PLAKON

Wir beginnen mit einer kurzen Beschreibung hier relevanter Aspekte der *Begriffshierarchie-orientierten Kontrolle* von PLAKON. In den darauf folgenden Unterabschnitten werden vier unterschiedliche Modi der Integration beschrieben. Die ersten drei Modi stellen eine Orientierung an der Lösung bzw. dem Konstruktionsvorgang der Bibliothekslösung dar, wohingegen der vierte Modus von der Endteilkonstruktion ausgeht und diese wie bei der Änderungskonfigurierung modifiziert.

9.4.1 Der Konstruktionsvorgang von PLAKON

Der Konstruktionsvorgang von PLAKON beschreibt einen iterativen Vorgang, bei dem ausgehend von der initialen Teilkonstruktion durch Anwendung von Konstruktionsschritten solange neue Teilkonstruktionen erzeugt werden, bis eine vollständige Endteilkonstruktion erreicht wird. Dies geschieht im Rahmen eines *zentralen Zyklus* mit u.a. den folgenden Schritten (vollständige Beschreibung in Abschnitt 7.9):

1. Untersuchung der aktuellen Teilkonstruktion auf durchführbare Konstruktionsschritte. Diese werden in einer Agenda notiert.
2. Auswahl eines Konstruktionsschrittes aus der Agenda auf der Basis von Auswahlkriterien, die in der jeweils gültigen Strategie definiert sind.
3. Bestimmung der anzuwendenden Bearbeitungsverfahren zur Ermittlung eines Wertes für das Attribut des zu bearbeitenden Konstruktionsobjektes (z.B. Verwendung eines Defaultwertes oder einer Benutzereingabe, Auswertung einer Berechnungsfunktion, Constraint-Propagierung u.a.).
4. Durchführung des ausgewählten Konstruktionsschrittes unter Anwendung eines oder mehrerer der ausgewählten Bearbeitungsverfahren. Übernahme des ermittelten Wertes in die aktuelle Teilkonstruktion und Weiterentwicklung der dynamischen Wissensbasis, des sogenannten *Elaborationsnetzes.*
5. Konsistenzprüfung der neuen Teilkonstruktion durch Propagierung des Constraint-Netzes (optional).

Für die Integration von Bibliothekslösungen in diesen Zyklus ist die klare Trennung zwischen

- der Auswahl eines Konstruktionsschrittes,
- der Ermittlung der Bearbeitungsverfahren und
- der Durchführung des Konstruktionsschrittes

besonders wichtig. Die Trennung der verschiedenen dabei zum Einsatz kommenden Wissensarten ist ein wesentliches Merkmal des verwendeten Kontrollansatzes.

Um Wissen vom Fall auf die aktuelle Konstruktion übertragen zu können, muß die Bibliothekslösungskomponente von PLAKON Korrespondenzen zwischen den Instanzen der aktuellen und denen der Fallkonstruktion feststellen und verwalten. Zu diesem Zweck wird eine Korrespondenzliste aufgebaut, in der für jede Instanz der aktuellen Teilkonstruktion mögliche korrespondierende des Falles eingetragen sind. Als korrespondierend werden Instanzen betrachtet, wenn sie vom gleichen Typ sind oder die eine Instanz eine Spezialisierung der anderen darstellt. Werden mehrdeutige Korrespondenzbeziehungen festgestellt, versucht das System anhand möglichst großer Übereinstimmung von Attributwerten, eine eindeutige Beziehung herzustellen.

9.4.2 Die Bibliothekslösung als Werteheuristik

Für diesen Integrationsmodus wurde das Bearbeitungsverfahren *Bibliothekslösung* eingeführt. Dieses Bearbeitungsverfahren liefert als Wert für das zu bestimmende Attribut eines Konstruktionsobjektes denjenigen der korrespondierenden Instanz der Bibliothekslösung.

Der Zyklus des Konstruktionsvorganges bleibt unverändert. In Schritt 3 des Konstruktionsvorganges (Festlegung der anzuwendenden Bearbeitungsverfahren) wird das Bearbeitungsverfahren *Bibliothekslösung* ausgewählt. Wenn der damit berechnete Wert konsistent mit der aktuellen Teilkonstruktion ist, wird er in Schritt 4 übernommen. Die Anfrage der Kontrollkomponente an die Bibliothekslösungskomponente lautet sinngemäß:

> „Welchen Wert hat die zum aktuellen Konstruktionsschritt korrespondierende Entscheidung in der Bibliothekslösung?“

Ist der in der Bibliothekslösung verwendete Wert nicht auf die aktuellen Teilkonstruktion übertragbar, d.h. liegt er außerhalb des für den entsprechenden Slot gültigen Wertebereichs, wird versucht, einen Wert mit einem alternativen Bearbeitungsverfahren zu bestimmen. Es ist also möglich, das Bearbeitungsverfahren *Bibliothekslösung* und andere Verfahren wechselnd einzusetzen (vgl. hierzu den Abschnitt 9.5.7 über den Abbruch von Bibliothekslösungen).

Die Integration verlangt keine Änderungen im Kontrollzyklus. Das Bearbeitungsverfahren „Bibliothekslösung“ kommt in gleicher Weise zum Einsatz wie jedes andere verfügbare Verfahren.

9.4.3 Die Bibliothekslösung als Verfahrensheuristik

In diesem Integrationsmodus wird nicht der Wert aus einer Bibliothekslösung übernommen, sondern das Bearbeitungsverfahren, das zu dessen Bestimmung eingesetzt wurde. Die Anfrage an die Bibliothekslösungskomponente sieht folgendermaßen aus:

> „Mit welchem Bearbeitungsverfahren wurde der Wert für den zum aktuellen Konstruktionsschritt korrespondierenden Wert in der Bibliothekslösung bestimmt?“

Zur Beantwortung greift die Bibliothekslösungskomponente auf das Elaborationsnetz zu, in dem das eingesetzte Bearbeitungsverfahren notiert ist. Der Zyklus des Konstruktionsvorganges bleibt auch hier weitgehend unverändert. In Schritt 3 werden die anzuwendenden Bearbeitungsverfahren bestimmt. An dieser Stelle wird das dem Fall entnommene Verfahren ausgewählt.

Dieser Integrationsmodus hat gegenüber dem zuvor beschriebenen den Vorteil, daß der gesuchte Wert unter Berücksichtigung der aktuellen Konstruktionssituation bestimmt werden kann. Es ist möglich, sowohl Änderungen der statischen Wissensbasis zu berücksichtigen (z.B. neue Konzepte und geänderte Wertebereiche in der Begriffshierarchie) als auch die dynamische Entwicklung der Konstruktion in die Entscheidung einzubeziehen (z.B. mit dynamischen Defaultwerten oder Berechnungsfunktionen). Der neuberechnete Wert stellt eine bessere Entscheidung dar, als ein unter abweichenden Umständen berechneter. Diesem Vorteil steht jedoch der zusätzlichen Berechnungsaufwand entgegen. Auch die Integration als Verfahrensheuristik erfordert keine Änderung des Kontrollzyklus'.

9.4.4 Die Bibliothekslösung als Lösungsplan

In diesem Modus wird eine noch stärkere Orientierung an der Bibliothekslösung gesucht. Sie wird als Lösungsplan betrachtet, der den Lösungsvorgang für die gegebene Konstruktionsaufgabe vorgeben soll. Im zentralen Zyklus von PLAKON sind dazu folgende Veränderungen notwendig:

1. Die Teilkonstruktion braucht nicht mehr auf durchführbare Konstruktionsschritte untersucht zu werden, eine Agenda wird nicht generiert.
2. Der als nächstes zu bearbeitende Konstruktionsschritt wird der Bibliothekslösung entnommen.
3. Das Bearbeitungsverfahren wird, wenn möglich, ebenfalls übernommen.
4. Die Durchführung des Konstruktionsschrittes bleibt unverändert.
5. Weiterhin kann an dieser Stelle optional eine Constraintpropagation durchgeführt werden.

Die Generierung der Agenda und die Auswahl eines Konstruktionsschrittes werden durch die Anfrage:

„Welcher Konstruktionsschritt wurde mit welchem Bearbeitungsverfahren in der Bibliothekslösung als nächster durchgeführt?"

ersetzt. Bei der Integration als Lösungsplan orientiert sich der aktuelle Konstruktionsvorgang nicht nur bei den *Konstruktionsentscheidungen* an der Bibliothekslösung, sondern auch bei einer der zentralen *Kontrollentscheidungen*, nämlich bei der Entscheidung über die Reihenfolge der Bearbeitung der einzelnen Konstruktionsschritte. Ist ein Konstruktionsschritt der Bibliothekslösung nicht auf die gegebene Aufgabe übertragbar, werden solange Konstruktionsschritte „übersprungen" bis ein übertragbarer Schritt gefunden wird. Die Übertragung wird anschließend von diesem Schritt aus fortgeführt. Tritt erneut das Problem auf, daß ein Schritt nicht anwendbar ist, wird zunächst versucht, eine der übersprungenen Schrittsequenzen einzusetzen, bevor weitere Schritte ausgelassen werden. Das ist insofern sinnvoll, als es möglich ist, daß eine Folge von Konstruktionsschritten zu einem bestimmten Zeitpunkt nicht übertragbar ist, weil sie sich auf ein Konstruktionsobjekt bezieht, zu dem sich kein korrespondierendes Objekt findet. Ein solches kann jedoch im Laufe des Konstruktionsvorganges instantiiert werden, so daß die Schrittfolge zu diesem späteren Zeitpunkt übertragbar wird.

Findet sich jedoch kein übertragbarer Schritt, wird von der Kontrollkomponente eine Agenda generiert und von dieser ein Konstruktionsschritt gewählt. Dieses Vorgehen mag als pragmatisch betrachtet werden, plausiblere Verfahren erforderten jedoch die explizite Modellierung von System(teil)zielen und die Rechtfertigung von Konstruktionsschritten in Hinblick auf diese Ziele. Sie erst ermöglichten eine Bestimmung von vergleichbaren Konstruktionssituationen. PLAKON liefert diese Mechanismen gegenwärtig nicht.

9.4.5 Die Bibliothekslösung als Lösungskandidat

Während bei den bislang dargestellten Integrationsmodi die Bibliothekslösung einen Konstruktionsvorgang von der Aufgabenbeschreibung bis zur fertigen Konstruktion geleitet hat, basiert der folgende Integrationsmodus auf der Modifikation der Endteilkonstruktion einer Bibliothekslösung. Dazu werden

- Inkonsistenzen der Endteilkonstruktion der Bibliothekslösung mit der aktuellen Aufgabenstellung festgestellt und durch die Rücknahme von Entscheidungen behoben, und

- diese (unvollständige) Teilkonstruktion auf herkömmliche Weise zu einer vollständigen Konstruktion weiterentwickelt. Die unvollständige Teilkonstruktion, die sich aus der reduzierten Endteilkonstruktion der Bibliothekslösung ergibt, wird als initiale Teilkonstruktion eines konventionellen PLAKON-Zyklus' betrachtet.

Die Rücknahme von Konstruktionsentscheidungen bzw. die Entnahme entsprechender Konstruktionsteile, die direkt im Widerspruch zur gegebenen Aufgabenstellung stehen, reicht allein jedoch nicht aus. Auch Konstruktionsteile, auf die in der Aufgabenstellung explizit kein Bezug genommen wird, können unter Umständen dennoch mit den dort beschriebenen Teilen nicht zu einer in der Begriffshierarchie modellierten Konstruktion zusammenpassen. Um solche Inkonsistenzen auszuschließen, werden auch Folgeentscheidungen von zurückgenommenen Konstruktionsschritten rückgängig gemacht. Das erfordert deren explizte Repräsentation in einem Abhängigkeitsnetz, welches Teil der Bibliothekslösung sein muß. Der Zyklus von PLAKON bleibt bei dieser Integration unverändert. Die Integration als Lösungskandidat bewirkt nur Veränderungen bei der Generierung der initialen Teilkonstruktion, diese wird hierbei unter Verwendung der Bibliothekslösung erzeugt. Die notwendigen Abhängigkeitsinformationen werden von PLAKON im Modus 3 und 4 der dynamischen Wissensbasis bereitgestellt (vgl. Kapitel 8).

9.4.6 Validierung des Wissenstransfers

Bevor die Werte für Konstruktionsschritte in die aktuelle Teilkonstruktion übernommen werden, werden sie daraufhin überprüft, ob sie konsistent mit der aktuellen Teilkonstruktion sind. Dazu wird festgestellt, ob ein entsprechender Wert im aktuell gültigen Wertebereich eines Attributwertes liegt, bzw. einer noch zulässiger Spezialisierungsmöglichkeit entspricht. Daran schließt sich die Propagation des Constraint-Netzes (Schritt 5 im Zyklus) an. Die Validierung von aus einer Bibliothekslösung stammenden Werten läßt sich somit mit den von PLAKON bereitgestellten Mechanismen durchführen.

9.4.7 Abbruch der Verwendung einer Bibliothekslösung

Konstruktionsentscheidungen an erfolgreichen Konstruktionslösungen zu orientieren, stellt eine Heuristik dar und birgt daher immer die Gefahr, den Lösungsvorgang irrezuführen. Damit der Einsatz von Bibliothekslösungen den Lösungsvorgang tatsächlich fördert, ist es wichtig die mangelhafte Eignung eines Falles frühzeitig zu erkennen[3].

Die ersten drei vorgestellten Integrationsmodi können sich bei der Beurteilung der Eignung eines Falles nur auf die Ergebnisse der bis zu einem Zeitpunkt versuchten Wissensübertragungen stützen. Naheliegend ist es, das Verhältnis von erfolgreichen zu versuchten Übertragungen zur Grundlage der Eignungsbeurteilung zu machen. Sinkt dieses Verhältnis unterhalb eines akzeptablen Wertes, wird die Bibliothekslösung als ungeeignet betrachtet und ihre Nutzung abgebrochen. Ein Abbruch ist möglich, da die Kontrollkomponente jederzeit unabhängig von der Bibliothekskomponente weiterkonstruieren kann.

In [Pfitzner89] wurde vorgeschlagen, die Entscheidung über den Abbruch der Integrationsbemühungen an die Übertragbarkeit von domänenspezifisch gekennzeichneten Schlüsselobjekten bzw. -objektattributen zu binden. Diese Schlüsselobjekte sind solche, von denen Experten sagen können, daß sie prägend für die Gesamtkonstruktion sind. Erfahrungen haben gezeigt, daß solche Objekte meist über viele Constraints mit anderen Objekten verbunden sind. Es scheint daher auch möglich, Schlüsselobjekte *domänenunabhängig* als solche mit vielen Constraintbeziehungen zu definieren.

Der vierte Integrationsmodus läßt eine Beurteilung der Eignung einer Bibliothekslösung unmittelbar nach der Konsistenzprüfung von Endteilkonstruktion der Bibliothekslösung und initialer Teilkonstruktion der gegebenen Aufgabe zu. Allerdings hat man u.U. zu diesem Zeitpunkt bereits erheblichen Aufwand betrieben.

9.5 Stand der Implementation

Die ersten drei Integrationsmodi sind in PLAKON implementiert. Der Modus „Bibliothekslösung als Lösungskandidat“ ist nur zum Teil implementiert. Die Bibliothekslösungskomponente ist im Sinne der Software-Struktur von PLAKON optional.

[3]Optimal wäre es, wenn bereits der Auswahlmechanismus sicherstellen würde, daß ungeeignete Bibliothekslösungen überhaupt nicht zum Einsatz kämen. Dies kann generell jedoch nicht garantiert werden.

Der Benutzer entscheidet, ob die Bibliothekslösungskomponente geladen wird, und ob im Einzelfall Bibliothekslösungen eingesetzt werden sollen. Dazu ist zusätzlich erforderlich, daß die verwendeten Kontrollstrategien Bibliothekslösungen als Bearbeitungsverfahren zulassen. Das vorgestellte Konzept wurde im Rahmen des mit PLAKON implementierten Anwendungssystems XRAY (vgl. Kapitel 12), einem Expertensystem zur Konfigurierung von Röntgenprüfsystemen, entwickelt und exemplarisch getestet.

9.6 Zusammenfassung und Beurteilung

Wir haben in diesem Abschnitt dargestellt, auf welche Weise ein mit PLAKON realisiertes Konstruktionssystem erfolgreich gelöste Fälle wiederverwenden kann. Man darf dabei jedoch nicht außer acht lassen, daß eine Konstruktion, die mit Hilfe einer Bibliothekslösung generiert wurde, diese u.U. schlechter löst als eine herkömmlich erzeugte. Dafür gibt es zwei Gründe:

- Wesentliche Teile einer mit einer Bibliothekslösung erzeugten Konstruktion sind nur für eine ähnliche, nicht für die gleiche Problemstellung erzeugt worden. Auch wenn ihre Lösung oder ihr Lösungsvorgang auf eine gegebene Aufgabe übertragbar sind, führen sie nicht unbedingt zur optimalen Lösung in Bezug auf Kosten oder ähnliche Gütekriterien.
- In sich wandelnden Domänen - und die Konstruktion technischer Systeme gehört mit Sicherheit dazu - verändert sich die Wissensbasis im Laufe der Zeit. Sich auf eine Lösung zu stützen, die u.U. vor einem begrenzteren Wissenshorizont erstellt wurde, birgt die Gefahr, vorteilhafte Neuerungen zu übersehen. Wird auch in den Integrationsmodi „Verfahrensheuristik“ und „Lösungsplan“ durch die Neuberechnung gesuchter Werte die Möglichkeit eröffnet, auf den aktuellen Stand der Wissensbasis zuzugreifen, so bietet doch keines der vorgestellten Verfahren die Möglichkeit, Verbesserungen im Kontrollwissen zu berücksichtigen.

Die Chancen des Einsatzes von Bibliothekslösungen liegen also vor allem in einer möglichen Effizienzsteigerung sowie im Bereich der Wissensakquisition. Die Bibliothekslösungskomponente von PLAKON erlaubt es, von einem Experten im *interaktiven Konstruktionsmodus* (vgl. Abschnitt 7.4.10) erzeugte Konstruktionen zukünftig eigenständig einzusetzen. Um die Vorgehensweise des Experten nachzubilden, scheint sich für den Einsatz einer auf diese Weise gewonnen Bibliothekslösung der Modus

„Integration als Lösungsplan“ anzubieten. Eine unter Einsatz des in so einem Fall enthaltenen Wissens erzeugte Konstruktion stellt dann u.U. eine bessere Lösung dar, als sie mit herkömmlichen Methoden ohne diese Erfahrung erzielbar gewesen wäre.

Die Bibliothekslösungskomponente von PLAKON unterstützt in ihrem gegenwärtigen Implementationsstadium den PLAKON-Konstruktionsvorgang vorrangig dadurch, daß einzelne Entscheidungen vorgegeben werden. Unter der Voraussetzung, daß diese Entscheidungen korrekt sind, ist ein Effizienzgewinn dadurch zu erwarten, daß

- aufwendigere Entscheidungsprozesse, wie z.B. Simulationsverfahren, überflüssig werden und
- Entscheidungen aus der Bibliothekslösung übernommen werden, für die keine oder nur schwächere Heuristiken vorhanden sind und damit z.T. Fehlentscheidungen vermieden werden.

Um den so erzielbaren Effizienzgewinn nicht wieder durch den Einsatz ungeeigneter Fälle zu verlieren, ist der Auswahl von Fällen besondere Sorgfalt zu widmen. Vielfach stellt dabei die Auswahl durch den Benutzer eine akzeptable Möglichkeit dar.

Der Einsatz von Bibliothekslösungen ist prinzipiell an keinen Integrationsmodus gebunden. Der Modus „Integration als Lösungskandidat“ erfordert jedoch, daß der Fall unter Einsatz von Abhängigkeitsinformationen (Modus 3 oder 4 der dynamischen Wissensbasis) erzeugt wurde. Ein Wechsel des Integrations-Modus *während* eines Konstruktionsvorganges ist nicht möglich.

Die deklarative Repräsentation von Kontrollwissen und die explizite Trennung von Konstruktions- und Kontrollentscheidungen im Begriffshierarchie-orientierten Konstruktionsvorgang von PLAKON haben die Integration der Bibliothekslösungskomponente in das Gesamtsystem wesentlich begünstigt.

Die Implementierungen und Tests der Bibliothekslösungskomponente sind gegenwärtig noch nicht abgeschlossen. Aus den Erfahrungen bei der konkreten Anwendung der Bibliothekslösungen in XRAY sind Erkenntnisse über die Eignung des Konzeptes zu erwarten. Interessant scheint eine Beurteilung der Integrationsmodi in Hinblick auf ihre optimalen Einsatzbedingungen. Darüberhinaus werden konkrete Ergebnisse in Hinblick auf den tatsächlichen Effizienzgewinn durch die Verwendung von Bibliothekslösungen erwartet.

Für die Zukunft ist geplant, auch den Einsatz von mehreren Bibliothekslösungen für unterschiedliche Teile einer Konstruktion zu untersuchen (siehe dazu [Pfitzner89]).

Kapitel **10**

Simulation in PLAKON

Helmut Strecker

10.1 Einleitung

Simulation wird in PLAKON als ein optionales *Bearbeitungsverfahren* zur Festlegung oder Einschränkung von Eigenschaften bzw. zur Bewertung von (Teil-) Konstruktionen eingesetzt. Die an PLAKON angebundene *Simulationskomponente* wurde ausgehend von den Anforderungen einer speziellen Aufgabenklasse (*Konfigurierung automatischer Röntgenprüfsysteme*, vgl. Kapitel 12) konzipiert und zusammen mit dem aufbauend auf PLAKON realisierten Anwendungsprototypen XRAY entwickelt und getestet. Der vorliegende Beitrag motiviert den Einsatz von Simulationstechniken und umreißt die realisierten Anbindungsmechanismen.

10.2 Motivation

Simulation ist eine seit langem verwandte Technik zur Analyse existierender, im Entwurf befindlicher oder auch hypothetischer technischer oder nicht-technischer Systeme (vgl. z.B. [Schöne74], [Shannon75], [Zeigler76]). Dabei wird mit *Modellen* experimentiert, die das zu untersuchende Verhalten oder die zu analysierenden Charakteristika des Systems in angemessener Weise nachbilden. Die Realisierung und Analyse der Modelle auf Digitalrechnern spielt dabei eine überragende Rolle.

In der Unterstützung eines Expertensystems durch Simulation wird allgemein ein Ansatz zur Nutzung *tiefen Wissens* gesehen, der gefordert ist, um die Defizite und Beschränkungen konventioneller Systeme mit heuristischer, *flacher* Wissensmodellierung (wie z.B. reine Regelsysteme) zu überwinden (vgl. z.B. [Raulefs84], [Steels87]). Im Bereich des qualitativen Schlußfolgerns wird die *qualitative Simulation* anhand stark vergröberter Verhaltensmodelle als ein Hilfsmittel erforscht, um leistungsfähigere, flexiblere Schlußfolgerungsverfahren für technische Systeme zu entwickeln (vgl. z.B. [DeKleer84], [Forbus84], [Kuipers86], [Struss89]).

Der Einsatz von Simulationen in PLAKON erfolgt mit der allgemeinen Zielsetzung, eine Konstruktion, Teilkonstruktion oder ein Konstruktionsobjekt (im weiteren übergreifend als *Konstruktion* bezeichnet) zu *bewerten* oder Parameter z.B. anhand von Optimierungsrechnungen einzuschränken oder festzulegen. (Mit vergleichbarer Intention werden Simulationen z.B. von Stefik [Stefik81a] verwendet.) Dabei wird von einer Anbindung *quantitativer* Simulationstechniken ausgegangen.

Der modellbasierende Konstruktionsvorgang in PLAKON führt schrittweise zu einer Festlegung oder Einschränkung von Konstruktionsobjekten und deren Eigenschaften. Als Konstruktionsobjekte seien im folgenden beispielhaft Gerätekomponenten sowie Operatoren (z.B. für die Bildanalyse) mit ihren Eingaben und Ausgaben betrachtet. Eine Konstruktion aus derartigen Objekten weist in der Regel eine verbleibende *Variabilität* auf:

- Eigenschaften können variabel sein (z.B. interne Spannungswerte von Geräten) und werden durch zulässige Wertebereiche (z.B. das Intervall [1V 5V]) beschrieben.
- Eingaben und Ausgaben von Operatoren werden durch Objekte repräsentiert, die ebenfalls variabel sind und jeweils *Mengen* konkreter Eingabe- und Ausgabeobjekte beschreiben (Beispiel: Eingabe- und Ausgabebilder eines Operators für die Bildanalyse).

Durch Simulation wird das Verhalten einer Konstruktion in konkreten Beispielsituationen nachgebildet. Die Variablen der Konstruktion nehmen dabei individuelle Werte an bzw. werden an Beispielobjekte gebunden. Dies eröffnet die Möglichkeit,

- das Verhalten der Konstruktion zu bewerten (z.B. durch Überprüfen konkreter generierter Werte auf ihre Kompatibilität mit zulässigen Wertebereichen) oder
- durch gezielte Verhaltensanalyse optimierte Parameter für Konstruktionsobjekte zu bestimmen (z.B. Einstellung der Parameter eines Bildanalyseoperators anhand geeigneter Beispielbilder).

10.3 Überblick der Simulationsanbindung

Simulationen werden im Rahmen von *Simulationsexperimenten* durchgeführt. Zur Definition von Simulationsexperimenten werden Objekte verschiedener Klassen auf der Grundlage von FRESKO (vgl. Kapitel 11) vordefiniert: Beispielgenerierungsmethoden, Simulationsmethoden, Simulationsdaten, Auswertemethoden und Simulationsexperimente.

Dabei wird jeweils zwischen Klassendefinitionen für konzeptuelle und individuelle Objekte (d.h. Instanzen) unterschieden. Aufbau und Durchführung von Simulationsexperimenten erfolgen mit Hilfe von generischen Funktionen, die für diese Klassen bereitgestellt werden.

10.3.1 Simulationsexperimente

Simulationsexperimente dienen zur Spezifikation bzw. Verwaltung aller an einer Simulation beteiligten Simulations-, Beispielgenerierungs- und Auswertemethoden sowie zur Spezifikation der Art der Durchführung. Bei ihrem Einsatz im Konstruktionsvorgang werden sie instantiiert und mit den zugeordneten Instanzen der Konstruktion verbunden. Nach erfolgreicher Anbindung und Eingabeversorgung erfolgt eine sequentielle Ausführung der an dem Simulationsexperiment beteiligten Methoden.

10.3.2 Beispielgenerierungsmethoden

Im Rahmen einer initialen Beispielgenerierung können die für ein Simulationsexperiment benötigten Eingabedaten erzeugt und den nachfolgenden Simulationsmethoden bereitgestellt werden (z.B.: Erzeugung eines Beispielbildes für die Bildanalyse). Für den Zugriff auf variable bzw. noch nicht eindeutig festgelegte Eigenschaften der Konstruktion bzw. die Auswahl von Objekten aus einer Menge werden verschiedene *Selektionsmodi* bereitgestellt, die die Anwendung von Selektionsmethoden für eine Auswahl

- durch den *Benutzer*,
- von *Minimum*, *Durchschnitt* oder *Maximum* (falls sinnvoll)
- oder *zufällig*

veranlassen. Diese Selektionsmodi können auch innerhalb von Simulationsmethoden (s.u.) verwendet werden, um den Zugriff auf nicht eindeutig festgelegte Parameter zu beschreiben.

10.3.3 Simulationsmethoden

Simulation in dem oben beschriebenen Sinne setzt die Verfügbarkeit geeigneter *funktionaler Modelle* für das Verhalten der Komponenten voraus; sie ergänzen die durch die Konstruktionsobjekte gegebene *strukturelle Beschreibung*. Diese Modelle werden durch *Simulationsmethoden* realisiert, die den Konstruktionsobjekten zugeordnet sind und die für vorgegebene Eingaben Ausgaben produzieren (Simulation von *Eingabe-Ausgabe-Verhalten*).

Beispiele für Simulationsmethoden in dem Anwendungsprototypen XRAY (s. Kapitel 12) sind die Erzeugung eines Bremsstrahlenspektrums durch eine Röntgenröhre, die Filterung der Strahlung durch ein Strahlungsfilter oder die Schwächung der Strahlung durch den in den Strahlengang eingebrachten Prüfling. Im Bereich der Planung bzw. Konfigurierung von Aktions- oder Operatorensequenzen leistet eine den Planschritten bzw. Aktionen oder Operatoren zugeordnete Simulationsmethode deren Ausführung für konkrete Vorzustände bzw. Eingaben. Bei der Konfigurierung von Bildanalysesequenzen ist jedem Operator (als Konstruktionsobjekt) eine Simulationsmethode zugeordnet, die diesen für konkrete Eingabebilder bzw. -daten durchführt.

Konzeptuelle Simulationsmethoden enthalten in speziellen Slots alle für ihre Verwendung im Rahmen von Simulationsexperimenten benötigten Informationen, wie z.B. Beschreibungen über

- ihre Anbindung an Konstruktionsobjekte,
- den Zugriff auf deren Eigenschaften (z.B. Parameter), ggf. mit Angabe zulässiger Wertebereiche und Maßeinheiten,
- ihre Eingabedaten und Ausgabedaten,
- ihre Ausführung (z.B. als externes Programm) und
- die Auswertung der durch sie produzierten Ausgaben (z.B. Überprüfung auf Konsistenz mit zulässigen Wertebereichen, Zurückliefern optimierter Parameter an Konstruktionsobjekte).

Im Rahmen des Aufbaus von Simulationsexperimenten werden Instanzen der konzeptuellen Simulationsmethoden gebildet und an die Konstruktionsobjekte sowie die eingabeseitig benötigten und ausgabeseitig produzierten Simulationsdaten angebunden.

10.3.4 Simulationsdaten

Im Rahmen von Simulationen erzeugte komplexe Datenobjekte werden als konzeptuelle und individuelle Simulationsdaten repräsentiert (z.B. Beispielbilder für die Bildanalyse, Strahlungsspektren, Signalverläufe). Sie werden mit den sie erzeugenden oder sie verarbeitenden Simulationsmethoden über Eingabe-Ausgabe-Relationen verbunden. Während der Durchführung eines Simulationsexperiments können diese Objekte durch den Benutzer inspiziert bzw. über spezielle Anzeigemethoden angezeigt werden.

10.4 Simulation als Bearbeitungsverfahren

10.4.1 Anbindungsmechanismus

Ausgangspunkt für den Einsatz der Simulation während des Konfigurierungsvorganges ist eine partiell instantiierte Konstruktion. Eine Simulation wird durch die Kontrolle des Konfigurierungsvorganges gezielt aktiviert, wenn eine Eigenschaft (z.B. ein Parameter, ein Bewertungsattribut) eines Konstruktionsobjekts aufgrund von vordefiniertem Kontrollwissen mittels Simulation bestimmt werden soll (Simulation als *Bearbeitungsverfahren*).

Dazu werden in speziellen Facetten der durch Simulation zu bearbeitenden Eigenschaft alle für die Aktivierung eines vordefinierten Simulationsexperiments erforderlichen Informationen abgelegt:

Definition: Facetten für die Anbindung der Simulation an eine zu bearbeitende Eigenschaft

Bearb-Verfahren: (Simulation {*alternatives Bearbeitungsverfahren*}*)
Sim-Optional: JA | NEIN
Sim-Experiment: *Name des konzeptuellen Simulationsexperiments*
alternativ zu Sim-Experiment:
Sim-Methode: *Name einer konzeptuellen Simulationsmethode* | *Liste von Namen konzeptueller Simulationsmethoden*

Parallel zur Bearbeitung der die Simulation auslösenden Eigenschaft können durch ein Simulationsexperiment beliebige weitere Eigenschaften desselben oder auch anderer Konstruktionsobjekte bearbeitet bzw. überprüft werden. Die Bindung an diese weiteren Objekte und Eigenschaften wird über die Simulations- und Auswertemethoden des Experiments hergestellt. In dieser Weise (Verknüpfung mehrerer Eigenschaften) ähnelt die Durchführung von Simulationsexperimenten der Constraint-Propagation.

10.4.2 Abgrenzung gegenüber der Constraint-Propagation anhand von Beispielen

Ein Beispiel für eine Constraint-artig wirkende Simulation ist die Berechnung der Durchstrahlungsprojektion eines Prüflings bei der Konfigurierung automatischer Röntgenprüfsysteme (vgl. Kapitel 12). Bei vorgegebener Position (Schwerpunktlage und Drehlage) des Prüflings sowie festgelegten projektionsrelevanten Geometriedaten des Röntgensystems können durch eine Projektionssimulation anhand eines die Materialverteilung beschreibenden Volumenmodells die Werte der minimalen und maximalen durchstrahlten Materialdicke und die Tiefenlage bestimmt und bewertet werden. In Verbindung damit ist auch eine Bewertung der konfigurierten Prüfposition anhand des simulierten Projektionsbildes durch den Benutzer möglich. Vergleichbar mit der Durchführung einer Constraint-Propagation ist dabei die Festlegung bzw. Einschränkung einer Menge von Eigenschaften in Abhängigkeit einer Menge anderer Eigenschaften. Im Unterschied zur Constraint-Propagation erfolgt die Auswertung der durch Simulationsmethoden beschriebenen Abhängigkeiten nur unidirektional. Diese Beschränkung resultiert zum einen aus der Komplexität dieser Abhängigkeiten, zum anderen ist sie Ausdruck der Sichtweise, daß durch Simulationsmethoden ein *Verhalten* der zugeordneten Objekte nachgebildet wird. Ein weiterer Unterschied zur Constraint-Propagation als Bearbeitungsverfahren liegt darin, daß Simulationsexperimente *optional* zu anderen Bearbeitungsverfahren (z.B. *Benutzeranfrage*) eingesetzt werden und gezielt, ausgehend von zu bearbeitenden Eigenschaften, durch die Kontrolle des Konfigurierungsvorganges aktiviert werden.

Simulation und Constraint-Propagation unterscheiden sich auch in der Möglichkeit, die Erzeugung von Beispieldaten (Beispielgenerierung) zweckgerichtet für ein Simulationsexperiment vorzudefinieren.

Ein Beispiel hierfür ist der Einsatz eines Simulationsexperiments zur optimierenden Einstellung der *Fenstergröße* eines Operators zur Reduktion von Rauschen bei der Bildanalyse. Eingabe- und Ausgabebild des Rauschreduktionsoperators seien durch zulässige Wertebereiche bzgl. ihres Rauschens beschrieben. Ein Simulationsexperiment zur Abschätzung eines geeigneten Wertes für die Fenstergröße (die die rauschreduzierende Wirkung steuert) enthält die folgenden Schritte:

- Beispielgenerierung: Erzeugung eines Beispielbildes, dessen Rauschen der Obergrenze (*worst case*) des für das Eingabebild spezifizierten Rauschens entspricht.
- Simulation des Rauschreduktionsoperators: Der spezifizierte Rauschreduktionsoperator wird mit dem Minimum und dem Maximum seiner zulässigen Werte für die Fenstergröße auf das Beispielbild angewendet. Dabei werden zwei Beispielbilder erzeugt, die die rauschreduzierende Wirkung des Operators in diesen beiden Fällen widerspiegeln.
- Auswertung: Aus den Ausgabe-Beispielbildern werden die Verteilungsparameter des Rauschens bestimmt. Durch Vergleich mit dem für das Ausgabebild vorgegebenen Werten wird ein optimaler Wert für die Fenstergröße bestimmt. Wenn auch mit der maximal zur Verfügung stehenden Fenstergröße keine ausreichende rauschreduzierende Wirkung erzielt wurde, wird ein Konflikt signalisiert.

Ausschlaggebend für Struktur und Auswertung dieses Simulationsexperiments ist die Annahme einer monotonen Beziehung zwischen dem festzulegenden Parameter (Fenstergröße) und seiner durch einen weiteren Parameter (z.B. Sigma-Wert des Rauschens im Ausgabebild) beschriebenen rauschreduzierenden Wirkung.

10.5 Schnittstelle zur Kontrolle des Konstruktionsvorganges

Die Durchführung eines Simulationsexperiments wird von der Kontrolle des Konfigurierungsvorganges durch Aufruf der Simulationskomponente mit Angabe eines Konstruktionsobjekts und der zu bearbeitenden Eigenschaft veranlaßt. Alle weiteren Informationen werden von der Simulationskomponente in den dafür vorgesehenen Facetten *Sim-Experiment* oder *Sim-Methode* (s.o.) erwartet. Der Zeitpunkt für die Bearbeitung und damit für die Aktivierung der Simulation wird also explizit durch Kontrollwissen vorgegeben. Ein Simulationsexperiment ist unter folgenden Bedingungen durchführbar:

- Alle dem Simulationsexperiment zugeordneten Konstruktionsobjekte müssen als Teil der Konstruktion bereits existieren.
- Die von den Simulationsmethoden benötigten Parameter der Konstruktionsobjekte müssen in der Regel mit terminalen Werten belegt sein. Eine Ausnahme sind Experimente, die eine Optimierung für noch nicht festgelegte Parameterwerte vornehmen.
- Die vom Simulationsexperiment benötigten Beispieleingabedaten müssen durch vorhergehende Simulationen bereitgestellt worden sein, wenn sie nicht im Rahmen des Experiments durch dafür vorgesehene Beispielgenerierungsmethoden erzeugt werden.

Sind diese Bedingungen nicht erfüllt, ist das Bearbeitungsverfahren Simulation nicht anwendbar. Die Kontrolle des Konstruktionsvorganges kann alternativ den Benutzer nach einer Entscheidung fragen, oder der Konstruktionsschritt kann zurückgestellt und eine Simulation zu einem späteren Zeitpunkt erneut versucht werden.

Bei der Durchführung eines Simulationsexperiments erfolgen Konsistenzprüfungen der erzeugten "Wertbindungen" der Ausgabevariablen mit den aktuell zulässigen Wertebereichen.

Bei Konflikten wird eine Konfliktbeschreibung mit Angabe der am Konflikt beteiligten Konstruktionsobjekte und Eigenschaften erstellt. In diesem Fall wird die Durchführung des Simulationsexperiments abgebrochen und der Konflikt an die Kontrolle des Konstruktionsvorganges gemeldet. Von dort aus wird eine Konfliktlösung durch domänenabhängige oder domänenunabhängige Konfliktlösungsregeln veranlaßt.

10.6 Simulationsinterne Kontrolle

Im folgenden soll die simulationsinterne Kontrolle vor allem im Zusammenhang mit den im Rahmen von Simulationen stattfindenden Benutzerinteraktionen knapp umrissen werden.

Nach Aktivierung der Simulationskomponente wird bei als optional gekennzeichneten Simulationen der Benutzer zunächst gefragt, ob er die Simulation durchführen möchte. Ist dies der Fall, werden die zu einem Simulationsexperiment definierten Beispielgenerierungs-, Simulations- und Auswertemethoden instantiiert, an die ihnen zugeordneten Komponenten der Konfiguration angebunden und über die spezifizierten Zugriffspfade mit den benötigten Eingaben versorgt. Gegebenenfalls erfolgt eine Anbindung der Methoden an bereits existierende Simulationsdaten.

Die Ablaufkontrolle innerhalb der Simulationsexperimente ist auf sequentielle Abläufe beschränkt. Es werden zunächst sämtliche Beispielgenerierungsmethoden sequentiell ausgeführt, anschließend die eigentlichen Simulationsmethoden und zum Abschluß die ggf. spezifizierten Auswertemethoden. Bei der Durchführung der Beispielgenerierungsmethoden werden im Selektionsmodus *Benutzer* die zu selektierenden Daten durch Benutzeranfragen ermittelt.

Der Benutzer hat die Möglichkeit, Zwischenergebnisse zu inspizieren. Dazu wird der Fortgang einer Simulation über ein Netzwerk, das alle beteiligten Methoden und ihre Eingabe- und Ausgabedaten enthält, visualisiert. Sämtliche in dem Netzwerk angezeigten Objekte können inspiziert und interaktiv die Methoden *Anzeige*, *Zeige-Eingabe* und *Zeige-Ausgabe* aktiviert werden.

10.7 Beschränkungen der beschriebenen Simulationskomponente

Die beschriebene Simulationskomponente ist hinsichtlich der internen Ablaufsteuerung in den Simulationsexperimenten bewußt auf eine sequentielle Ausführung von Methoden beschränkt worden, weil der Schwerpunkt der Simulationen in dem zugrundeliegenden Anwendungsbereich in der Abschätzung der *Ausprägung komplexer Zustandsobjekte* (z.B. Bilder) liegt. Zeitlich-dynamische Aspekte spielen demgegenüber eine untergeordnete Rolle. Dies steht im Gegensatz zur Simulation von Fertigungssystemen (vgl. z.B. [Hemberger88], [Hübner89]), wo Produkte durch ein System von Anlagen und Puffern verfolgt werden, um Auslastungsraten und mittlere Verweilzeiten zu bestimmen. In diesen Fällen kommen Steuerungstechniken der ereignisdiskreten Simulation [Fishman73] zum Einsatz. Die Behandlung dieser Klasse von Simulationen mit PLAKON würde eine Erweiterung der verwendeten Mechanismen für die Ablaufsteuerung in Simulationsexperimenten und für deren Auswertung erfordern.

Der Einsatz von Simulationen in PLAKON ist damit nicht automatisch auf Konfigurierungsprobleme beschränkt: Bei der Bearbeitung von Planungsproblemen erstellte Aktions- oder Operatorensequenzen können simuliert werden, wenn den Aktionen bzw. Operatoren jeweils Simulationsmethoden zugeordnet werden können, die auf durch gezielt vorgegebene oder durch Beispielgenerierung erzeugte *konkrete* Zustände (als Eingaben) wirken und Zustandsänderungen (als Ausgaben) produzieren. Die simulative Ausführung von Plänen oder Teilplänen im Rahmen von Simulationsexperimenten in PLAKON setzt also voraus, daß die auszuführenden Planschritte und ihre Abfolge als Konstruktionsobjekte ausreichend spezifiziert sind.

Kapitel **11**

FRESKO — Basis-Software für PLAKON

Roman Cunis

11.1 Einleitung

Der vorliegende Beitrag beschreibt die für PLAKON entwickelte Basis-Software. Er konzentriert sich auf deren technische Aspekte und die bereitgestellten Ausdrucksmittel.

PLAKON ist auf der Grundlage eines objekt-orientierten Frame-Systems implementiert, das verwendet wird, um alle system-internen Datenobjekte (wie Regeln, Kontrollinformationen, Constraints, graphische Elemente der Oberfläche usw.) zu repräsentieren. Darüberhinaus wurde in PLAKON ein Formalismus entwickelt, der die konzeptuelle Beschreibung von beliebigen Konstruktionsobjekten (je nach Anwendung also Geräte, Methoden oder Planschritte) in einer sogenannten Begriffshierarchie ermöglicht (s. Kapitel 5).

Herkömmliche Wissensrepräsentationssysteme (wie z.B. KEE, KNOWLEDGE CRAFT) propagieren eine einheitliche Repräsentation von Wissen auf allen Ebenen eines Programmsystems, d.h. interne Kontrollstrukturen der Wissensrepräsentation selbst, Datenstrukturen des Programmsystems und Beschreibungen von Domänenobjekten werden mit demselben Formalismus dargestellt. Im Allgemeinen ist jedoch für die Beschreibung der Domäne eine mächtigere (und daher aufwendigere) Repräsentationsform notwendig, als für die Beschreibung der internen Daten.

Die Entwicklung einer Wissensrepräsentation für PLAKON konzentrierte sich daher auf die folgenden Ziele:

1. Für die Repräsentation der Objekte der Anwendungsdomäne soll eine mächtige Sprache zur Beschreibung von Konzepten und Eigenschaften bereitgestellt werden.
2. Für die effiziente Repräsentation der PLAKON-internen Datenstrukturen soll durch die für (1) gewählte Lösung kein überflüssiger Aufwand entstehen.
3. Das Repräsentationskonzept soll unabhängig von der tatsächlichen Implementation der Datenstrukturen in LISP oder darauf aufsetzenden Entwicklungsumgebungen sein (wie z.B. KEE). Dies wird durch die „virtuelle Verdeckung" der Implementationsebene durch eine homogene Programmieroberfläche erreicht.
4. Das resultierende System soll leicht portabel sein.

Im Folgenden (Abschnitt 11.2) wird eine zweistufige Wissensrepräsentation vorgestellt, die diese Ziele realisiert. Sie unterscheidet zwischen einer Frame-Repräsentations-Ebene für interne Datenstrukturen (Datenwissen) und der sogenannten Begriffshierarchie für die konzeptuelle Darstellung des Domänenwissens.

Abschnitt 11.3 beschreibt die für PLAKON entwickelte Frame-Sprache FRESKO, die als Basiswerkzeug zur Erreichung der oben genannten Ziele dient. Das Konzept der Begriffshierarchie wird in Kapitel 5 erläutert.

Die nachfolgenden Abschnitte gehen auf einige Erweiterungspakete zu FRESKO ein, die sich für die Entwicklung von PLAKON als sehr nützlich erwiesen haben:

- Das Window-Kern-System (s. Abschnitt 11.4) bietet die Basis für eine objektorientierte und leicht portable Gestaltung von Graphik-Oberflächen.
- Das Regel-Kern-System (s. Abschnitt 11.5) stellte in für Frühphase der Entwicklung von PLAKON einen sehr flexiblen, leicht modifizierbaren aber nicht sehr effizienten Mechanismus zur Regelpropagation bereit.
- Das Measures-Paket (s. Abschnitt 11.6) integriert dimensionierte Zahlen in LISP und bietet damit ein für technische Domänen eminent wichtiges Ausdrucksmittel.

11.2 Zweistufige Wissensrepräsentation

Man kann in einem Experten-System zwei Arten von Wissen unterscheiden: Datenwissen und Domänenwissen.

Das *Datenwissen* beschreibt alle Datenstrukturen, die für ein System intern benötigt werden. Diese umfassen spezielle komplexe Datenstrukturen (Frames), wie z.B. Domänen-Konzepte, Constraints, Regeln, Kontrolldaten und graphische Objekte, sowie die vordefinierten, *built-in* Datenstrukturen der LISP-Umgebung.

Das *Domänenwissen* umfaßt in PLAKON alle Objekte, die die Konstruktionsdomäne modellieren, insbesondere also Konstruktionsobjekte, aber natürlich auch primitive (atomare) Objekte, wie z.B. Zahlen, d.h. wiederum die vordefinierten LISP-Objekte. Das Wissen über diese Objekte wird durch Konzepte beschrieben und konkrete Ausprägungen davon werden durch Instanzen repräsentiert. Die dazu benötigten Datenstrukturen 'Konzept' und 'Instanz' sind Objekte des Datenwissens.

In PLAKON werden Datenwissen und Domänenwissen deutlich voneinander getrennt. Das Domänenwissen wird mit den Elementen des Datenwissens modelliert.

11.2.1 Datenwissen und Klassenhierarchie

Das Datenwissen ist in einer Klassenhierarchie strukturiert, die von der verwendeten Frame-Repräsentationssprache FRESKO vordefiniert ist und die die LISP-Datentypen und die Klasse aller Frames umfaßt (Abb. 11.1 oben, für eine vollständige Darstellung siehe Abb. 11.2). In dieser Klassenhierarchie ist unter anderem als zentrale Klasse für komplexe, strukturierte Objekte die Klasse `FRAME-OBJECT` vorgesehen.

Die Hierarchisierung des Datenwissens ermöglicht die Definition von Methoden zu generischen Funktionen, die das Verhalten aller Objekte einer Klasse beschreiben sollen. FRESKO liefert auch den Mechanismus für die Definition und Verwendung generischer Funktionen (s. 11.3.2).

Die PLAKON-Klassenhierarchie ist eine Erweiterung der vordefinierten Klassenhierarchie um systeminterne Datentypen (s. Abb. 11.1 Mitte). Ein Domänen-Schema ist darin ein spezieller Frame, der zur Repräsentation von Objekten der Domänenebene verwendet wird (s. Abb. 11.1 unten).

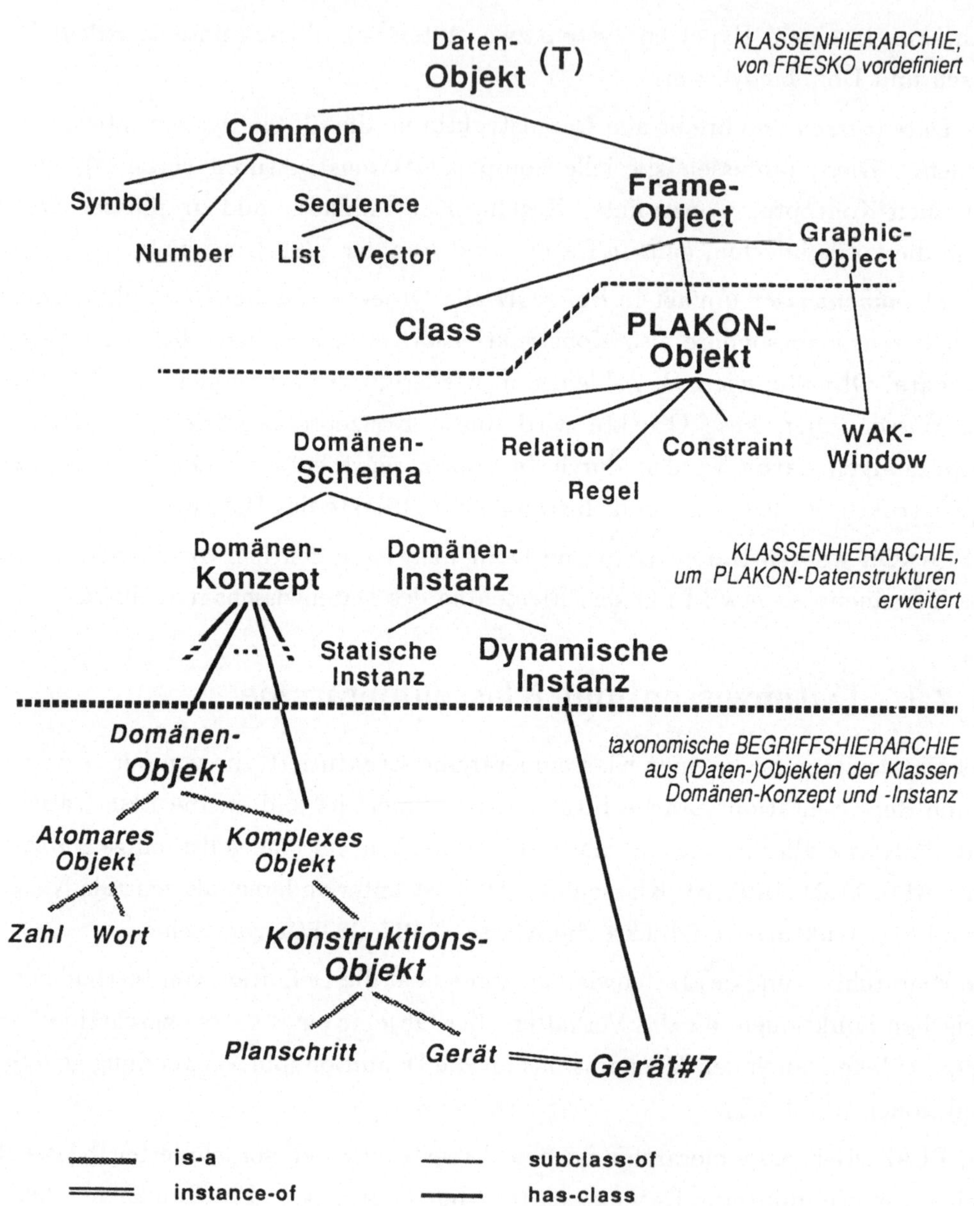

Abb. 11.1: *Zweistufige Wissensrepräsentation*

11.2.2 „Virtuelle Verdeckung“

Die Idee der „virtuellen Verdeckung“ wird dadurch realisiert, daß sich hinter einer einheitlichen Frame-Zugriffssyntax beliebige interne Repräsentationsformen für die Frames der verschiedenen Klassen verbergen können. Diese Einheitlichkeit wird durch die Verwendung von sogenannten *Meta-Klassen* (s. 11.3.1) und generischen Zugriffsfunktionen (s. 11.3.2) gewährleistet, bei denen ein kleiner Satz von allgemeinen Grundfunktionen vor dem Benutzer verdeckt (meta-)klassenabhängige Zugriffsmethoden anstößt.

Auf diese Weise werden zwei Vorteile gewonnen:

- für jede Frameklasse kann anwendungsabhängig die effizienteste Implementation gewählt werden, ohne daß unterschiedliche Zugriffsanweisungen berücksichtigt werden müssen,
- die Repräsentationsform einer Frameklasse kann jederzeit ohne Reprogrammierung der Anwendung geändert werden, so daß z.B. anfangs eine bestehende Framesprache (z.B. KEE) für alle Frameklassen verwendet werden kann, die dann sukzessive durch geeignete Neuimplementationen von Frames ersetzt wird. (Anm.: Diese Vorgehensweise war in der Anfangsphase für PLAKON durchaus vorgesehen, wegen Schwierigkeiten beim Einsatz hochstehender Entwicklungs-Tools wurde jedoch schon bald zu einer direkten Realisierung in FRESKO übergegangen.)

11.2.3 Domänenwissen

In PLAKON wurde ein Formalismus entwickelt, der die konzeptuelle Beschreibung von beliebigen Konstruktionsobjekten (je nach Anwendung also Geräte, Methoden oder Planschritte) in einer sogenannten Begriffshierarchie ermöglicht. Die detaillierte, strenge Konzeptualisierung von Domänenobjekten unterstützt zum einen die schrittweise Spezialisierung von Objekten während des Konstruktionsvorganges und zum anderen die Konsistenzerhaltung in der Wissensbasis während der Wissensakquisition. Der gewählte Formalismus ist hinreichend ausdrucksstark, um die notwendige Detailtiefe in technischen Umgebungen modellieren zu können.

Die Konzepte der taxonomischen Begriffshierarchie und deren Instanzen in der dynamischen Datenbasis werden als Datenobjekte der Klassen `KONZEPT` und `INSTANZ` realisiert (s. Abb. 11.1 unten). Die besondere Eigenschaft von diesen als Domänen-Schemata bezeichneten Frames ist, daß sie eine variable Anzahl von Slots haben können und dynamische Vererbung unterstützen. Mithilfe variabler Slots können den durch die Klasse `KONZEPT` definierten internen Slots für Konzepte beliebig Eigenschafts-Slots für das beschriebene Domänenobjekt hinzugefügt werden. Die Beziehungen '*is-a*' und '*instance-of*' werden in den Objekten der Art `KONZEPT` bzw. `INSTANZ` explizit modelliert. Die dynamische Vererbung entlang der *Is-a*-Kante erlaubt die Übernahme von Eigenschaften aus Oberkonzepten, ohne daß diese vervielfältigt werden müssen.

Das in Abb. 11.1 gezeigte Beispielobjekt `Gerät#7` ist demnach in der Domänenebene eine (Domänen-)Instanz des (Domänen-)Konzeptes `GERÄT`, die es darstellende Datenstruktur ist jedoch (Daten-)Instanz der Klasse `Domänen-INSTANZ`.

11.3 FRESKO — eine Kurzbeschreibung

Das Frame-Repräsentationskonzept FRESKO deckt sich in seinen wesentlichen Zügen mit CLOS [Bobrow88] (bzw. dem diesen zugrundeliegenden COMMONLOOPS, wie es 1985 von Bobrow und Kahn vorgeschlagen worden ist [Bobrow85]). FRESKO ist vollständig in COMMONLISP implementiert. Die Version 2.0 liegt in drei Varianten vor für

- VAX-LISP (Version 2.2) auf VAX und MicroVAX,
- LUCID LISP (bis Version 3.0) auf Apollo Domain (Sicomp WS30), Sun Workstation und MicroVAX,
- ALLEGRO CL auf MacIntosh II.

Die folgenden Abschnitte geben einen kurzen Überblick über den Leistungsumfang von FRESKO. Abschließend (s. 11.7) werden die wesentlichen Unterschiede zwischen FRESKO und CLOS diskutiert. (Für eine vollständige Dokumentation von FRESKO siehe [Cunis89b].)

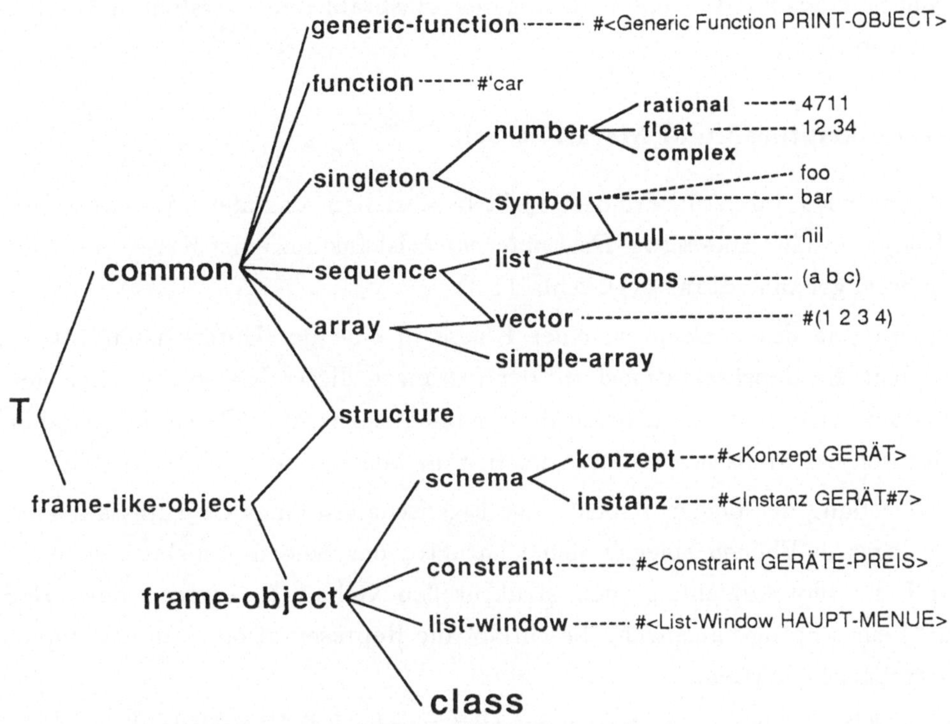

Abb. 11.2: FRESKO-*Klassenhierarchie (Ausschnitt)*

11.3.1 Objekte und Klassen

Jedes Datenelement wird als *Objekt* aufgefaßt. Jedes Objekt gehört einer *Klasse* an. Die Klasse beschreibt die gemeinsamen Eigenschaften aller ihrer Objekte. Die Objektklassen bilden eine *Klassenhierarchie* (siehe Abb. 11.2). Entlang dieser Hierarchie werden Eigenschaften von Klassen vererbt.

Neben den COMMONLISP-Datentypen stellt FRESKO als komplexe Objekte *Frames* zur Verfügung. Ein Frame ist eine Struktur, die beliebig viele Slots enthält. Jeder Slot hat einen Bezeichner, einen Wert und eine Reihe von Facetten, die wiederum aus Bezeichner und Wert bestehen. Für ein Frame-Objekt legt die Klasse des Frames seine Slots, ggf. mit Facetten und Wertevorbelegungen, fest. Die Klasse stellt damit so etwas wie einen „generischen Frame“ dar.

Die interne Repräsentation von Frames kann je nach Bedarf unterschiedlicher Klassen variieren: So können z.B. Property-Listen oder Hashtables zur Darstellung von Frames verwendet werden.

Klassendeskriptoren und Meta-Klassen

Jede Klasse wird durch ein Frame-Objekt beschrieben, das alle Informationen über diese Klasse enthält. Dieses sog. *Deskriptorobjekt* ist Instanz einer Klasse von *Klassendeskriptoren*, genannt `class` (vgl. Abb. 11.3).

Die Einordnung des Deskriptors einer Klasse in eine der Unterklassen von `class` legt implizit die Repräsentationsform der Instanzen dieser Klasse fest. Bezogen auf eine Instanz wird dann die „Klasse ihrer Klasse" (bzw. die Klasse des zugehörigen Deskriptorobjektes) als *Meta-Klasse* der Instanz bezeichnet.

Diese Verteilung der beiden Aspekte der Eigenschaften eines Objektes auf zwei getrennte logische Ebenen spiegelt den Charakter der beiden Aspekte wieder, denn während die Slot-Aufzählung den strukturellen Gehalt (sozusagen das „Record-Layout") eines Frames ausmacht, beschreibt die Repräsentationsform das implementationstechnische Wissen.

Die Meta-Klasse kann auch dazu verwendet werden, die Zugriffsfunktionalität auf einen Frame über das Aufsuchen eines Slots in einer Datenstruktur hinaus zu erweitern. Beispiele dafür sind das Überprüfen von Zugriffsberechtigungen, das Ausgeben einer Trace-Meldung oder das Anstoßen von Dämonen. Ist diese zusätzliche Funktionalität unabhängig von der tatsächlich verwendeten Repräsentationsform, so nennt man die entsprechende Meta-Klasse eine *funktionale Meta-Klasse.* Durch Kombination von Repräsentations- und funktionalen Meta-Klassen bzw. ihren Methoden kann das Verhalten eines Frame-Objektes als Frame gesteuert und sogar noch nachträglich, ggf. nur *zeitweilig*, verändert werden — unabhängig von seiner logischen Zuordnung zu einer Klasse. (Anmerkung: Mit dieser Fähigkeit öffnen sich in FRESKO Möglichkeiten zur eleganten Integration unterschiedlicher Objekt-Verhaltensweisen, die erstmalig unter dem Stichwort *Computational Reflection* in P. Maes' 3-KRS [Maes87] in objekt-orientierte Systeme eingeführt wurden. Eine ausführliche Diskussion über die „Fähigkeiten zur Reflektion" in FRESKO findet sich in [Cunis90].)

Die Klasse `class` ist in Abhängigkeit der möglichen Repräsentationsformen für Objekte in folgende Unterklassen aufgeteilt (s. Abb. 11.3):

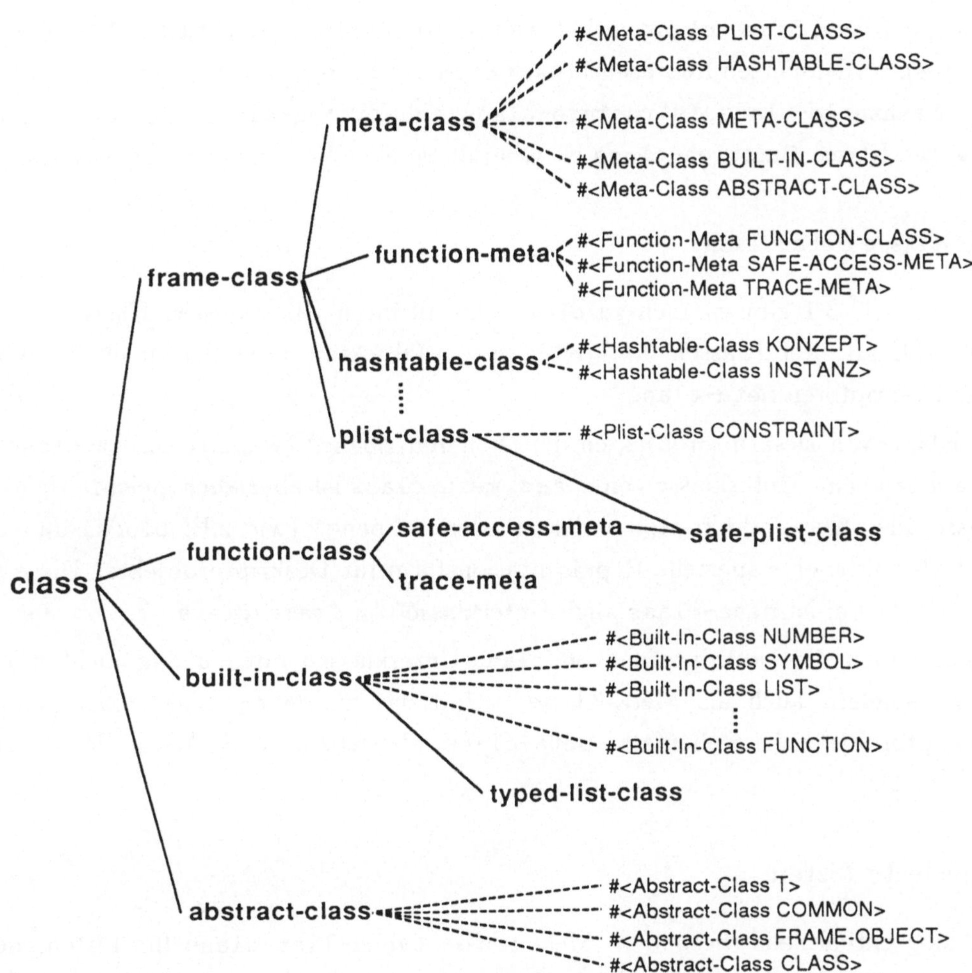

Abb. 11.3: *Unterklassen und Objekte der Klasse* `class`

- Die Klasse `built-in-class` enthält alle Deskriptoren für die vordefinierten COMMONLISP-Typen (wie z.B. `symbol`, `number` usw.).
- Die Klasse `abstract-class` enthält Deskriptoren für abstrakte Klassen, d.h. Klassen, die primär der Gliederung der Hierarchie dienen und die keine eigenen Instanzen haben können (wie z.B. `t`, `frame-object`).
- Die Klasse `frame-class` enthält Deskriptoren für Frame-Objekte. Sie ist gemäß den vordefinierten Repräsentationsformen für Frames unterteilt in `plist-class`, `hashtable-class`, `fstructure-class`, `inheriting-class` und `meta-class`.
- Die Klasse `function-class` ist Oberklasse aller funktionalen Meta-Klassen.

Die Klasse `meta-class`

Analog zu 11.3.1 gibt es auch zu `class` und all ihren Unterklassen Klassendeskriptoren. Da all diese Klassen Meta-Klassen von Objekten darstellen, heißt die Klasse ihrer Deskriptoren `meta-class`.

Als Klasse von Deskriptorobjekten der „höheren Ebene" (wie z.B. `plist-class`) ist `meta-class` eine Unterklasse von `class`. `meta-class` ist aber auch gleichzeitig Meta-Klasse aller Klassendeskriptoren der „niederen Ebene" (wie z.B. `block`) und definiert als solche eine spezielle Repräsentationsform für Deskriptorobjekte. Diese sind Frames, darum ist `meta-class` auch Unterklasse von `frame-class`.

Damit haben die Deskriptoren von `class`-Unterklassen `meta-class` nicht nur als Klasse sondern auch als Meta-Klasse. Und das zu `meta-class` selbst gehörige Deskriptorobjekt hat ebenfalls `meta-class` als Klasse und Meta-Klasse (siehe Abb. 11.4).

Typisierte Listen

FRESKO enthält eine besondere Meta-Klasse `typed-list-class` für Listen, deren erstes Symbol die „Klasse" der Liste beschreibt, und die ansonsten als normale LISP-Listen eingegeben und behandelt werden. So hat z.B. `(:one-of a b c)` die Klasse `:one-of`.

Diese sog. *typisierten Listen* sind also normale Listen mit der Besonderheit, daß sie eine Klasse (nicht nur `list`) haben und daher z.B. Methoden für sie definiert werden können. Jede Listenstruktur, die als erstes Element den Namen einer Klasse von typisierten Listen enthält, wird als Objekt dieser Klasse erkannt. Die Definition einer

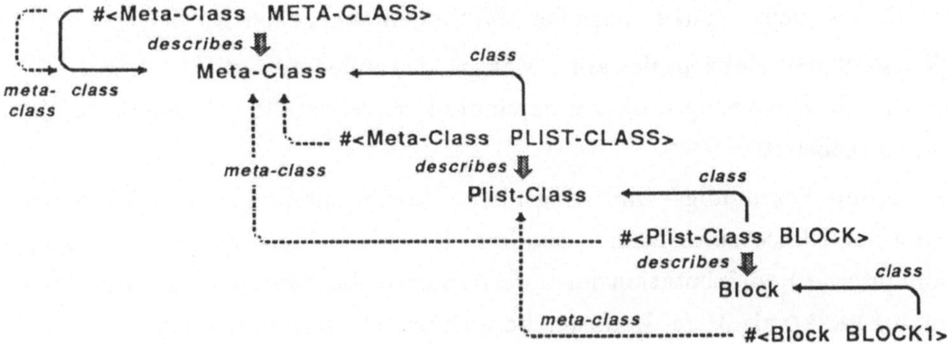

Abb. 11.4: *Klassen und Meta-Klassen*

Klasse von typisierten Listen beinhaltet zusätzlich, daß zu dem verwendeten Keyword ein *Konstruktor* definiert wird. Dieser kann wahlweise eine *listenkonstruierende Funktion* sein oder ein Makro, das bewirkt, daß die typisierte Liste *zu sich selbst evaluiert* wird. Damit sind typisierte Listen besonders geeignet, um spezielle Datentypen, wie z.B. Intervalle oder Mengen, einzuführen.

11.3.2 Generische Funktionen und Methoden

Generische Funktionen bieten die Möglichkeit, auf elegante, leicht verständliche und leicht zu modifizierende und zu erweiternde Weise hinter problem- bzw. aufgabenspezifischen Funktionsaufrufen unterschiedliche Vorgehensweisen für unterschiedliche Objekte zu verbergen.

Unter generischen Funktionen werden demnach Funktionen verstanden, die unterschiedliche Prozedurrümpfe, die *Methoden*, in Abhängigkeit von der Klasse ihrer Parameter ausführen. Zu einer generischen Funktion können beliebige Methoden definiert werden, bei denen jeweils die Klassen ihrer Argumente als *Diskriminatoren* angegeben werden. Erfolgt später der Aufruf einer so beschriebenen Funktion, so wird die speziellste Methode ausgewählt, deren Diskriminatoren den Argumenten des Aufrufs entsprechen. Die Diskrimination kann dabei über beliebig viele Argumente erfolgen.

Auf diese Weise ergibt sich auch eine implizite *Methodenvererbung*. Ist zu einer generischen Funktion eine Methode für Objekte einer Klasse K definiert, so wird diese

Methode automatisch auch auf alle Objekte derjenigen Unterklassen K_i von K angewendet, für die nicht explizit speziellere Methoden angegeben wurden.

Das COMMONLISP-Konzept des **setf**-Makros, das zu jeder Zugriffsfunktion in die korrespondierende Zuweisungsfunktion expandiert, ist ebenfalls für generische Zugriffsfunktionen realisiert.

Die den Frame-Erzeugungs- und -Zugriffsfunktionen entsprechenden Methoden sind nicht von der Klasse eines Frames sondern von seiner Meta-Klasse abhängig, da ja diese die interne Repräsentationsform des Objektes beschreibt. Derartige Methoden werden in FRESKO als *Meta-Methoden* bezeichnet. Die zugehörigen generischen Funktionen werden über die Meta-Klasse eines Objektes diskriminiert.

Ein Objekt, das eine generische Funktion repräsentiert, enthält alle Informationen über deren Methoden. Der Funktionscode, der an das Namenssymbol der generischen Funktion gebunden ist, enthält die Anweisungen für die Methodenselektion.

Methoden-Kombination

Oft werden Methoden für Objekte spezieller Klassen mit der Intention formuliert, die für die zugehörigen Oberklassen definierten Methoden in ihrer Funktionalität zu erweitern anstatt sie zu überlagern. Man will dabei die bereits beschriebenen Methoden der Oberklasse in die neudefinierten Methoden mit einbeziehen.

In objekt-orientierten Systemen werden meistens mehrere Arten der *Methodenkombination* unterstützt. Diese werden nach dem Zeitpunkt der Ausführung des spezielleren Codes unterschieden:

- *Primäre* Methoden führen keine allgemeineren Operationen zusätzlich aus, sie bilden sozusagen die Grundmethode für eine Klasse von Objekten.
- *Before*-Methoden führen ihren Code *vor* dem der allgemeineren Klasse aus, dies ist z.B. bei löschenden Methoden sinnvoll, bei denen für das speziellere Objekt zusätzliche „Aufräumaktionen" notwendig werden.
- *After*-Methoden führen ihren Code *nach* dem der allgemeineren Klasse aus, dies ist z.B. nach initialisierenden Methoden sinnvoll, bei denen für das speziellere Objekt weitergehende Aktionen ausgeführt werden müssen.
- *Around*-Methoden (auch *Wrapper* genannt) führen ihren Code „um den der allgemeineren Klasse herum" aus, d.h. ein Aufruf (oder auch mehrere Aufrufe) an die allgemeinere Methode wird explizit in den Code der spezielleren eingebettet.

Die Reihenfolge der aufgerufenen Methoden orientiert sich an den Oberklassen der diskriminierenden Argumente. Damit verhält sich die Methodenvererbung genauso wie die Wertevererbung bei der Klassendefinition.

11.4 Das FRESKO-Window-Kernsystem

Das FRESKO-Window-Kernsystem (WKS) ist ein Basissystem zum Aufbau von LISP-system-unabhängigen graphischen Oberflächen. Es enthält Klassen und Funktionen, um graphische Objekte wie Fenster oder Ikonen an einem graphikfähigen Bildschirm darzustellen und zu manipulieren. Die graphischen Objekte sind maus-sensitiv, d.h. daß spezifische Aktionen, definiert für Klassen von graphischen Objekten oder auch für einzelne Instanzen davon, durch Maus-Klicks hervorgerufen werden können.

Das WKS ist vollständig auf der Basis eines *Window Interface Package* (WIP) implementiert, das seinerseits die Schnittstelle zu den unterschiedlichen Window-Paketen der zugrundeliegenden COMMONLISP-Implementationen darstellt. (Bei einer Anpassung von FRESKO auf eine spezielle COMMONLISP-Implementation muß daher nur dieses WIP, nicht aber das WKS, neu geschrieben werden.) Für alle in Abschnitt 11.3 genannten LISP-Systeme bzw. deren Window-Systeme liegen Anpassungen vor.

Die Beschreibung eines graphischen Objektes erfolgt weitgehend deklarativ durch Erzeugung von Frames der im WKS vordefinierten Klassen. Bei der Verwendung dieser Klassen ist die Kenntnis des WIP und seiner Funktionalität nicht notwendig. Dessen Funktionen können allerdings verwendet werden, um neue, anwendungsspezifische Klassen von graphischen Objekten und ihre Methoden zu definieren.

Das WKS stellt die folgenden Arten von graphischen Objekten zur Verfügung (die Klassenhierarchie aller vordefinierten graphischen Objekte zeigt Abb. 11.5):

- *Windows* können interaktiv manipuliert (geschlossen, vergrößert, verschoben usw.) werden. Sie können eine Überschrift tragen.
- *Text-Windows* definieren einen Ausschnitt des Windows als *Screen*, auf dem die Ausgabe über Text-Koordinaten anstelle von Pixel-Koordinaten gesteuert wird.
- *List-Windows* ermöglichen die Darstellung beliebiger Listen so, daß jedes Element in einer Zeile angezeigt wird und einzeln mit der Maus angeklickt werden kann.

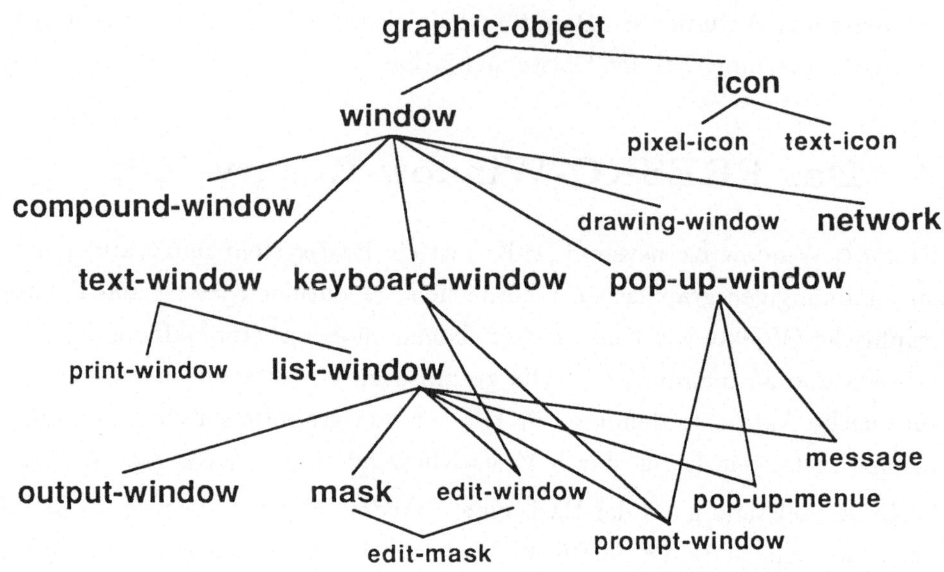

Abb. 11.5: *Klassenhierarchie für graphische Objekte*

- *Masks* bieten Masken zum Darstellen und Editieren von Frames oder frameartigen Strukturen.
- *Pop-Up-Windows* können kurzzeitig für Anfragen an den Benutzer (Auswahl von Optionen) und zur Ausgabe kurzer Meldungen aktiviert werden.
- *Networks* sind spezielle Fenster, in denen beliebige Netzwerke von Objekten dargestellt werden können. Der verwendete Algorithmus zur Bestimmung des Netz-Layouts basiert auf dem ISI-Grapher-Algorithmus von [Robins87].
- *Icons* sind starre graphische Objekte (d.h. nicht manipulierbar), die verwendet werden, um Funktionen durch Maus-Klicks anzustoßen. Sie können entweder ein Bildsymbol oder einen Text enthalten.
- *Compound Windows* fassen mehrere Windows zu einem einzigen Window zusammen. Das *Compound Window* verhält sich am Bildschirm wie *ein* Window, seine Komponenten haben jedoch unabhängig voneinander ihr eigenes Ausgabe- und Klick-Verhalten.

Darüberhinaus stellt FRESKO den sogenannten WKS-Browser zur Verfügung. Dies ist ein Paket von Funktionen, die mit den Mitteln des WKS das Anzeigen und Editieren beliebiger Frame-Objekte und das Darstellen von Netzwerken aus Frame-Objekten besonders unterstützen.

Jedes graphische Objekt (kurz: *GrOb*) im WKS ist sensitiv für *asynchrone Ereignisse.* Asynchrone Ereignisse sind vor allem Maus-Klicks einer Drei-Knopf-Maus. Aber auch durch Zeicheneingabe über Tastatur können asynchron Aktionen angestoßen werden. Erfolgt an einem GrOb ein asynchrones Ereignis wird eine vordefinierte, generische „Klick-Funktion“ mit dem GrOb und einer Beschreibung des Ereignisses aufgerufen. Für alle im WKS vordefinierten speziellen GrOb-Klassen sind Klick-Methoden für den Links-Klick eingerichtet. Durch Methodenkombination oder -redefinition kann das Klick-Verhalten für neudefinierte GrOb-Klassen leicht beliebig erweitert oder überlagert werden.

11.5 Das FRESKO-Regel-Kernsystem

Das FRESKO-Regel-Kernsystem (RKS) bietet einen Regel- und Match-Mechanismus, der in der Lage ist, Matches zwischen beliebigen Datenobjekten durchzuführen und unterschiedliche Arten von Aktionen auszuführen.

Der Mechanismus ist in der Lage, beliebige Objekte in *Data-Sets* zu verwalten, auf diese über Pattern zuzugreifen und beliebige Objekte wiederum als Pattern zu verwenden. Es können Regeln formuliert und ausgewertet werden, die sich auf die Objekte in einem Data-Set beziehen. Diese Regeln werden in Regelmengen zusammengefaßt. Die Regelinstanziierung und -auswertung erfolgt wahlweise datengetrieben oder regelgetrieben.

Das RKS hat sich als sehr praktisch bei der schnellen Entwicklung eines Systems erwiesen, weil alle zentralen Operationen (wie z.B. Pattern-Matching, Regel-Ausführung) über generische Funktionen ablaufen und weil dadurch das Regelsystem leicht an die Anforderungen eines konkreten Systems angepaßt werden kann. Gerade *wegen* der generischen Funktionen an allen entscheidenden — und häufig aufgerufenen — Stellen ist das RKS leider auch sehr langsam — zu langsam, um im fertigen System eingesetzt werden zu können. Aus diesem Grunde wird das RKS in FRESKO heute als Überbleibsel aus der Frühversion angesehen und nicht weiter unterstützt. In der vorliegenden Kurzbeschreibung wird darauf nicht weiter eingegangen.

Für PLAKON wurde das RKS durch einen auf dem Rete-Algorithmus [Forgy79] basierenden Regelmechanismus ersetzt, der den Anforderungen des Konstruktionsablaufes angepaßt ist und somit optimale Ausführungszeiten ermöglicht.

11.6 Behandlung von Maßeinheiten

In technischen Domänen stellt die Möglichkeit zur Verwendung von Maßeinheiten bzw. dimensionierten Zahlen bei der Beschreibung technischer Parameter eine große Erleichterung dar. Aus diesem Grunde sollten Maßeinheiten in den Beschreibungsformalismus von PLAKON integriert werden. Im folgenden wird ein Ansatz beschrieben, der diese Integration „tief", d.h. auf LISP- bzw. FRESKO-Ebene, und objektorientiert, d.h. ohne Umweg über z.B. spezielle Facetten in Konzeptdefinitionen, realisiert.

Das *Measures-Package* erweitert FRESKO um die Möglichkeit, *dimensionierte Zahlen*, d.h. Zahlen mit Maßangaben, wie normale Zahlen zu behandeln und mit ihnen zu rechnen. Z.B.:

```
(dim+ 12m 34cm) ⇒ 12.34m
(dim* 3m 3m) ⇒ 9qm
```

Dazu werden die Funktionen angeboten, um Maßeinheiten und die Beziehungen zwischen ihnen zu definieren, Zahlen mit Maßeinheiten zu repräsentieren und einzulesen und Ausgabeformate für definierte Größen zu beschreiben.

11.6.1 Maßeinheiten

Zu jeder *Größe*, wie z.B. Länge, Fläche, Zeit usw., wird zuerst eine *Basis-Einheit* definiert, zu der dann relativ weitere Einheiten angegeben werden können. Größen können aus anderen Größen *abgeleitet* werden, z.B. Fläche aus Länge. Die so entstehenden Zusammenhänge werden beim Rechnen mit dimensionierten Zahlen berücksichtigt. Nicht abgeleitete Größen werden als *primitive* Größen bezeichnet.

Es werden Frame-Objekte der Klasse `measure` mit den Namen der Größen angelegt. Nach typischen Definitionen von Maßeinheiten für zum Beispiel `length` würde solch ein Objekt so aussehen:

```
{{#<Measure LENGTH>:
    Base-Unit:  |m|
    Units:   (|mm| |cm| |km|)
    Scale:   ((|mm| 1/1000) (|cm| 1/100) (|km| 1000))
    Primitive:  T    }}
```

Sind die Einheiten definiert, können dimensionierte Zahlen eingegeben werden, indem die Einheit unmittelbar an die Zahl angehängt wird, dabei sind alle gültigen Zahldarstellungen von COMMONLISP erlaubt:

```
12.5m  2E-2s  1/2km/h  -10.02V
```

Die LISP-Readtable wird derart verändert, daß diese Darstellungen korrekt gelesen werden. Dazu wird ein spezielles Read-Makro an alle Ziffern und die Vorzeichen gebunden.

Die dimensionierten Zahlen selbst werden als typisierte Listen (s. 11.3.1) realisiert, zu der eine geeignete Print-Methode definiert ist, die für die korrekte Ausgabe sorgt. Damit gilt: `12.5m` ≡ `(:dim-number 12.5 |m|)`.

Diese Klasse ist als „zu sich selbst evaluierend" deklariert, so daß sich die dimensionierten Zahlen auch in dieser Hinsicht wie normale Zahlen verhalten.

11.6.2 Funktionen für dimensionierte Zahlen

Analog zu den bekannten COMMONLISP-Funktionen sind für dimensionierte Zahlen arithmetische Operationen definiert. Alle diese Funktionen verarbeiten auch absolute Zahlen korrekt.

Nach Multiplikation bzw. Division von dimensionierten Zahlen entstehen Resultate, in denen die resultierende Kombination von Einheiten als Liste (quasi als Produkt) geführt werden. Die *Vereinfachung* dieser Liste zu einer einzigen Einheit gemäß den durch die Definition abgeleiteter Größen bekannten Umrechnungsvorschriften ist nicht ganz unaufwendig. Daher ist es insbesondere bei stark verschachtelten Operationen sinnvoll, deren Zeitpunkt soweit wie möglich hinauszuzögern.

Vereinfachung kann zu den folgenden Zeitpunkten stattfinden:

- Immer bei Ausführung einer additiven oder vergleichenden Operation, da dazu alle Argumente „auf eine Einheit" gebracht werden müssen.
- Explizit durch Aufruf einer geeigneten Funktion.
- Optional sofort nach Ausführung einer multiplikativen Operation.
- Optional im Moment der Ausgabe.

11.6.3 Ausgabeformatierung

Für jede Größe kann explizit ein *Ausgabeformat* definiert werden. Dies gibt an, mit welcher Maßeinheit alle Werte einer Größe ausgegeben werden sollen. Am Beispiel „17.42h":

- unverändert: `17.42h`
- mit vorgegebener Einheit (|min|): `1045.2min`
- mit der Basiseinheit: `62712s`
- schrittweise mit ganzen Zahlen: `17h:25min:12s`
- „wie es am besten aussieht:" `0.726days`
  d.h., mit möglichst wenig Stellen vor bzw. wenig Nullen nach dem Komma

11.7 Noch ein neues Objekt-System? FRESKO vs. CLOS

Die Entscheidung, für PLAKON ein eigenes, neues Objektsystem zu entwickeln, obwohl sich mit CLOS bereits ein Standard dafür abzeichnete, fiel nicht leicht — insbesondere in Hinsicht auf den zusätzlichen Zeitaufwand. Aber im Frühjahr 1987 zu Beginn der Implementationsarbeiten an PLAKON gab es CLOS nur auf dem Papier ([Bobrow88], frühere Version). Ein COMMONLISP, das CLOS voll integriert enthielt, wurde noch nicht angeboten (ein Zustand, der sich erst zur Zeit (Frühjahr 1990) langsam ändert). Einzig verfügbar war eine Version von PCL (*Portable Common Loops*, einem portierbaren, in COMMONLISP geschriebenen Vorläufer von CLOS), die in ihrem Leistungsumfang nicht ausreichend und schwer zu modifizieren war. Insbesondere gab es zu diesem Zeitpunkt auch noch keinen Standard für die Definition neuer Meta-Klassen und damit für die Verwendung unterschiedlicher Repräsentationsformen für Frames — eine Eigenschaft, die in PLAKON voll genutzt werden sollte (s. 11.2.2).

Bei der Entwicklung von FRESKO wurde sehr darauf geachtet, daß FRESKO auch mit einem in COMMONLISP voll integrierten und gemäß dem endgültigen Standard leistungsfähigen CLOS reimplementiert werden kann — diese Arbeit steht jedoch noch aus.

Im folgenden werden kurz die wesentlichen Unterschiede zwischen FRESKO und CLOS aufgezählt:

- Folgende Besonderheiten von FRESKO sind in CLOS nicht vorhanden:
  - Frame-Repräsentationsformen, die dynamisch um beliebige Slots erweitert werden können (In PLAKON benötigt, um die Begriffshierarchie aus Frame-Objekten aufbauen zu können, s. 11.2.3.)
  - Facetten an Slots (Vorwiegend in der Begriffshierarchie zum Eintragen zusätzlicher Kontrollinformationen an Eigenschafts-Slots verwendet.)
  - Einsatz wirklich *beliebiger* Datenstrukturen als Träger von Frame-Objekten. Insbesondere können auch von dem „Wirts-LISP" angebotene Objektstrukturen verwendet und somit darauf aufbauende spezielle Erweiterungen (wie z.B. Graphik-Browser, Matchmechanismen) mitgenutzt werden. (Eingesetzt zur effektiven Repräsentationen von Objekten für unterschiedliche Aufgaben.)
  - Frei kombinierbare *funktionale* Meta-Klassen, die bei Bedarf auch einzelnen Objekten *zeitweilig* hinzugefügt werden können. (Ohne diese Fähigkeit wäre die elegante Integration unterschiedlicher TMS-Mechanismen in die Repräsentation von Domäneninstanzen unmöglich gewesen; vgl. Kapitel 4, Kapitel 8.)
  - Meta-Methoden bzw. generische Funktionen, die über die Meta-Klassen ihrer Argumente diskriminiert werden.
  - Typisierte Listen. (Vor allem genutzt zur Repräsentation von sogenannten Objektdeskriptoren, wie Mengen, Intervalle, dimensionierte Zahlen.)

- Eigenschaften von CLOS, die in FRESKO (noch) nicht enthalten sind:
  - Methodenselektion zur Compilierungszeit.
  - Zugriffsoptimierung über Meta-Klassen.
  - Direkte Zugriffsfunktionen auf Objekte.
  - Aktualisierung von existierenden Objekten nach Änderung einer Klassendefinition.

- „Tiefe“ Integration in das Wirts-COMMONLISP. (Dieser Punkt ist für FRESKO natürlich nie zu erreichen!)

Insgesamt hat sich die Verwendung von FRESKO für PLAKON als sehr nützlich erwiesen, da viele „Sonderwünsche“ leicht integriert werden konnten. Die Verwendung von CLOS würde sicherlich zu besseren Laufzeiten führen (allein schon wegen der „tiefen“ Integration). Dazu muß jedoch erst eine auf CLOS basierende Reimplementation von FRESKO geschaffen werden, da dessen besondere Eigenschaften für PLAKON unverzichtbar sind. Der Geschwindigkeitsgewinn von CLOS, der in der Methodenselektion zur Compilierungszeit und in der Zugriffsoptimierung enthalten ist, könnte in keinem Falle genutzt werden, da diese Eigenschaften von Meta-Klassen mit den dynamischen Erweiterungsmöglichkeiten in FRESKO nicht zu vereinbaren sind.

Kapitel **12**

XRAY — Konfigurierung automatischer Röntgenprüfsysteme

Helmut Strecker, Kai Pfitzner

12.1 Einleitung

Die Röntgenprüfung mit automatischer Bildanalyse (automatische Röntgenprüfung) befindet sich derzeit noch überwiegend im Status prototypischer Erprobungen. Die in den letzten Jahren erzielten Fortschritte im Bereich der Bildanalyse und der sich deutlich abzeichnende Bedarf an solchen Systemen (Produzentenhaftung) lassen für die Zukunft eine wachsende Nachfrage nach Problemlösungen für unterschiedliche Prüfaufgaben erwarten. Der wichtigste Anwendungsbereich aus heutiger Sicht ist die Prüfung von Leichtmetallgußteilen (z.B. von Rädern) für die Automobilindustrie auf Gasblasen (Lunker), Porositäten oder Einschlüsse von Fremdmaterial [Boerner88].

Bei der Röntgenprojektionsabbildung wird die Schwächung der Röntgenstrahlung ausgenutzt. Ein Prüfling bzw. dessen Materialbereiche werden dabei als ein Schwächungsrelief abgebildet, das aufgrund von Überlagerungseffekten in der Regel schwierig zu interpretieren ist. Um die jeweilige Prüfvorschrift zur automatischen Fehlererkennung zu erfüllen, muß die Auslegung des automatischen Röntgenprüfsystems dediziert für die jeweilige Prüfaufgabe erfolgen. Dies erfordert Expertenwissen in den

*Dieser Beitrag ist eine überarbeitete und aktualisierte Version von [Strecker90]

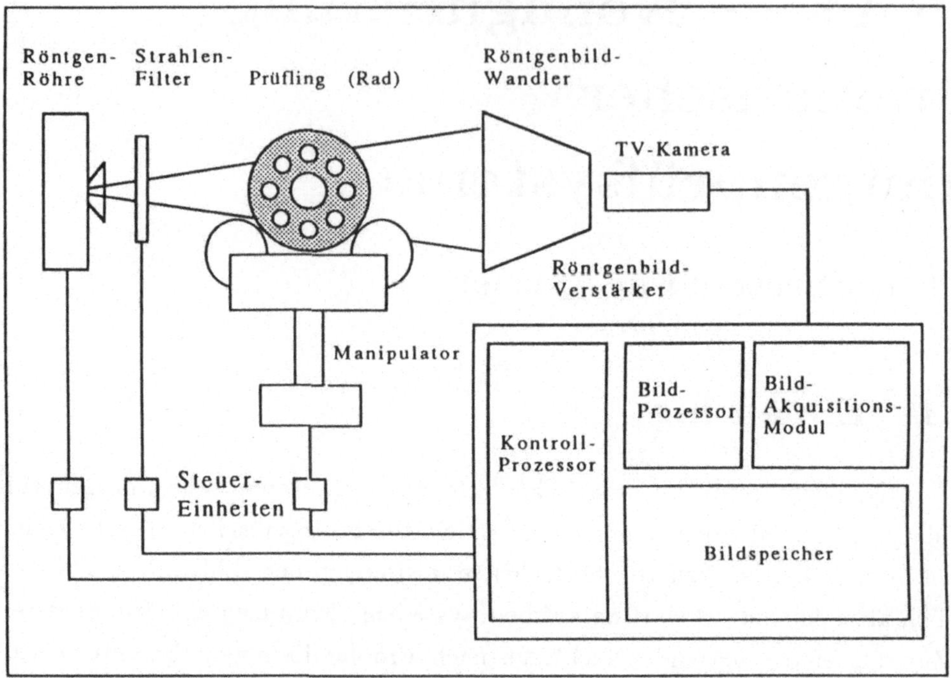

Abb. 12.1: *Übersicht der Komponenten eines automatischen Röntgenprüfsystems*

sehr unterschiedlichen Bereichen Röntgenphysik und Bildanalyse. Der Bedarf für ein Konfigurierungs-Expertensystem ist damit offensichtlich. Dabei ergeben sich im einzelnen die folgenden Anforderungen:

- Interaktive Definition der Prüfaufgabe mit allen erforderlichen Angaben über den Prüfling, die zu findenden Fehler und weitere Randbedingungen wie Prüfzeit und Kosten.
- Selektion, Anordnung und Parametereinstellung der Komponenten des röntgenbildgebenden Systems (z.B. Röntgenröhre, Strahlenfilter, Röntgenbildwandler, Manipulator, vgl. Abbildung 12.1). Zielsetzung ist eine hinreichend scharfe, kontrastreiche und rauscharme Projektionsabbildung der zu detektierenden und zu vermessenden Details. Die Einstellung der Komponenten und die Selektion des Strahlenfilters müssen dabei im allgemeinen für jede gewählte Prüfprojektion separat erfolgen.

- Positionierung des Prüflings im Strahlengang. Diese muß so erfolgen, daß die zu inspizierenden Materialbereiche möglichst überlagerungsarm abgebildet werden. (Diese Aufgabe ist mit der zuvor genannten eng verzahnt).
- Selektion, Anordnung und Parametereinstellung der Operatoren zur automatischen Bildanalyse (Software-Konfigurierung).
- Test konfigurierter Bildanalysesequenzen anhand von Beispielbildern.

Ausgehend von diesen Anforderungen wurde aufbauend auf PLAKON ein prototypisches System für die Konfigurierung automatischer Röntgenprüfsysteme (XRAY) entwickelt.

Die Selektion der Hardware-Komponenten für das Bildanalysesystem wurde dabei als zunächst nachrangig ausgeklammert. Diese Teilaufgabe dürfte jedoch zukünftig an Bedeutung gewinnen, da die zur Bildanalyse verfügbaren Systeme immer modularer und vielfältiger werden (vgl. [Matrox89], [Datacube89]).

Auf die Ansätze zur Realisierung der genannten Anforderungen mit XRAY wird im folgenden eingegangen. Es wird eine Analyse der typischen Schwierigkeiten vorangestellt, die bei der automatischen Analyse von Röntgenbildern, speziell von Gußteilen, anzutreffen sind.

12.2 Schwierigkeiten bei der automatischen Röntgenprüfung und daraus ableitbare Anforderungen

Die besonderen Schwierigkeiten bei der automatischen Röntgenprüfung lassen sich am Abhängigkeitsdreieck *Prüfaufgabe—röntgenbildgebendes System—Bildanalysesystem* erläutern (Abbildung 12.2). Die bestimmenden Eingangsgrößen für das röntgenbildgebende System sind der Prüfling mit seiner räumlichen Materialverteilung und die gemäß Prüfvorschrift zu detektierenden Fehler. Die Ausgangsgröße ist für jede der erforderlichen Prüfpositionen ein Röntgenbild, das die Schnittstelle zu dem Bildanalysesystem darstellt. Die Auslegung des Bildanalysesystems ist daher abhängig von den Eigenschaften des Röntgenbildes; diese wiederum sind jedoch eine komplizierte Funktion der Materialverteilung des Prüflings, seiner Lage und aller Komponenten des röntgenbildgebenden Systems. Ziel eines Konfigurierungsansatzes für ein Gesamtsy-

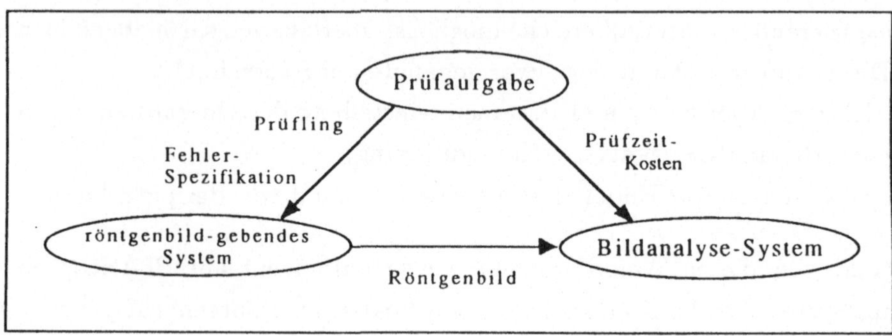

Abb. 12.2: *Abhängigkeitsdreieck*

stem muß es sein, alle für die Auslegung und die Einstellung des Bildanalysesystems relevanten Eigenschaften des Röntgenbildes und sonstigen Randbedingungen aus den bekannten Eigenschaften des Prüflings und den Komponenten des röntgenbildgebenden Systems „abzuleiten“.

12.2.1 Variabilität

Bei dem Röntgenprojektionsbild handelt es sich aus Systemsicht um eine Zustandsvariable, deren „Wertebereich“ durch die Variationsbreite des Prüflings (auch dieser ist eine Zustandsvariable, sonst wäre die Prüfung obsolet) und durch zufällige Variationen im Verhalten der Komponenten des röntgenbildgebenden Systems definiert ist. Ursache für diese Variationen sind vor allem:

- variable Lage, Form und Größe der zu detektierenden Fehler,
- durch die Quantennatur der Röntgenstrahlung und durch die elektronischen Wandlungsprozesse produziertes z.T. helligkeitsabhängiges Bildrauschen,
- mechanische Toleranzen bzw. Formvariationen des Prüflings (Gußteile werden unbearbeitet geprüft),
- Ungenauigkeiten des zur Positionierung des Prüflings verwendeten Manipulators.

Schwierigkeiten mit automatischen Röntgenprüfsystemen sind nicht selten damit verbunden, daß diese zur Variabilität der Röntgenbilder beitragenden Effekte nur unzureichend berücksichtigt werden. Eine Grundanforderung an ein Konfigurierungs-Expertensystem ist daher die explizite Repräsentation, quantitative Erfassung (soweit möglich) und die Berücksichtigung dieser Effekte bei Konfigurierungsentscheidungen.

12.2.2 Kleine „Signale"

Die Signale zu erkennender Fehler sind aufgrund der exponentiellen Schwächung der Röntgenstrahlung vor allem in dicken Materialbereichen häufig sehr niedrig. Grundsätzlich ergibt sich daraus die Anforderung, die Auslegung des röntgenbildgebenden Systems auf eine *Maximierung des Signal-Rausch-Verhältnisses* hin auszurichten.

12.2.3 Aufwendige Erprobungen

Bei den bisherigen Systementwicklungen automatischer Röntgenprüfsysteme erwies sich die Erprobung und statistische Absicherung der Leistungsdaten der Systeme als äußerst zeit- und kostenaufwendig. Es wurde die Erfahrung gemacht, daß Labortests mit einem geringen Stichprobenumfang an Prüflingen und möglichen Fehlertypen nur einen sehr begrenzten Aussagewert besitzen. Häufig wurden die tatsächlichen Randbedingungen, die beim realen Einsatz des Gesamtsystems gültig sind, nur unzureichend berücksichtigt (Beispiel: Positioniertoleranzen des Prüfling-Manipulators und ihr Einfluß auf die Variabilität im Röntgenbild). Aus dieser Erkenntnis resultiert die Forderung, daß *sämtliche* relevanten Einflüsse im Rahmen eines integrierten Entwurfsansatzes repräsentiert und berücksichtigt werden müssen. Eine weitere Forderung besteht darin, daß das Konfigurierungs-Expertensystem den Test eines konfigurierten Systems anhand von repräsentativen, gezielt oder auch zufällig selektierten bzw. generierten Beispielen unterstützen muß.

12.3 Verwendete PLAKON-Mechanismen

Im folgenden sollen die in XRAY verwendeten Konfigurierungsmechanismen von PLAKON kurz aufgeführt werden:

- Konzeptuelle Systembeschreibung mit der Begriffshierarchie-Beschreibungssprache. Alle verfügbaren Konfigurierungsobjekte werden in einer taxonomisch-kompositionell strukturierten *Begriffshierarchie* (vgl. Kapitel 5) mit ihren zulässigen Eigenschaften, Relationen und den zwischen ihnen wirkenden *Constraints* beschrieben. Zur Formulierung von Constraint-Relationen als konzeptuelle Constraints werden überwiegend die von PLAKON bereitgestellten primitiven Constraint-Klassen benutzt (z.B. `Adder`, `Multiplier`, `Greater-Equal`) (vgl. Kapitel 6).

- Der Konfigurierungsvorgang in XRAY verwendet den *Begriffshierarchie-orientierten Kontrollansatz* (vgl. Kapitel 7). Dieser geht von einer initialen Teilkonfiguration partiell instantiierter Konfigurierungsobjekte aus. Dabei werden ein Wurzelknoten der Begriffshierarchie (Standard: Automatisches Röntgenprüfsystem) und beliebige weitere Konfigurierungsobjekte, die aus Sicht des Benutzers der Konfiguration angehören sollen, interaktiv vorgegeben und ggf. beliebig bezüglich ihrer Eigenschaften eingeschränkt oder festgelegt.
- Als Bearbeitungsverfahren zur Festlegung oder Einschränkung von Eigenschaften werden neben *Benutzeranfrage, Default* und *Berechnungsfunktion* vor allem *Constraint-Propagation* und *Simulation* (s. Abschnitte 12.5.4 und 12.5.5) eingesetzt. In XRAY wurde darüberhinaus der Einsatz und die Integration von Bibliothekslösungen als Bearbeitungsverfahren (vgl. Kapitel 9) getestet.
- Zur Lösung von Konflikten im Rahmen von Backtracking werden sowohl domänenunabhängige als auch domänenabhängige *Konfliktlösungsregeln* verwendet. Die Gültigkeitsverwaltung der dynamischen Daten erfolgt im *Modus II* der dynamischen Wissensbasis von PLAKON (vgl. Kapitel 8).

12.4 Definition der Prüfaufgabe

Die Prüfaufgabe umfaßt Angaben zum Prüfling, seinen Materialbereichen und den dort jeweils zu detektierenden kritischen Fehlern. Eine Prüfaufgabe wird in XRAY durch ein komplexes Objekt vordefiniert, das als Teil des zu konfigurierenden Gesamtsystems zu Beginn einer Konfigurierung mittels Anfragen an den Benutzer hinreichend vollständig instantiiert und festgelegt wird (Abbildung 12.3). Dabei werden dem Prüfling als ganzem oder jedem seiner Teile (Materialbereiche) Beschreibungen der jeweils als kritisch zu betrachtenden Fehler über eine spezielle Relation (kritischer Fehler) zugeordnet. Kritische Fehler in Gußteilen sind z.B. Volumenfehler; dabei wird grundsätzlich zwischen Einzelfehlern, die ein bestimmtes Volumen nicht überschreiten dürfen, und Fehlerhaufen unterschieden, die eine Ansammlung kleiner, erst aufgrund ihrer Häufung kritischer Fehler darstellen. (Dieses Kriterium wird z.B. zur Bewertung von Porositäten oder Mikrolunkern herangezogen.) Die Spezifikation einer individuellen Prüfaufgabe erfolgt mit den gleichen PLAKON-Basismechanismen, die auch für die Konfigurierung des eigentlichen Systems verwendet werden. Der Vorgang findet innerhalb einer initialen Phase der Konfigurierung statt, die durch eigens vordefiniertes Kontroll- und Bearbeitungswissen gesteuert wird.

Die Integration der Prüfaufgaben-Spezifikation in den Konfigurierungszyklus bietet zum einen den Vorteil, daß die von PLAKON angebotenen Repräsentations- und Verarbeitungstechniken benutzt werden können, ohne gesonderte Mechanismen bereitstellen zu müssen; zum anderen ergibt sich aus dieser Integration die Möglichkeit, inkonsistente Vorgaben innerhalb der Prüfaufgabe mit den üblichen Backtracking-Mechanismen (vgl. Kapitel 8) zu behandeln.

In Abbildung 12.3 ist die ergänzende Repräsentation von Prüflingen und Fehlern durch Volumenmodelle angedeutet. Volumenmodelle der Prüflinge sind im Zusammenhang mit ihrer Positionierung im Strahlengang von Nutzen. Durch die Verknüpfung von Volumenmodellen für Prüflinge mit Modellen, durch die die Fehler beschrieben werden, können im Rahmen einer Simulation des röntgenbildgebenden Prozesses Beispielbilder für den Test von Bildanalysesequenzen erzeugt werden (vgl. Abschnitt 12.6.5).

12.5 Konfigurierung des röntgenbildgebenden Systems

Die Konfigurierung des röntgenbildgebenden Systems erfolgt auf Grundlage der in Abbildung 12.4 ausschnittsweise gezeigten Begriffshierarchie.

12.5.1 Beschreibung der Gerätekomponenten

Für die konzeptuelle Beschreibung der Objekte mit der Beschreibungssprache BHIBS (vgl. Kapitel 5) wurden sämtliche im Bereich Röntgenprüfung relevanten physikalischen Maßeinheiten und ihre Verknüpfungen vordefiniert, um sie in Verbindung mit den in PLAKON bekannten *Objektdeskriptoren* zur Beschreibung von zulässigen Wertebereichen verwenden zu können. Materialien werden mit ihren physikalischen

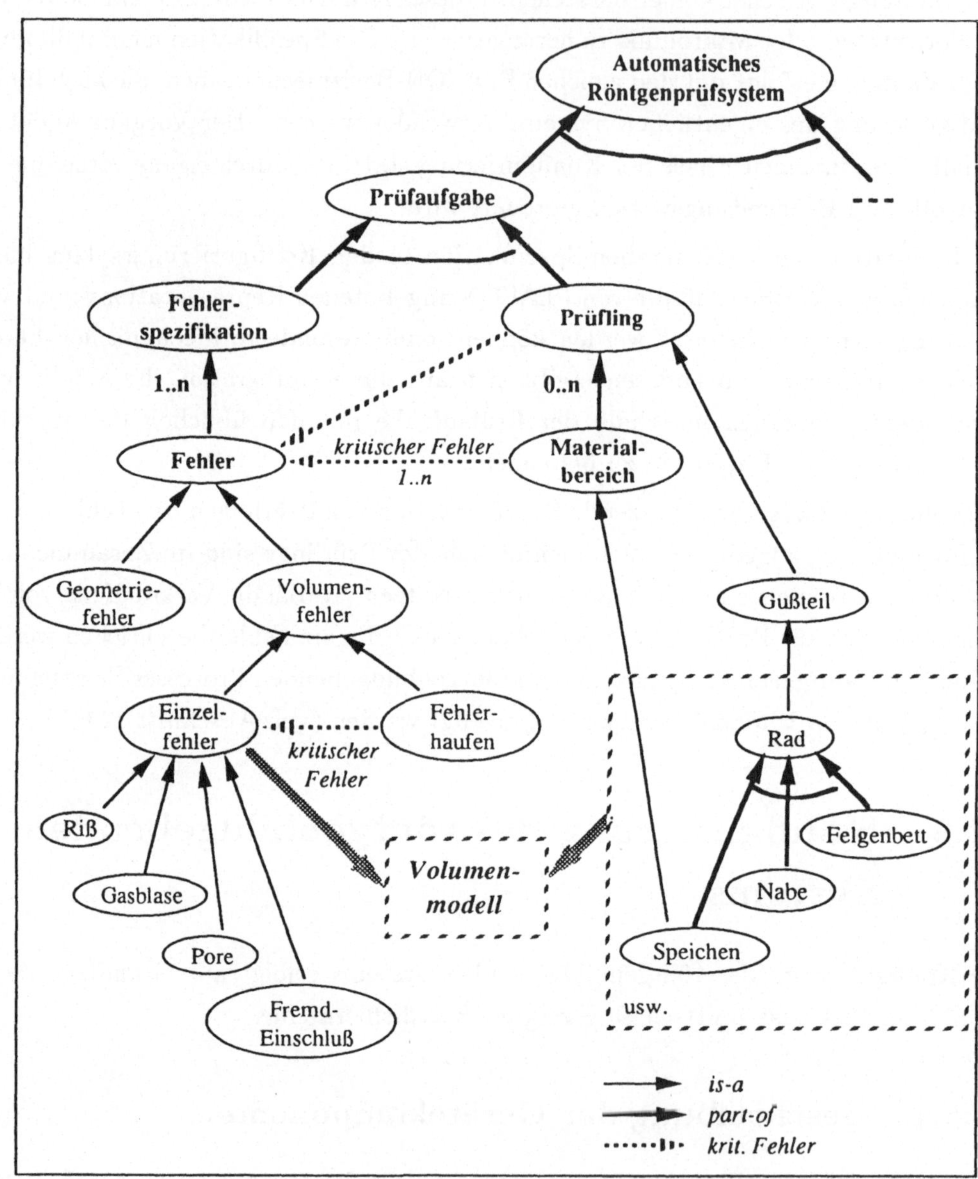

Abb. 12.3: *Repräsentation der Prüfaufgabe*

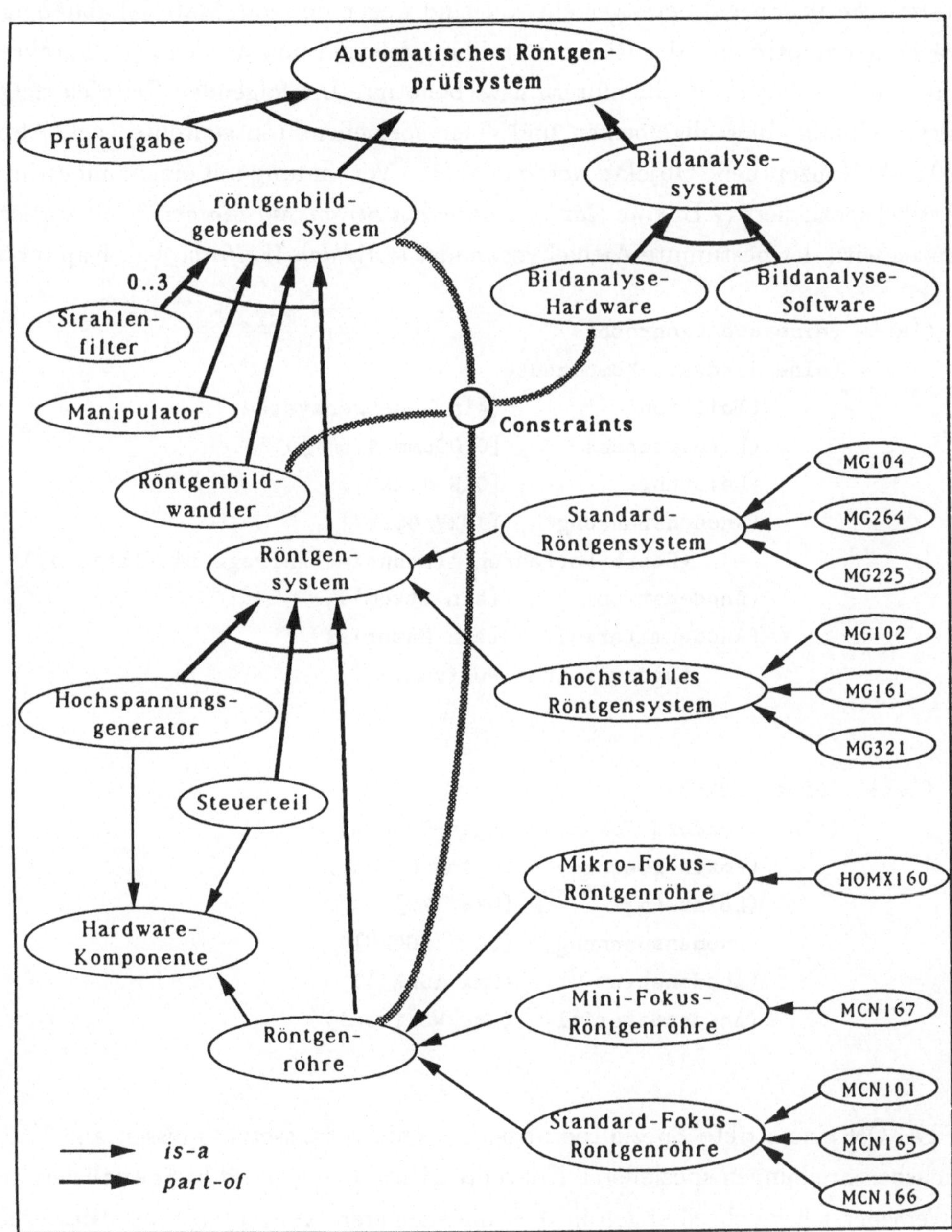

Abb. 12.4: *Begriffshierarchie eines automatischen Röntgenprüfsystems (Ausschnitt)*

Kenngrößen (Dichte, Summenformel, etc.) als fester Bestandteil der Begriffshierarchie (*statische Instanzen*) bereitgestellt. Sie sind wegen der vom Material abhängigen Schwächung und Streuung der Röntgenstrahlung relevant und werden zur Charakterisierung von Prüflingen, Strahlenfiltern usw. benötigt. Die folgenden Beispiele zeigen die Beschreibung einer allgemeinen und einer speziellen Röntgenröhre (vgl. Abbildung 12.4). Konzeptuelle Objekte werden dabei in Verbindung mit einem unbestimmten Artikel spezifiziert (z.B. *eine Röntgenröhre*, *ein Strom*, *ein Material*), für statische Instanzen wird der bestimmte Artikel verwendet (z.B. *das Wolfram*, vgl. Kapitel 5):

```
(ist! (eine Roentgenroehre)
      (eine Hardware-Komponente
            (Teil-von           (ein Roentgensystem))
            (Fokusgroesse       [0.005mm 4.5mm])
            (Leistung           [0kW 4.2kW])
            (Anodenspannung     [10kV 450kV]
                  (Bearb-Verfahren '(Benutzer-Anfrage Simulation)))
            (Anodenstrom        (ein Strom))
            (Anodenmaterial     (ein Material)
                  (Default (das Wolfram))
            (...)))

(ist! (eine MCN165)
      (eine Standard-Fokus-Roentgen-Roehre)
            (Fokusgroesse      {0.4mm 1.2mm})
            (Leistung          [0kW 3kW])
            (Anodenspannung    [10kV 160kV])
            (Anodenstrom       [0mA 19mA]))
            (Anodenmaterial    (das Wolfram))
            (...)))
```

Da PLAKON eine strikte Spezialisierungshierarchie voraussetzt, müssen alle Wertebereichsbeschreibungen speziellerer Konzepte „Untermengen", d.h. Spezialisierungen der Wertebereichsbeschreibungen in den allgemeineren Konzepten sein. Dies erhöht die Sicherheit im Rahmen der Akquisition neuer speziellerer Konzepte.

Die Nützlichkeit der Verwendung von Constraints läßt sich am Beispiel der Abhängigkeit zwischen Anodenspannung, Anodenstrom und Leistung veranschaulichen: Das

Produkt aus Anodenspannung und -strom definiert die Leistung. Diese darf den zulässigen, für die Röhre definierten Maximalwert (obere Intervallgrenze) nicht überschreiten. Je nach eingestellter Anodenspannung ergibt sich daraus automatisch eine Einschränkung des für den Anodenstrom möglichen Wertebereiches. Konzeptuell wird dies mit Hilfe eines Constraints der Klasse `Multiplier` ausgedrückt:

```
(constrain ((#?01 (eine Roentgenroehre)))
   (Multiplier (#?01 Anodenspannung) (#?01 Anodenstrom)
               (#?01 Leistung)))
```

(Anmerkung: Dieses Constraint reicht zur vollständigen Begrenzung der Röhrenleistung nicht aus, da diese auch noch von der gewählten Fokusgröße der Röntgenröhre und dem verwendeten Hochspannungsgenerator abhängt. Diesem Sachverhalt wird durch weitere Constraints Rechnung getragen.)

12.5.2 Geometrie-Constraints

Im Rahmen einer ersten Folge von Konfigurierungsphasen werden zunächst die für die Abbildungsgeometrie relevanten Komponenten (Röntgenröhre, Röntgenbildwandler etc.) instantiiert und hinsichtlich ihrer geometrischen Eigenschaften festgelegt oder durch Constraint-Relationen eingeschränkt. Alle Komponenten werden in der Regel zunächst unspezifisch instantiiert (Spezialisierungsschritte werden also zurückgestellt), um durch eine Einschränkung ihrer geometrierelevanten Eigenschaften eine Reduktion der Menge der möglichen Spezialisierungen zu erzielen. Dies schließt jedoch dedizierte Benutzervorgaben im Rahmen der initialen Aufgabenerstellung nicht aus.

Zu den festzulegenden geometrischen Eigenschaften gehören auch die Lagekoordinaten des Prüflings. Die gewählte Prüfposition definiert dabei einen speziellen Aufgabenkontext. Die optimierende Festlegung der Lagekoordinaten und die Bestimmung der Abstände kann in XRAY mit Hilfe einer *Simulation* der Projektionsabbildung unter Zuhilfenahme eines Volumenmodells, durch das die Geometrie der Prüflinge nachgebildet wird, erfolgen. (Anmerkung: Die Definition und Anbindung von Volumenmodellen an XRAY erfolgt auf der Basis von CSG-Modellen [Requicha 80]. Sie hat aber nur vorläufigen Charakter und soll daher im weiteren nicht näher erläutert werden.)

Prüfling bzw. Schwächungsdetail		
Detailgröße	δ	
Fokusabstand	$[z_{P\,min}\ z_{P\,max}]$	
Vergrößerungsfaktor	$V = [V_{min}\ V_{max}]$	
minimaler Vergrößerungsfaktor	$V_{min} = z_B / z_{P\,max}$	(1)
maximaler Vergrößerungsfaktor	$V_{max} = z_B / z_{P\,min}$	(2)
Röntgenröhre		
Fokusgröße	f	
Röntgenbildwandler		
Größe des Eintrittsfensters	b	
innere Unschärfe	u_i	
Fokusabstand	z_B	
projiziertes Röntgenbild		
Bildmatrixgröße	N	
Detailgröße	$\delta' = V\delta = [\delta'_{min}\ \delta'_{max}]$	(3)
Fokusunschärfe	$u_f = [u_{f\,min}\ u_{f\,max}] = f(V-1)$	(4)
Pixelgröße	$p = b/N$	(5)

Tab. 12.1: *Relevante geometrische Größen des röntgenbildgebenden Systems*

Constraint-Relationen		
Abtasttheorem	$w = \delta'_{min}/2\ ,\quad p \leq w$	(6)
Auflösungsbedingung 1	$u_{f\,max} \leq \delta'_{max}$	(7)
Auflösungsbedingung 2	$u_i \leq \delta'_{min}$	(8)
allg. Auflösungsbedingung	$\delta > \min(f, u_i)$	(9)

Tab. 12.2: *Constraint-Relationen zur Abbildungsgeometrie*

Eine Übersicht aller für die Geometrie relevanten Objekte und ihrer Eigenschaften gibt Tabelle 12.1. In Abbildung 12.5 ist die Problematik der Röntgenprojektionsabbildung veranschaulicht: Durch die endliche Größe des Fokus der Röntgenröhre kommt es zu einer Unschärfe der Abbildung (Fokusunschärfe), die je nach Lage eines abgebildeten Details unterschiedlich ausfällt. Als Auflösungsbedingung läßt sich grob fordern (s. Tabelle 12.2, (7)), daß die Fokusunschärfe stets kleiner sein muß als das in die Bildebene vergrößert abgebildete Schwächungsdetail. Die in bezug auf diese Forderung ungünstigste Situation ist in Abbildung 12.5a dargestellt. Eine weitere Ursache für Unschärfe in röntgenbildgebenden Systemen ist die innere Unschärfe des Röntgenbildwandlers; diese kann grob als proportional zur Dicke der für die Wandlung der Röntgenstrahlung in Strahlung des sichtbaren Spektralbereiches verwendeten Szintillatorschicht angenommen werden. Bei bekannter innerer Unschärfe läßt sich also eine weitere Auflösungsbedingung formulieren (s. Tabelle 12.2, (8)). Die dieser Bedingung zugrundeliegende Situation ist in Abbildung 12.5b dargestellt. Eine weitere grundlegende Constraint-Relation ergibt sich aus dem Abtasttheorem: Ein aufzulösendes Detail muß durch mindestens zwei Abtastpunkte in Richtung seiner kleinsten Ausdehnung erfaßt werden; hierdurch wird bei vorgegebener Detailgröße (bezogen auf die Bildebene) das Verhältnis aus Größe des Eintrittsfensters des Röntgenbildwandlers (b) und Zahl der Abtastpunkte pro Koordinatenrichtung (N) eingeschränkt.

Sämtliche genannten Geometrie-Constraints lassen sich durch Kombinationen der primitiven Constraint-Klassen `Multiplier`, `Adder` und `Greater-Equal` ausdrücken. Damit ist es möglich, ausgehend von einer im Rahmen der Aufgabenspezifikation definierten aufzulösenden kleinsten Detailgröße δ, die Größen der Abbildungsgeometrie auf sehr effiziente Weise durch Intervall-Propagation schrittweise einzuschränken und Konflikte zu vermeiden oder wenigstens frühzeitig zu signalisieren.

12.5.3 Propagation von Toleranzen und das „Toleranz-Constraint"

Geometrische Größen, die aufgrund von Toleranzen nicht eindeutig festlegbar sind, lassen sich auf „natürliche" Weise durch Intervalle repräsentieren. Toleranzbehaftete Größen können direkt als Intervalle vorgegeben, oder indirekt durch Constraints auf ein Intervall eingeschränkt werden.

Ein Beispiel ist die Lage des Prüflings im Strahlengang des röntgenbildgebenden Sy-

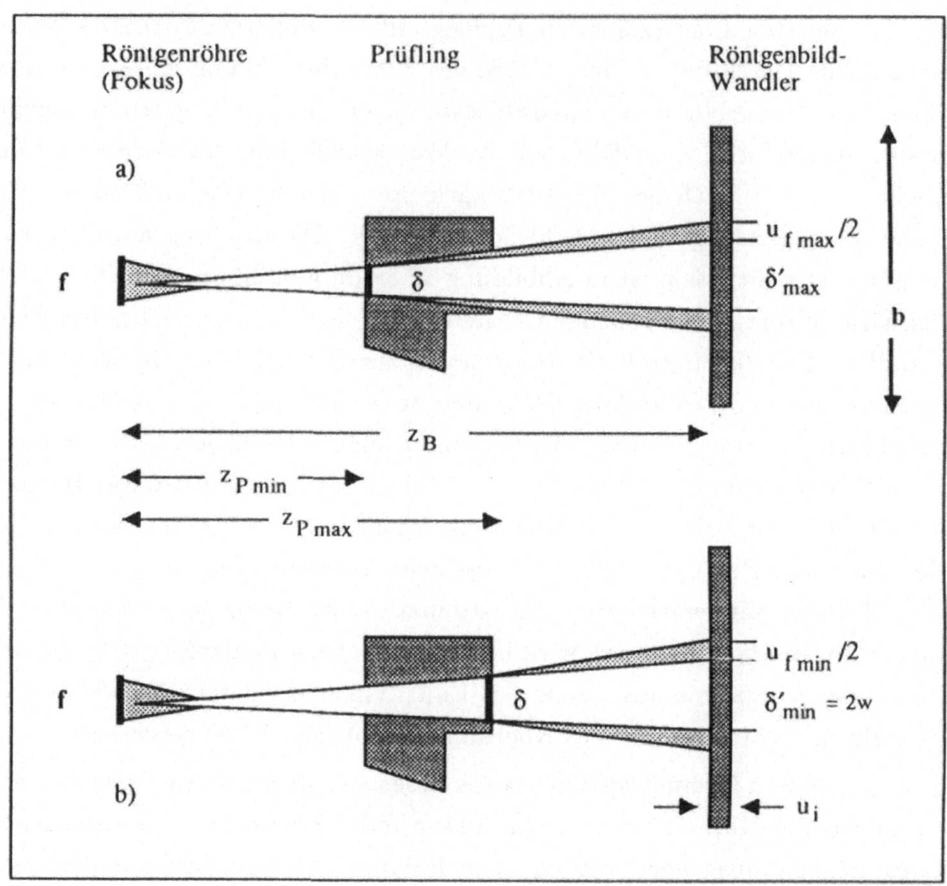

***Abb. 12.5**: Bestimmende Parameter der Abbildungsgeometrie*

stems, die aufgrund der Positioniertoleranzen des Manipulators und aufgrund seiner eigenen mechanischen Toleranzen (variierende Abmessungen, Oberflächenrauhigkeiten) nur endlich genau fixiert werden kann. Die Ist Lage-Koordinaten können also durch Intervalle dargestellt werden, die aus den am Manipulator eingestellten Soll-Lage-Koordinaten und den Positioniertoleranzen des Manipulators und den mechanischen Toleranzen des Prüflings ableitbar sind:

$$\textit{Ist-Koordinate} = \textit{Soll-Koordinate} \; +/- \; \textit{Toleranz}$$

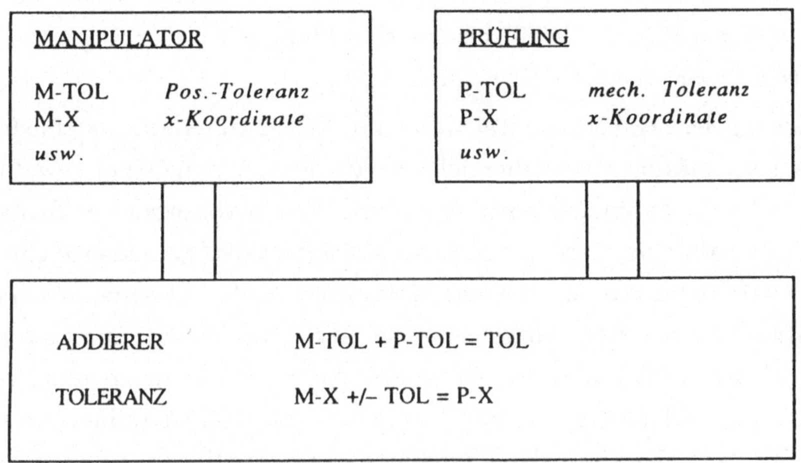

Abb. 12.6: *Darstellung toleranzbehafteter Größen durch Intervalle*

In XRAY wird auch diese Beziehung über Constraints modelliert. Dazu wurde eine spezielle Constraint-Klasse (Toleranz) eingeführt, die die Darstellung der Ist-Lagekoordinaten durch Intervalle der minimalen Länge 2 × *Toleranz* erzwingt. In Abbildung 12.6 ist dies für die Abhängigkeit der Ist-Lagekoordinaten des Prüflings von den am Manipulator eingestellten Soll-Lagekoordinaten und den jeweiligen Toleranzen veranschaulicht. Verlangen beispielsweise die Constraints der Abbildungsgeometrie eine genauere Lagefixierung, als die Toleranzwerte es zulassen, wird durch das Toleranz-Constraint automatisch ein Konflikt signalisiert.

12.5.4 Festlegung der Strahlenqualität

Unter Strahlenqualität versteht man das durch die Anodenspannung der Röntgenröhre und das bzw. die Strahlenfilter definierte kontinuierliche Bremsstrahlungsspektrum der Röntgenröhre. Seine mittlere Energie ist ein Maß für die Härte der Strahlung; davon ist abhängig, wie gut die zu prüfenden Materialien penetriert werden, welche Kontraste erzielt werden und über welche Zeitdauer (Meßzeit) die Strahlung integrierend gemessen werden muß, um ein am kleinsten aufzulösenden Signal orientiertes, ausreichendes Signal-Rausch-Verhältnis zu erzielen. Da die Schwächung der Röntgenstrahlung bei kleineren Energien stärker ist als bei großen, wird bei kleineren Energien ein höherer Kontrast erzielt als bei großen. Andererseits werden bei kleineren Energien das Signal-Rausch-Verhältnis verschlechtert und in der Regel die Dynamikanforderungen an den Röntgenbildwandler erhöht.

Zur Optimierung der Strahlenqualität werden in XRAY *Simulationsmethoden* verwendet, die aus dem zulässigen Wertebereich der Anodenspannung einer gewählten Röntgenröhre die kleinste Spannung bestimmen, mit der ein vorgegebenes Signal-Rausch-Verhältnis innerhalb eines vorgegebenen Meßzeitintervalles gerade erreicht wird. Gegebenenfalls wird dabei das vorgegebene Meßzeitintervall eingeschränkt oder ein Konflikt signalisiert. Durch diese Vorgehensweise (d.h. Anodenspannung so niedrig wie möglich) wird der Bildkontrast für ein vorgegebenes Schwächungsdetail maximiert. Das Optimierungsverfahren entspricht dabei einer erschöpfenden Suche in einem eingegrenzten Suchbereich (minimale und maximale erlaubte Spannung einer selektierten Röntgenröhre) mit einer vorgegebenen Schrittweite. Die Simulation als *Bearbeitungsverfahren* im Konfigurierungsvorgang wird hierbei in einer der Constraint-Propagation vergleichbaren Weise benutzt (vgl. Kapitel 10). Der Benutzer kann sich dabei die der Optimierungsrechnung zugrundeliegenden Verläufe für Kontrast und Signal-Rausch-Verhältnis anzeigen lassen.

Bei Konflikten mit dem verfügbaren Dynamikbereich des Röntgenbildwandlers wird durch Backtracking (domänenabhängige Backtracking-Regel) die Dicke des zur Filterung verwendeten Strahlenfilters erhöht. Dadurch wird die mittlere Energie des Strahlenspektrums in Richtung höherer Werte verschoben und die Gesamtschwächung im Prüfling verringert. Dies führt auf Kosten des Detailkontrastes zu einer reduzierten Signal-Dynamik im produzierten Röntgenbild und damit auch zu einer geringeren Anforderung an die Dynamik des Röntgenbildwandlers.

12.5.5 Simulation des röntgenbildgebenden Prozesses

XRAY erlaubt eine Simulation des röntgenbildgebenden Prozesses für ein hinreichend vollständig konfiguriertes röntgenbildgebendes System. Grob betrachtet ist dabei jeder Teilkomponente ein eigener Prozeß zugeordnet (vgl. Abbildung 12.7), der jedoch in der Regel wieder in Subprozesse mit explizit ausgewiesenen internen Zuständen aufgegliedert ist. Ein besonderes Merkmal der Prozesse ist, daß sie für die Simulation in einer linearen Sequenz abgearbeitet werden können. Abbildung 12.7 zeigt in einer

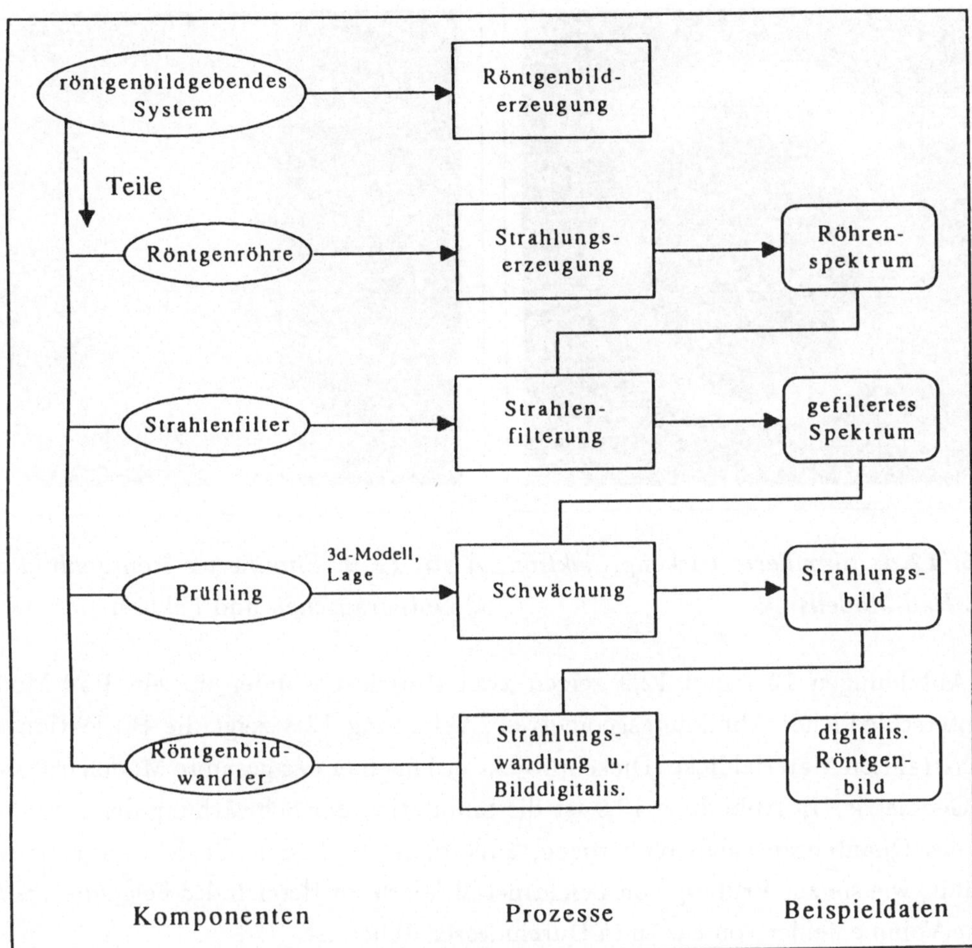

Abb. 12.7: *Komponentenmodell für das röntgenbildgebende System*

Grobdarstellung die Ergänzung des Komponentenmodells durch ein das „Verhalten" bzw. die „Funktion" der Komponenten beschreibendes Simulationsmodell.

Die simulative Berechnung von Röntgenprojektionsbildern erfolgt anhand eines rudimentären Volumenmodells des Prüflings.

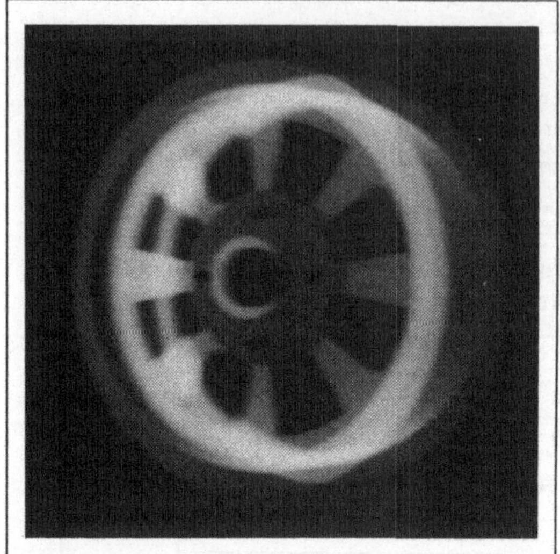

Abb. 12.8: *Simulierte Dickenprojektion eines Rad-Modells*

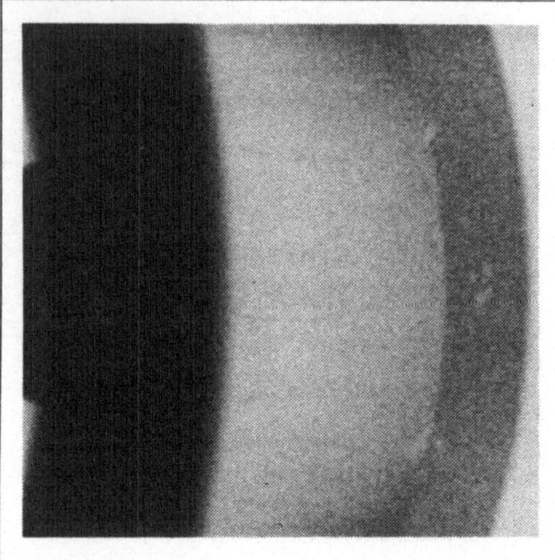

Abb. 12.9: *Simuliertes Röntgenbild mit Quantenrauschen und Fehlern*

Die Abbildungen 12.8 und 12.9 zeigen zwei Projektionsbilder für ein Rad-Modell in unterschiedlicher Abbildungsgeometrie. Abbildung 12.8 zeigt die Projektion der durchstrahlten Materialdicke (Dickenprojektion) in einer das gesamte Modell erfassenden Geometrie. In Abbildung 12.9 ist die Simulation der Schwächung der Strahlung und des Quantenrauschens einbezogen; außerdem wurde eine Projektionsgeometrie gewählt, wie sie zur Prüfung von Leichtmetallrädern im Bereich des Felgenbettes auf kleine Volumenfehler von ca. 1mm Durchmesser üblich ist.

Die Projektion zeigt neben der regulären Schwächungsinformation Signale kleiner Gasblasen, die ebenfalls simulativ generiert wurden. Dabei ist es möglich, Fehler gezielt in Bereichen zu plazieren, die für die nachfolgende automatische Bildverarbeitung besonders kritisch erscheinen.

Die Simulationsresultate dienen dazu, ein konfiguriertes röntgenbildgebendes System zu bewerten, um gegebenenfalls gezieltes Backtracking mit Hilfe von domänenabhängigen Regeln vorzunehmen. Simulativ generierte Beispielbilder können weiterhin als Grundlage für die Konfigurierung der Bildanalyseoperatoren dienen.

12.6 Konfigurierung von Bildanalysesequenzen

12.6.1 Begriffshierarchien für Bildanalysesequenzen

Die Konfigurierung von Bildanalysesequenzen geht von einer Anordnung der verfügbaren Bildanalyseoperatoren in einer taxonomisch-kompositionell strukturierten Hierarchie aus (vgl. Abbildung 12.10). Es kommen prinzipiell die gleichen Mechanismen zum Einsatz, die auch bei der Konfigurierung von Gerätekomponenten verwendet werden. Als Zusatzinformation wird die Reihenfolge der Operatoren benötigt. Zu deren Repräsentation stellt BHIBS (vgl. Kapitel 5) einen speziellen Deskriptor (`:sequence`) oder `#{>...}` für Zerlegungsrelationen bereit. Damit stellt sich die Zerlegung einer Standard-Bildanalyseprozedur (vgl. Abbildung 12.10) wie folgt dar:

```
(ist!  (eine Standard-Bildanalyseprozedur)
       (eine Bildanalyseprozedur
             (hat-Teile
                   #{> (eine Bild-Akquisition)
                       #[(eine Vorverarbeitung) 0 1]
                       (eine Segmentierung)
                       (eine Segment-Vermessung-und-Klassifikation)})
             (...)))
```

Ein Beispiel für die Verwendung von Constraints ist die Akkumulation der Ausführungszeiten der Bildanalyseschritte. Diese können für den einzelnen Operator abhängig von seinen Parametern und Eingabedaten (z.B. Eingabebild mit einer festgelegten Bildgröße) eindeutig bestimmt, oder, wenn die Ausführungszeiten datenabhängig sind, durch ein Intervall vorgegeben sein. Die Summation der Ausführungszeiten wird durch folgendes Constraint veranlaßt:

```
(constrain ((#?Aggr (ein Bildanalyseoperator))
            (#?Teil :all (ein Bildanalyseoperator (Teil-von #?Aggr))))
     (Sum (#?Aggr Ausfuehrungszeit) (#?Teil Ausfuehrungszeit)))
```

Dabei wird die Ausführungszeit eines zusammengesetzten Bildanalyseoperators (Aggregat) initial durch ein Intervall vorgegeben. Durch die Akkumulation wird die untere Grenze nach oben geschoben. Ein Konflikt mit einer vorgegebenen Ausführungszeit tritt auf, wenn die untere Grenze die obere Grenze übersteigt.

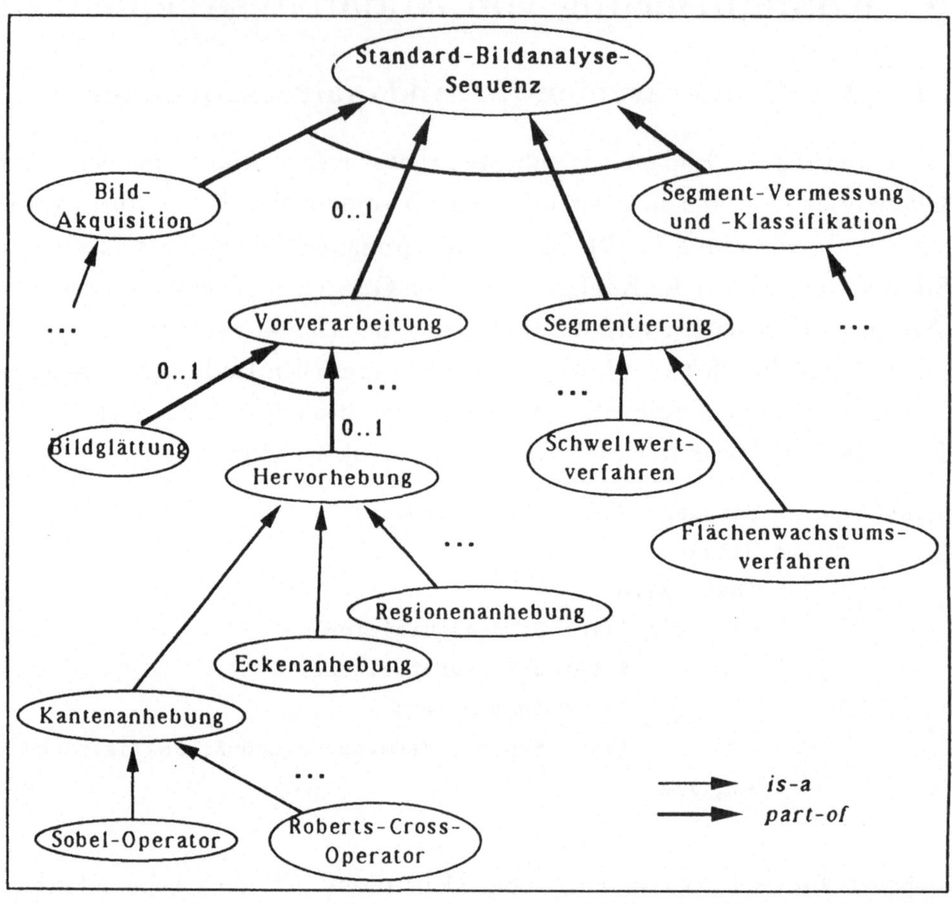

Abb. 12.10: *Beschreibung einer Standard-Bildanalyseprozedur (Ausschnitt)*

12.6.2 Übersicht weiterer verwendeter Mechanismen

Weitere, bei der zur Zeit noch stark *interaktiv* ablaufenden Konfigurierung von Bildanalyse-Sequenzen in XRAY verwendete Mechanismen sind:

- Orientierung der Kontrolle des Konfigurierungsvorganges an der durch die Zerlegungs-Sequenz vorgegebenen Reihenfolge durch Verwendung spezieller *Agenda-Auswahlkriterien*,

- Ableitung erforderlicher Bildanalyseoperatoren aus den Eigenschaften des Eingangsbildes oder abgeleiteter Bilder durch *EXIST-Constraints* (s. Kapitel 6),
- Test ausgewählter Analyseoperatoren anhand von Beispielbildern,
- Einschränkung von Parameterwerten durch Constraints,
- interaktive Festlegung von Schwellwerten und sonstigen Parametern,
- interaktives Backtracking.

Die Auswahl möglicher Bildanalyseoperatoren erfolgt grundsätzlich anhand von Selektionskriterien, die als Eigenschaften der jeweiligen (terminalen oder nicht-terminalen) Operatoren repräsentiert sind. Solche Eigenschaften sind z.B. die Empfindlichkeit gegenüber Rauschen, die Genauigkeit (z.B. bei Kantenextraktoren oder Vermessungsoperatoren) oder die Geschwindigkeit.

12.6.3 Status der Konfigurierung von Bildanalysesequenzen in XRAY

Mit der Erprobung der durch PLAKON bereitgestellten grundlegenden Mechanismen wurden in XRAY die Voraussetzungen für einen weiteren Ausbau der Operatoren-Wissensbasis und einen Test anhand einer Menge hinreichend schwieriger, verschiedener Beispielfälle geschaffen. Das bisher vorliegende System ist insofern von einer vollständig automatisch ablaufenden Konfigurierung der Bildanalyse noch weit entfernt. Jedoch kann bereits die starke Unterstützung, die das System bei der *interaktiven Konfigurierung* bietet, als sehr nutzbringend bezeichnet werden. Die auf Modularität ausgelegten Bausteine von PLAKON ermöglichen es, durch inkrementelles Hinzufügen von Constraints, Backtracking-Regeln und durch ein Ersetzen des Bearbeitungsverfahrens *Benutzeranfrage* (z.B. durch eine *Berechnungsfunktion*), die Interaktivität des Systems schrittweise zu reduzieren.

Als Hilfsmittel bei der zukünftig anzustrebenden Automatisierung von Konfigurierungsentscheidungen, insbesondere hinsichtlich der Selektion von Parametern, kann wiederum die *Simulation* von Beispielbildern dienen, wie sie in Abschnitt 12.5.5 kurz beschrieben wurde. Da dem System durch die Simulation bekannt ist, wo zu detektierende Fehler im Röntgenbild liegen, wird es in die Lage versetzt, eine eigenständige Bewertung der generierten Bildanalyseresultate vorzunehmen und für die Optimierung von Parametern zu nutzen. Gleichzeitig ist damit eine Grundlage für gezielte oder auch statistische Tests einer konfigurierten Bildanalysesequenz gegeben, wie in Abschnitt 12.2 gefordert wurde.

Der Einsatz von Bibliothekslösungen als Bearbeitungsverfahren (vgl. Kapitel 9) verspricht nach den bisherigen Erfahrungen ebenfalls einen erheblichen Nutzen, da häufig grobe Aufgabenklassen gebildet werden, für die ähnliche Bildanalyselösungen existieren. Der Vorteil des Einsatzes von Bibliothekslösungen liegt hier vor allem in einer erheblich reduzierten Zahl von Benutzerinteraktionen.

12.7 Bewertung und Ausblick

Im Rahmen der bisherigen prototypischen Implementationen und Erprobungen von XRAY konnten die praktische Einsetzbarkeit und die Vorteile wesentlicher Konzepte von PLAKON nachgewiesen werden. Die taxonomisch-kompositionell strukturierte und i.a. durch Constraints zwischen den Objekten gekennzeichnete konzeptuelle Beschreibung der „Menge aller zulässigen Konfigurationen" in einer Begriffshierarchie bildet die Grundlage für einen modellbasierten Konfigurierungsansatz. Dieser ist in mehreren Teilbereichen bei der Konfigurierung automatischer Röntgenprüfsysteme einsetzbar: Bei der Definition der Prüfaufgabe, der Konfigurierung des röntgenbildgebenden Systems und bei der Konfigurierung der Bildanalyse (Software). Die Verwendung von Simulationsmethoden und Constraints bei der Konfigurierung des röntgenbildgebenden Systems erweisen sich als Schlüsselansätze zur Bewältigung der in Abschnitt 12.2 formulierten Anforderungen. Der Nutzen und die Machbarkeit der beschriebenen Mechanismen wurde bisher an einer kleinen Zahl von Fallbeispielen demonstriert. Eine Ausweitung auf ein größeres Spektrum von Prüflingen und Materialien sowie eine Verfeinerung spezieller Simulationsmethoden und deren quantitative Absicherung sind Aufgaben einer zukünftigen Weiterentwicklung, die durch die bisherigen positiven Ergebnisse motiviert wird. Eine Leistungssteigerung hinsichtlich der Konfigurierung von Bildanalysesequenzen ist zukünftig durch den Einsatz von Bibliothekslösungen und durch automatische Bewertungsprozeduren zu erwarten, die mit simulierten Beispielbildern möglich sind.

Kapitel **13**

MMC-Kon: Ein wissensbasiertes CAE-Werkzeug zur Projektierung verteilter Leitsysteme

Winfried Baginsky, Ludwig Philipp

13.1 Einsatz verteilter Leitsysteme in der Automatisierungstechnik

Unter einem Leitsystem versteht man die Gesamtheit der Einrichtungen in Hard- und Software zur optimalen Führung von Prozessen mit elektronischen Mitteln. Abbildung 13.1 zeigt die Einordnung eines Leitsystems in seine Umgebung. Das Leitsystem tauscht Informationen mit dem industriellen Prozeß und dem bedienenden Menschen aus.

Die wachsende Komplexität und Sensibilität industrieller Prozesse führen zu einem verstärkten Einsatz geographisch und funktionell verteilter Echtzeit-Leitsysteme in der Prozeßautomatisierung [Ulmer85]. Die Vorteile sind in der projektierbaren Systemleistung, der inkrementellen Erweiterbarkeit und der Anpassung der Struktur des Leitsystems an die Struktur des Prozesses zu sehen. Verteilte Automatisierungssysteme basieren auf autonomen Mikrocomputern, auf die einzelne Automatisierungsfunktionen übertragen werden und die über gemeinsame Speicher und lokale Netzwerke miteinander kommunizieren.

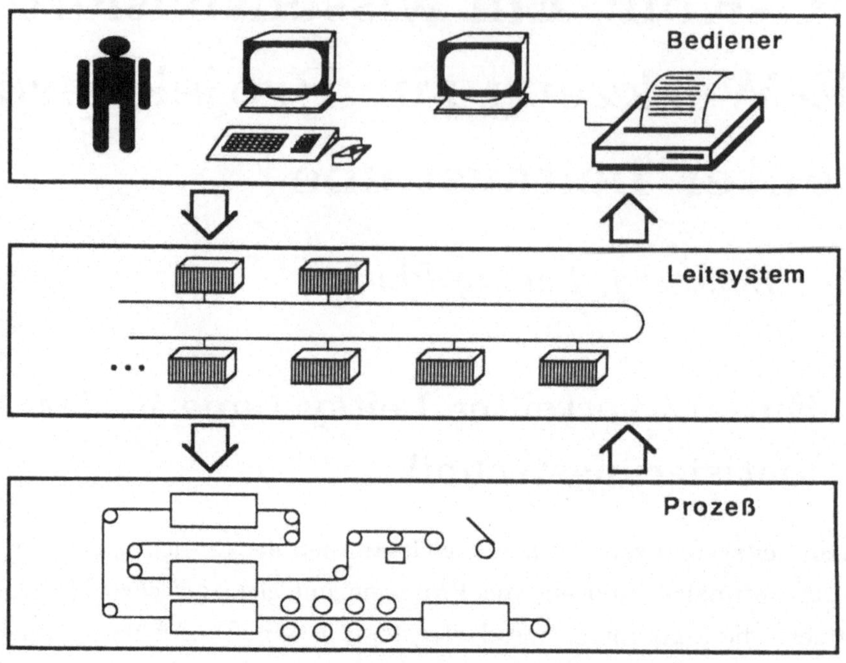

Abb. 13.1: *Umfeld eines Leitsystems*

13.1.1 Das Automatisierungssystem SIMICRO MMC216

Ein typischer Vertreter verteilter Echtzeit-Automatisierungssysteme ist das Multi-Mikrocomputersystem SIMICRO MMC216 von Siemens [Siemens84]. Hinter der Systemphilosophie steht der Aspekt der funktionstransparenten Automatisierung. Das technische Problem wird in überschaubare Funktionsblöcke aufgeteilt, deren Daten von autarken Mikrocomputern verarbeitet werden.

SIMICRO MMC216 ist modular aufgebaut aus einem großen Spektrum von Flachbaugruppen: Zentralbaugruppen (Verarbeitungseinheiten, Kommunikationseinheiten, Speichererweiterungen und Kopplungsbaugruppen), Schnittstellenbaugruppen zum Anschluß von Standardperipherie und zur Ankopplung von fremden Systemen sowie Prozeßsignalformer-Baugruppen zum Anschluß an die Prozeßperipherie. Aufbautechnisch werden die Baugruppen in Baugruppenträgern und diese in Schränken angeordnet. An der Rückwand eines Baugruppenträgers erstreckt sich der mehr-

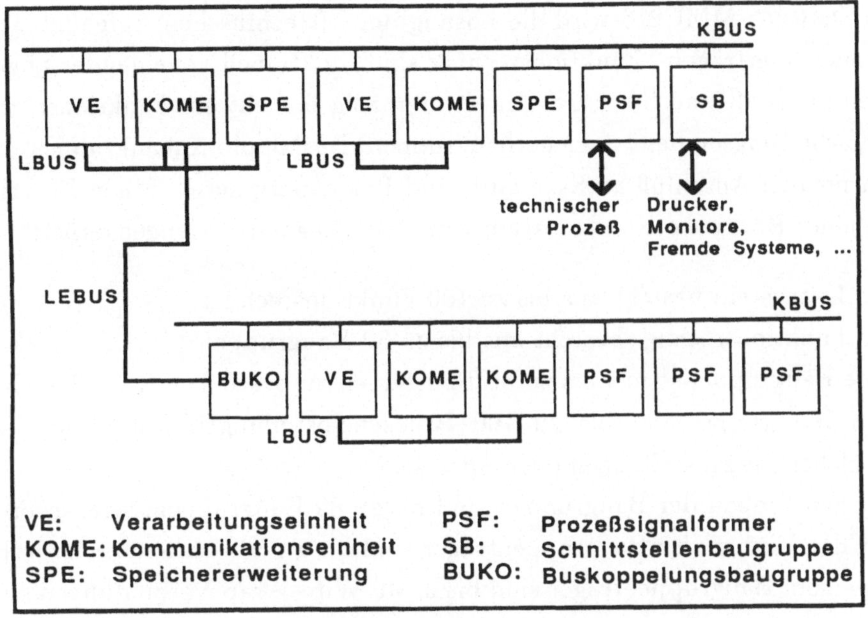

***Abb. 13.2**: Automatisierungssystem* SIMICRO *MMC216*

computerfähige Kommunikationsbus (KBUS), über den alle gesteckten Baugruppen verbunden sind. Über lokale Busse (LBUS) können an die Prozessorbaugruppen Erweiterungsbaugruppen angeschlossen werden, die zur Vergrößerung des verfügbaren Speichers und zur Ankopplung von Subsystemen dienen. Durch die Ankopplung von Subsystemen über lokale Erweiterungsbusse (LEBUS) werden hierarchische Strukturen aufgebaut. Ein kleines Beispiel zeigt Abbildung 13.2. Die Kommunikation zwischen den einzelnen Rechnern erfolgt über Speicherkopplung.

13.1.2 Einsatz des Automatisierungssystems Simicro MMC216 in der Walzwerksautomatisierung

In der Walzwerkstechnik wird das Automatisierungssystem SIMICRO MMC216 für folgende leittechnische Funktionen eingesetzt: Bedienen und Beobachten, Protokollierung, Ankopplung an überlagerte Leitebenen, Sollwertvorgabe, Anlagendiagnose, digitale Regelungen sowie die Überwachung und Steuerung schneller und komplexer

Abläufe. Bei der Projektierung von Leitsystemen auf der Basis des Automatisierungssystems SIMICRO MMC216 wird die Lösung der leittechnischen Aufgaben auf Funktionsrechner übertragen. Funktionsrechner sind funktionell voneinander abgegrenzte Einheiten in Hard- und Software. Hardwaremäßig besteht ein Funktionsrechner aus einer Verarbeitungseinheit, Speicherbaugruppen, Buskopplungsbaugruppen und Baugruppen für den Anschluß an Standard- und Prozeßperipherie. Einen Eindruck vom Umfang einer Hardware-Konfiguration vermittelt folgendes Mengengerüst:

- ein Leitsystem besteht aus bis zu 100 Funktionsrechnern
- ein Funktionsrechner besteht aus bis zu 30 Baugruppen
- eine Baugruppe ist mit bis zu 30 Bausteinen zu bestücken (z.B. Speicherchips)
- pro Baugruppe sind bis zu 100 Brückeneinstellungen festzulegen (z.B. für Speichertyp-Einstellungen oder Adressen)
- für den Einbau der Baugruppen sind bis zu 80 Baugruppenträger erforderlich
- für den Einbau der Baugruppenträger sind bis zu 30 Schränke erforderlich
- an einem Baugruppenträger sind bis zu 40 Wire-Wrap-Verbindungen zu projektieren (z.B. für Busprioritäten)

13.1.3 Projektierung vs. Konfigurierung

Die Konfigurierung im Sinne der Kombination von Automatisierungs-Komponenten zu komplexen Aggregaten ist die zentrale Tätigkeit beim Erstellen der Schaltungsunterlagen für Leitsysteme. Darüberhinaus sind allerdings noch weitere Tätigkeiten, wie z.B. Kennzeichnung und Revision der erstellten Pläne erforderlich. Diese eng miteinander verknüpfte Gesamtheit von Tätigkeiten wird im folgenden gemäß industriellem Sprachgebrauch *Projektierung* genannt.

13.2 Projektierung von verteilten Leitsystemen

13.2.1 Die Projektierungsaufgabe

Die Projektierungsaufgabe besteht darin, die gegebenen prozeß- und technologiespezifischen Anforderungen in ein geeignetes Leitsystem umzusetzen. Gegeben sind also Spezifikationen für die Funktionalität des Leitsystems, Informationen über den Prozeß, globale Randbedingungen und die Komponenten der zu verwendenden Automatisierungssysteme in Hard- und Software. Globale Randbedingungen sind z.B. Einschränkungen bzgl. des Komponenten-Spektrums oder Angaben zum Kennzeichnungssystem. Gesucht ist ein Leitsystem, das die gegebene Automatisierungsaufgabe optimal löst. Der Projektierungsvorgang ist somit eine Tätigkeit, die gekennzeichnet ist durch die Zusammenfügen und Parametrierung von gerätetechnischen Einheiten einerseits und von Software-Bausteinen andererseits. Der Projektierungsvorgang ist so umfangreich und komplex, daß er nicht algorithmisch gelöst werden kann. Der Projekteur ist dabei immer angewiesen auf sein Erfahrungswissen und auf Heuristiken, die er während seiner praktischen Arbeit einsetzt.

13.2.2 Probleme der Projektierung

Die bisher manuell durchgeführte Leitsystem-Projektierung, mit dem Ziel, eine den gegebenen Anforderungen angepaßte optimale Konfiguration zu entwerfen, ist durch folgende prinzipielle Probleme gekennzeichnet:

- *Zahlreiche, sich ständig verändernde Randbedingungen*
  Bei der Lösung einer Automatisierungsaufgabe sind nicht nur systemspezifische Gegebenheiten zu berücksichtigen, sondern auch globale Randbedingungen, wie z.B. Anlagenstruktur, spezielle Kundenwünsche, Robustheit des Systems oder Kostenkriterien. Da im Normalfall nicht alle Randbedingungen zu Projektbeginn bekannt sind (z.B. weil die zu automatisierende Anlage noch nicht fertig ist), muß das Leitsystem ständig den neuen Gegebenheiten angepaßt werden.
- *Umfangreiches, oft schwer zugängliches Wissen*
  Das Projektieren von Leitsystemen ist eine typische Expertentätigkeit, bei der der Projekteur umfangreiches Wissen über eine große Anzahl von Automatisierungsbausteinen in Hard- und Software haben muß. Dieses Wissen liegt z.T. in Handbüchern vor (z.B. Hardwarebeschreibungen), aber auch unstrukturiert als Erfahrungswissen.
- *Kurze Innovationszyklen*
  Die ständige technische Innovation in der Prozeßautomatisierung (z.B. neue Kommunikationssysteme) erfordern vom Projekteur die ständige Bereitschaft zum Erlernen neuer Techniken und zum Anpassen der gewohnten Vorgehensweisen.

- *Komplexe Abhängigkeiten*
  Zwischen den zu projektierenden Komponenten bestehen komplexe Abhängigkeiten. Schon das Verändern eines Parameters in der Hardware-Konfiguration eines Leitsystems kann weitreichende Auswirkungen auf die Gesamtkonfiguration haben. Diese Abhängigkeiten sind in einer großen Anlage nur schwer überschaubar.
- *Umfangreiche Dokumentation*
  Für die Projektabwicklung ist eine vollständige und korrekte Systemdokumentation äußerst wichtig. Sie ist Grundlage vieler weiterer Projektierungstätigkeiten und muß deshalb stets aktuell sein. Gerade dieser Punkt bereitet bei der manuellen Erstellung der Dokumentation große Schwierigkeiten, da sich eine Änderung meist auf mehrere Unterlagen gleichzeitig auswirkt. Die sehr zeitaufwendige Dokumentationserstellung ist auch dadurch gekennzeichnet, daß viele eher lästige Dokumentationsvorschriften eingehalten werden müssen.

In Anbetracht der Komplexität der Projektierungsaufgabe sind geeignete EDV-Verfahren zur Unterstützung der Projekteure unumgänglich geworden, um den Erfordernissen hinsichtlich Rationalisierung, Qualitätssicherung und Termindruck gerecht zu werden. Anforderungen an diese Verfahren, wie effiziente Suche in einem nahezu unbeschränkten Lösungsraum, Verwendung von Heuristiken und Flexibilität in der Suche nach einem Lösungsweg, können durch den Einsatz konventioneller Softwaretechnik nicht erfüllt werden. Ein erfolgversprechender Ansatz ist die Nutzung von Expertensystem-Techniken.

13.3 Projektieren mit MMC-Kon

Zur Absicherung der für die wissensbasierte Projektierung von verteilten Automatisierungssystemen entwickelten Konzepte wurde der Expertensystem-Prototyp MMC KON (Multi-Mikrocomputer-Konfigurierungsexpertensystem) entwickelt. Als überschaubarer Teilaspekt der Projektierungsproblematik wurde die Projektierung der Hardware von verteilten Leitsystemen auf der Basis des Automatisierungssystems SIMICRO MMC216 gewählt. Wesentliche Anwendungsdomäne ist der Einsatz dieses Automatisierungssystems in der Walzwerksautomatisierung.

13.3.1 Anforderungen an MMC-Kon

Die wichtigsten Anforderungen bei der Entwicklung von MMC-KON waren folgende:

- *Automatische Hardware-Konfigurierung*
  MMC-KON muß aus einer Aufgabenstellung (gewünschte Automatisierungsfunktionen, Kommunikationsbeziehungen, globale Randbedingungen) automatisch eine geeignete Hardware-Konfiguration generieren.
- *Interaktive Benutzereingriffe*
  Die automatisch von MMC-KON erstellten Lösungsvorschläge müssen vom Benutzer interaktiv geändert werden können, wobei das System die Konsistenz der Lösung gewährleisten muß.
- *Komfortable Benutzeroberfläche*
  Die Benutzeroberfläche ist so zu gestalten, daß der Projekteur diese mit seinem gewohnten Umfeld identifizieren kann (Akzeptanz). Das System muß in der Bedienung komfortabel und einfach erlernbar sein.
- *Automatisch erzeugte Dokumentationsunterlagen*
  Alle zur Dokumentation der Leitsystem-Konfiguration benötigten Projektierungsunterlagen sollen automatisch erzeugt werden. Bei Änderungen in der Konfiguration sind alle betroffenen Unterlagen automatisch zu korrigieren. Es müssen zahlreiche Dokumentationsvorschriften (z.B. Normen) eingehalten werden.
- *Explizite und adäquate Repräsentation des Wissens*
  Das für die Hardware-Projektierung benötigte Wissen soll in einer der gewohnten Vorstellungswelt entsprechenden Form im System hinterlegt werden. Die Hardware-Komponenten des Automatisierungssystems können z.B. sehr anschaulich durch Objekte repräsentiert werden. Eine möglichst exakte Trennung des Wissens und seiner Verarbeitung vereinfacht das Ändern bzw. Erweitern der Wissensbasis (z.B. um neue Baugruppen).
- *Praktischer Nutzen*
  Bei der Entwicklung des Expertensystems steht der praktische Nutzen im Vordergrund. MMC-KON soll eine erhebliche Produktivitätssteigerung dadurch bewirken, daß der Projekteur von umfangreichen und zeitaufwendigen Detailarbeiten entlastet wird.

13.3.2 Projektierungsablauf mit MMC-Kon

MMC-KON unterstützt die gewohnte Vorgehensweise des Projekteurs, dem bezüglich der Reihenfolge der durchzuführenden Projektierungsschritte keinerlei unnötige Beschränkungen aufgezwungen werden. Abbildung 13.3 zeigt die wichtigsten Projektierungsschritte.

- *Entwurf der Grobkonfiguration*
  In einem ersten Schritt werden die vorliegenden Anlagenanforderungen hinsichtlich der Funktionalität an bereits realisierten Anlagen gespiegelt und, wenn möglich, eine vorliegende Grobkonfiguration an die Anforderungen angepaßt. Ansonsten wird unter Verwendung von im System hinterlegten Standard-Funktionsrechnern eine Grobkonfiguration projektiert. Die Grobkonfiguration, auch Funktionsplan genannt, enthält die Funktionsrechner (entsprechend den geforderten Automatisierungsfunktionen) aufgeteilt auf Busse, über die sie kommunizieren (Abbildung 13.4).
- *Entwurf der Feinkonfiguration*
  Für die an Bussen angeordneten Funktionen wird die Hardware bestimmt, d.h. es werden die für die Realisierung der gewünschten Funktionen benötigten Baugruppen ausgewählt.
- *Anordnen der Baugruppen und Baugruppenträger*
  Die für die Funktionsrechner festgelegten Baugruppen werden automatisch in Baugruppenträgern angeordnet (Abbildung 13.5). Jedem KBUS in der Grobkonfiguration entspricht dabei ein Baugruppenträger. Reicht die Kapazität dieser Baugruppenträger nicht aus, so werden für einzelne Funktionsrechner sogenannte lokale Subsysteme projektiert. Anschließend werden die Baugruppenträger automatisch in Schränken angeordnet (Abbildung 13.6).
- *Projektierung von Zusatzverdrahtungen*
  An der Rückwand der Baugruppenträger werden die Baugruppen mit zusätzlichen Wire-Wrap-Verbindungen verdrahtet, die z.B. für die Buspriorisierung oder die Weiterleitung von Interrupts verantwortlich sind. Sie werden von MMC-KON, wenn möglich, automatisch eingetragen, andere können per Hand projektiert werden.
- *Parametrierung von Baugruppen*
  Um die genauen Eigenschaften von Baugruppen in ihrem speziellen Umfeld festzulegen, müssen verschiedenste Parameter eingestellt werden. Diese sind in

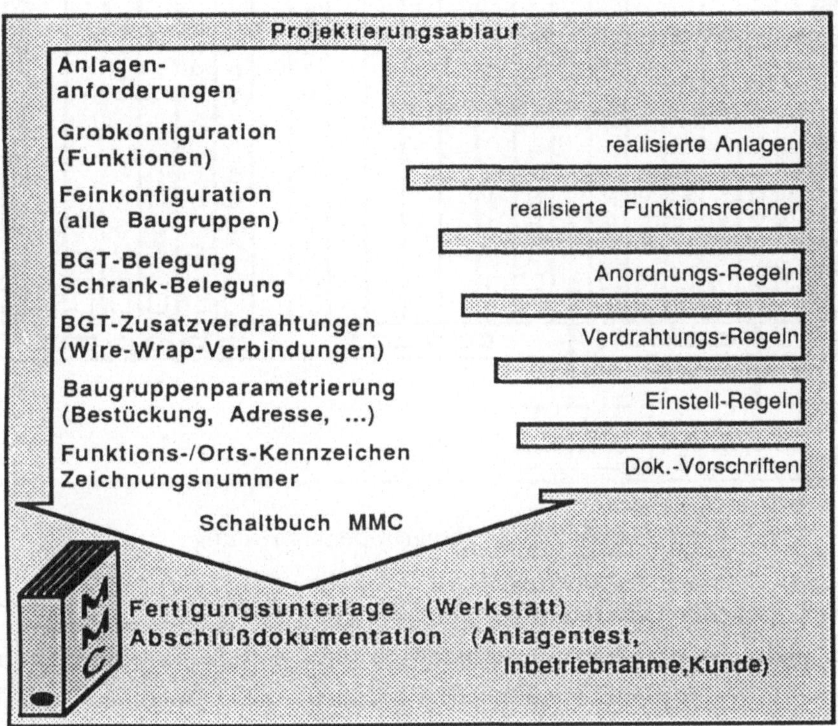

Abb. 13.3: *Projektierungsablauf mit MMC-Kon*

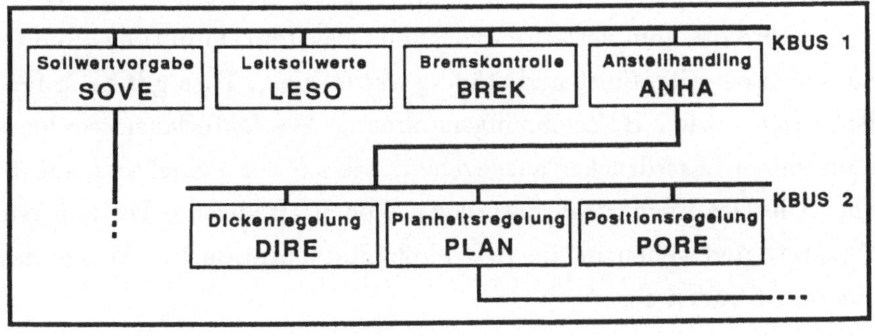

Abb. 13.4: *Grobkonfiguration der Automatisierungsfunktionen*

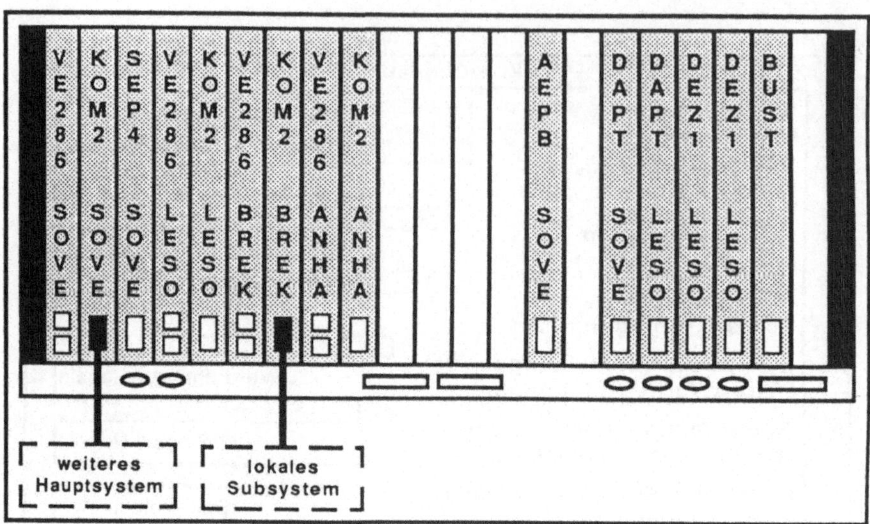

Abb. 13.5: *Baugruppenanordnung*

einem größeren Leitsystem mehrere tausend. Sie können von MMC-KON in den allermeisten Fällen automatisch bestimmt werden. Ihre Realisierung erfolgt durch Hardware-Brücken auf den Baugruppen. Die entsprechenden Dokumentationsunterlagen werden von MMC-KON automatisch erzeugt (Abbildung 13.7).

Die Ergebnisse der Projektierungsschritte müssen noch zur üblichen Schaltungsunterlage aufbereitet werden, d.h. bei der herkömmlichen Vorgehensweise manuell erstellt werden. Die Projektierungsoberfläche von MMC-KON besteht aus diesen Dokumenten, so daß der Projekteur in den Originalunterlagen arbeiten kann. Während der Konfigurierung wird das komplette Kennzeichnungssystem (Funktions- und Ortskennzeichen) automatisch mitgeführt und ständig aktualisiert. Dies gilt auch für unterlagenspezifische Daten wie z.B. Zeichnungsnummern. Die Unterlagen werden genau in der Form auf einem Laserdrucker ausgegeben, wie sie der Projekteur auf dem Bildschirm sieht. Die Dokumentationsunterlagen dienen als direkte Fertigungsunterlage für die Werkstatt und gehen in die Abschlußdokumentation für Anlagentest, Inbetriebsetzung und Kunden ein.

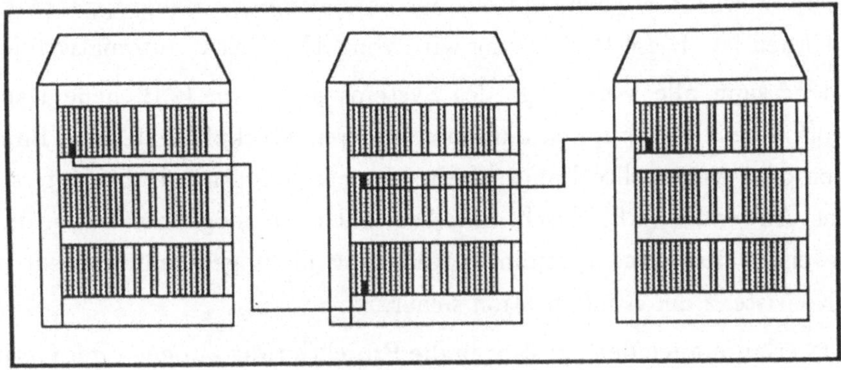

Abb. 13.6: *Baugruppenträgeranordnung*

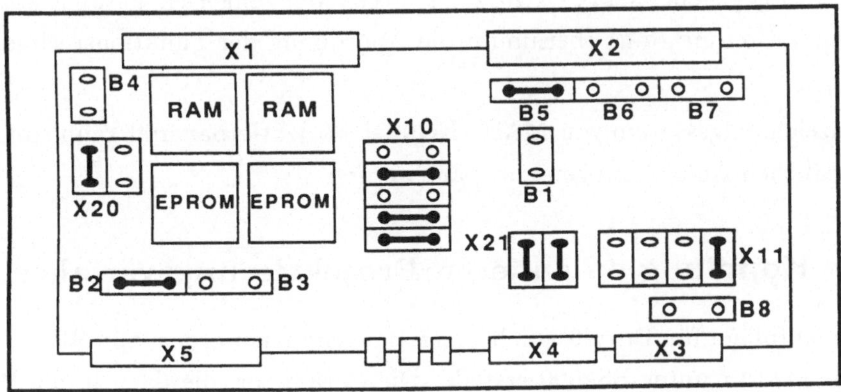

Abb. 13.7: *Baugruppenparametrierung*

13.3.3 Allgemeine Eigenschaften von MMC-Kon

Der größte Anteil der Anlagenabwicklung mit dem Automatisierungssystem SIMICRO MMC216 in der Walzwerkstechnik erfolgt für Auslandsaufträge. Deshalb ist es möglich, die Unterlagen in verschiedenen Sprachen zu generieren (zur Zeit Deutsch, Englisch und kombiniert Deutsch/Englisch).

Die in Abschnitt 13.3.2 beschriebenen Projektierungsschritte müssen nicht in dieser Reihenfolge und auch nicht jeweils komplett durchgeführt werden. Zum Beispiel kann natürlich jederzeit die Grobkonfiguration durch Hinzufügen eines neuen Funktionsrechners erweitert werden, obwohl der entsprechende Baugruppenträger schon bestückt worden ist. Diese Bestückung wird von MMC-KON automatisch angepaßt.

Der Benutzer kann alle Vorschläge des Systems abändern (z.B. neue Baugruppen stecken, vorhandene Baugruppen auf einen anderen Steckplatz stecken, Baugruppen austauschen oder eingestellte Baugruppenparameter ändern). Dabei unterstützt das System den Anwender (z.B. durch eine Auswahl noch möglicher Werte oder durch einen Hinweis, warum eine bestimmte Änderung nicht gemacht werden darf) und stellt die Konsistenz der Konfiguration sicher.

MMC-KON erlaubt auch den Einstieg in die Projektierung auf einer der Grobkonfiguration übergeordneten Ebene. In dieser Ebene kann die Aufgabenstellung auf abstraktere Weise definiert werden. Anstatt, wie in der Grobkonfiguration, die Funktionen an Bussen anzuordnen, wird hier ein Mengengerüst der gewünschten Automatisierungsfunktionen vorgegeben. MMC-KON setzt dieses Mengengerüst automatisch in eine Grobkonfiguration um, d.h. übernimmt die Anordnung der Funktionsrechner an den Bussen.

Das Kennzeichnungssystem von MMC-KON ist projektierbar und kann somit an die unterschiedlichen Anforderungen angepaßt werden.

13.3.4 Kopplung zu anderen Projektierungsverfahren

Die Stromlaufpläne für Prozeßsignalformer-Baugruppen werden mit Hilfe des CAE-Werkzeugs MALTA unter BS2000 erstellt. Die Parameter, die dazu in die Pläne per Hand eingetragen werden müssen, sind in den von MMC-KON erstellten Konfigurationen hinterlegt. MMC-KON bietet eine Projektierungsfunktion zur Extraktion der benötigten Parameter aus einer Konfiguration. Diese Parameter können an das BS2000 übertragen und von MALTA verarbeitet werden. Auch für andere Projektierungsverfahren ist eine ähnliche Vorgehensweise möglich.

13.3.5 Rationalisierung durch MMC-Kon

Die in Abschnitt 13.3.2 beschriebenen Projektierungsschritte finden in den Phasen Entwurf und Ausführung statt. Der Ausführungsteil wird von MMC-KON fast vollständig übernommen. Beim Entwurf leistet MMC-KON große Unterstützung durch die interaktiven Bearbeitungsmöglichkeiten, durch die Möglichkeit, auf einen

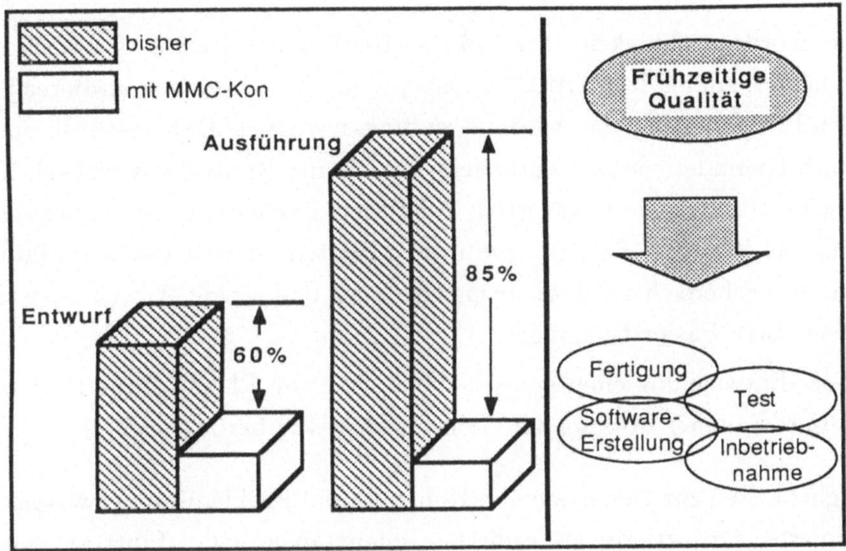

Abb. 13.8: *Rationalisierungseffekt mit MMC-Kon*

vorhandenen Lösungspool zurückzugreifen, und vor allem durch automatisch durchgeführte Konsistenzprüfungen.

Durch die automatische Anwendung des hinterlegten Projektierungswissens sowie die leistungsfähige Unterlagenaufbereitung wird eine frühzeitig verfügbare und widerspruchsfreie Dokumentationsunterlage gewährleistet. Die frühzeitige Qualität der Unterlagen, vor allem auch bei Änderungen, bietet wesentliche Vorteile für die weitere Projektierung der Anlage, wie Software-Erstellung und Projektierung der Prozeßnahtstellen. Bereits beim Aufbau von Testanlagen, wozu früher die Hardwarebeschreibungen verwendet wurden, stehen jetzt korrekte Unterlagen zur Verfügung.

Abbildung 13.8 zeigt eine Gegenüberstellung des Aufwandes bei der Durchführung der reinen Hardware-Konfigurierung bei konventioneller Vorgehensweise und unter Einsatz von MMC-KON. Beim Entwurf reduziert sich der Aufwand um etwa 60 %, bei der Ausführung um etwa 85 %. Der Rationalisierungseffekt für die gesamte Hardware-Konfigurierung liegt insgesamt bei 80 %. Die frühzeitige Qualität der entstehenden Unterlagen führt zusätzlich zu einer erheblichen Aufwandsreduktion bei Softwareerstellung, Fertigung, Test und Inbetriebnahme.

13.4 Fazit und Ausblick

Die hohe Leistungsfähigkeit von MMC-KON unterstreicht nachdrücklich die grundsätzliche Eignung der PLAKON-Konzepte für Anwendungen im Bereich der professionellen Projektierung von Automatisierungssystemen. Dabei ist insbesondere die konsequente Trennung von konzeptuellem Wissen und Kontrollwissen (vgl. Kapitel 7) ein entscheidender Realisierungsvorteil. Allerdings zeigte die Entwicklung von MMC-KON auch, daß PLAKON für den produktorientierten Breiteneinsatz im industriellen Automatisierungsbereich noch zu unspezifisch ist und wenig Anwendungsakzeptanz wegen seiner LISP-Basiertheit findet.

Im Zuge der Entwicklung einer speziellen Variante von PLAKON für Projektierungsaufgaben werden daher insbesondere folgende Aspekte berücksichtigt:

- Möglichkeiten zur Definition von Kontroll- und Problemlösungswissen für wohldefinierte, projektierungsspezifische Teilaufgaben. Dies führt zu einem angepaßten Paradigma in Bezug auf die Wissensrepräsentation.
- Übergang auf eine KI-Entwicklungsumgebung, die auf C++ basiert, zur Verbesserung der Performance und der Integrationsfähigkeit in die vorhandene Software-Welt.

Im folgenden wird kurz erläutert, welche PLAKON-Konzepte sich bei der Realisierung von MMC-KON als besonders leistungsfähig erwiesen haben.

13.4.1 Objektorientierung

Zur Repräsentation des Konfigurierungswissens spielen die strukturelle und die funktionelle Beschreibung von Objekten, Geräten und Prozessen und deren Interaktionen eine bedeutende Rolle. Zu diesem Zweck eignet sich eine objektbasierte Repräsentationstechnik am besten.

Die objektorientierte Darstellung hat den Vorteil, einerseits Expertenwissen und andererseits Wissen über Objekte des Automatisierungssystems in expliziter Form widerzugeben. Diese Methode der Wissensdarstellung wirkt sich positiv auf den Ablauf des Konfigurierungsprozesses und auf die erforderliche Aktualisierung des Konfigurierungswissens aus.

13.4.2 Hierarchiebildung

In verschiedenen Phasen der Konfigurierung werden sukzessive immer detailliertere Aspekte (Verfeinerung) des zu erstellenden Automatisierungssystems betrachtet. Dementsprechend kann jeder Konfigurierungsphase eine Abstraktionsebene zugeordnet werden. Die Hierarchiebildung ist ein Verfahren, um wesentliche Teile des Expertenwissens strukturiert zu repräsentieren.

13.4.3 Kontrollstrategie

Die Problemlösung in der Konfigurierung ist gekennzeichnet durch Anwendung einer konsequenten Kontrollstrategie. Sie besteht aus einer Folge von Einzelschritten, die in drei Klassen gegliedert werden:

- *Auswahl* von Objekten aus einer Abstraktionsebene. Die physikalischen oder logischen Komponenten des zu konfigurierenden Automatisierungssystems entsprechen Objekten, die ihrerseits mehreren Abstraktionsebenen zugeordnet sind.
- *Parametrierung* von Objektattributen unter Berücksichtigung aller relevanten Nebenbedingungen.
- *Transformation* von Objekten einer Abstraktionsebene in die nächstniedrigere Ebene, um dadurch Aspekte der Konfiguration detaillierter darzustellen.

13.4.4 Benutzerinteraktion

Im konkreten Ablauf der Konfigurierung mit MMC-KON ist eine starke Interaktion mit dem Benutzer von besonderer Bedeutung. Die Ursache für diese intensive Interaktion liegt hauptsächlich in der prinzipiellen Unvollständigkeit der vorliegenden Aufgabenstellung. Die endgültige Konfiguration wird im wesentlichen von Faktoren bestimmt, die nicht systematisch erfaßt werden können (z.B. sich verändernde Kundenwünsche). In jeder Phase des Konfigurierungs-Ablaufes kann der Anwender eingreifen und die vom System getroffenen Entscheidungen zurückweisen sowie andere Lösungswege und Konfigurationsvorschläge angeben.

Kapitel 14

Konzepte zur praktischen Handhabbarkeit einer ATMS-basierten Problemlösung

Albert Haag

14.1 Einleitung

Die Entwicklung einer Problemlösungsarchitektur für Planungs- und Konfigurierungsanwendungen war einer der Schwerpunkte unserer Arbeit in den letzten Jahren. Dazu sind von uns eine Reihe von Aufgabenstellungen betrachtet worden, so z.B. die Generierung von Arbeitsplänen in der Fertigung mechanischer Teile, die Konfigurierung von elektrischen Bauteilen (Transformatoren) anhand einer gegebenen Spezifikation und die Erstellung konsistenter Angebote (Systemkonfigurationen) beim Vertrieb von CNC-Steuerungen. Es hat sich dabei ergeben, daß sich alle diese Aufgaben durch eine Reihe gemeinsamer Merkmale charakterisieren ließen, die zusammen eine wichtige Klasse von kommerziell relevanten Problemstellungen ausmachen. Die wesentlichen Merkmale dieser Problemklasse sind nachfolgend aufgelistet:

*Dieser Beitrag ist eine überarbeitete und aktualisierte Version von [Haag90b]

[0]Ich möchte an dieser Stelle Peter Bunse, Frank Zetzsche und Georg Zinser aus unserer TEX-K- und TEX-B-Mannschaft besonders danken, die in vielen Diskussionen die vorgestellten Konzepte wesentlich beeinflußt haben. Darüberhinaus hat Peter Bunse einen wesentlichen Anteil an der Umsetzung in eine effiziente Implementierung.

- Die Probleme sind im wesentlichen durch Randbedingungen und Optimalitätskriterien bestimmt. Die Zielfunktion, nach der optimiert werden soll, läßt sich aber häufig nicht explizit angeben, bzw. es gibt mehrere, sich teilweise widersprechende Zielvorstellungen.
- Die Probleme sind hochgradig komplex. Es hat sich gezeigt, daß sich die heutigen Mittel eher dazu eignen, eine interaktive Problemlösung durch einen Benutzer zu unterstützen, als fertige Lösungen durch ein System aufzufinden. Bei dieser Art von Unterstützung ist der Aspekt der unklar formulierten Zielsetzungen noch verstärkt, da die Zielvorstellung des Benutzers auch während der Lösung Schwankungen unterliegt (vgl. Kapitel 15).
- Der Vergleich von Alternativen und das Ermitteln von inkonsistenten Forderungen spielen eine wesentliche Rolle bei der Findung einer akzeptablen Lösung.

Ein nach unseren Beobachtungen wichtiger Aspekt einer solchen Problemlösung ist die Verwendung von Annahmen im Zusammenhang mit aufgestellten Forderungen und Entscheidungen bzgl. der gesuchten Lösung. Die Verwaltung von Annahmen ist die eigentliche Aufgabe eines ATMS (*Assumption Based Truth Maintenance System*, [DeKleer86]). Ein ATMS ist ein System, das als Dienstleistung die Konsistenz der getroffenen Annahmen nach logischen Gesichtspunkten verwaltet. Entsprechend stellen wir hier eine von uns entworfene Problemlösungsarchitektur vor, die auf einem von uns auf die hier behandelten Aufgabenstellungen speziell zugeschnitten ATMS basiert, in eine objektorientierte Programmierumgebung eingebettet ist und ein regelbasiertes (vorwärtsverkettendes) Inferenzsystem enthält.

Diese Problemlösungarchitektur ist im Rahmen von TEX-K als Ergänzung zu den bisher in diesem Buch vorgestellten Konzepten von PLAKON entwickelt worden. Es war vorgesehen, sie als *regelorientierten Kontrollansatz* und als *ATMS-Modus* der dynamischen Wissensbasis (vgl. Modus IV in Kapitel 8) in PLAKON zu integrieren. Die Integration wurde im Rahmen von TEX-K aber nicht mehr durchgeführt, so daß eine Erprobung nur als eigenständiges System erfolgt ist, das wir als μPLAKON bezeichnen. Um in diesem Buch aber einer Begriffsverwirrung vorzubeugen, werden wir in diesem Beitrag diese Bezeichnung nicht weiter verwenden.

Die der Erprobung zugrundeliegende Aufgabenstellung war die „Konfigurierung von CNC-Steuerungen", die in Zusammenarbeit mit einer Herstellerfirma für CNC-Steuerungen, IBH Bernhard Hilpert in Schwieberdingen (s. Abschnitt 14.7) durchgeführt wurde. Die dabei gemachten Erfahrungen lassen, trotz einiger Mängel, auch unter kommerziellen Gesichtspunkten gute Möglichkeiten erkennen, entsprechende Anwendungen zu realisieren. Insbesondere die Möglichkeiten, die die Betrachtung von Alternativen aufgrund des ATMS bietet, haben eine wesentlich bessere Unterstützung des Benutzers ermöglicht, als mit bisherigen Ansätzen erzielt worden war. Ähnliches dürfte auch auf weitere Problemstellungen zutreffen, wie z.B. die Beratung bei der Zusammenstellung von Investment-Paketen und Versicherungsverträgen, oder etwa die Planung von Einbauküchen u.ä. Ein Punkt, der im Hinblick auf den produktiven Einsatz noch verbesserungsbedürftig ist, ist die Erklärbarkeit von Ergebnissen.

Obwohl die Motivation für die Gestaltung des Systems durch die Betrachtung praktischer Problemstellungen getrieben wurde, war es eines unserer Anliegen, sowohl das System selbst als auch die betroffene Problemklasse formal zu spezifizieren. Dies erachten wir als erforderlich, um eine korrekte, transparente und effiziente Implementierung von Anwendungen zu ermöglichen. Diese Formalisierung kann allerdings z.Z. noch nicht als endültig abgeschlossen betrachtet werden.

14.2 Constraint-Satisfaction-Probleme

Eine Analyse der bisher von uns betrachteten Anwendungen hat ergeben, daß die zu lösenden Probleme überwiegend durch die folgenden Merkmale charakterisiert sind:

- Es ist ein klassisches *Constraint-Satisfaction-Problem* (CSP) zu lösen (s.u.), wobei die Lösung zusätzlich gewissen Güteanforderungen genügen soll.
- Die jeweils geltenden Rand- und Nebenbedingungen (Constraints) lassen sich in zwei Gruppen einteilen:
  - solche, die aus der Sache heraus gelten müssen (harte Constraints)
  - solche, die wünschenswert im Hinblick auf „gute“ Lösungen sind (heuristische oder weiche Constraints).
- Die Lösungen lassen sich i.a. nicht total nach der Güte ordnen, sondern werden miteinander partiell verglichen, aufgrund des Erfülltseins / Nicht-Erfülltseins gewisser Forderungen, die durch heuristische oder weiche Constraints formuliert sind.

Eine ausführlichere Darstellung der Beziehungen einer Arbeitsplanungsanwendung zu CSP findet sich in [Haag88].

Im Rahmen eines CSP ist es nicht möglich, Aussagen über die „Güte“ der Lösung zu machen, insbesondere ist ein CSP kein Optimierungsproblem. Optimierungsprobleme lassen sich vielmehr als Schar von CSPs auffassen, deren jeweilige Lösungen miteinander partiell verglichen werden können. Deshalb definieren wir ein „erweitertes“ CSP wie folgt:

Definition 1 (Extended Constraint Sastisfaction Problem - ECSP)
Ein ECSP ist durch ein Tupel $\langle X, V, C, H \rangle$ gegeben, wobei gilt:

- X ist eine endliche Menge von Variablen,
- V ist eine endliche Menge, die als Wertebereich für die Variablen in Betracht kommt,
- C ist eine endliche Menge von (harten) Bedingungen (Constraints), die Wertebelegungen der Variablen erfüllen müssen,
- H ist eine endliche Menge von (heuristischen oder weichen) Bedingungen (Constraints), die Wertebelegungen der Variablen erfüllen sollen, um möglichst gute Lösungen zu bekommen. □

Bemerkung
Ein klassisches CSP wird durch ein Tripel $\langle X, V, C \rangle$ gegeben, d.h. es wird nicht zwischen harten und weichen Randbedingungen unterschieden. Dementsprechend beschreibt ein ECSP eine Schar von CSPs $\langle X, V, C \cup H' \rangle_{H' \subseteq H}$. Ein CSP in dieser Schar ist maximal, falls es nicht inkonsistent ist (also eine Lösung hat) und es nicht möglich ist, eine weitere Bedingung aus H hinzuzunehmen, ohne daß das CSP dadurch inkonsistent wird. Die Lösung des ECSP besteht darin, alle oder einige maximale CSPs zu lösen. Dieses Problem ist von exponentieller Komplexität.

Die Behandlung von Constraints erfolgt mittels einer sog. *Lokalen Propagierung von Wertebereichen* [Güsgen87], Kapitel 6. Die Lokale Propagierung ist eine relativ schwache Problemlösungsmethode [Güsgen87] [Haag89], aber die Erfahrung zeigt, daß sie einen guten Kompromiß bzgl. Größe des Suchraums und Mächtigkeit des Lösungsansatzes bietet, insbesondere im Hinblick auf die intendierte Interaktion mit dem Benutzer.

14.3 Umriß der Problemlösungsarchitektur

Das Zusammenspiel der wesentlichen Mechanismen der hier vorgestellten Problemlösungsarchitektur soll hier kurz beschrieben werden (s. Abbildung 14.1). Kern des Systems ist ein erweitertes ATMS, genannt ATMS* (s. Abschnitt 14.4), das als Datenverwaltungssystem analog einer Datenbank gesehen werden kann. Das ATMS* hat eine Schnittstelle zu CLOS(Common Lisp Object System [Keene89]) und alternativ zu FRESKO. In CLOS ist eine zusätzliche Klasse *atms-class* vorgesehen für solche Objekte, über die Aussagen im ATMS* verwaltet werden sollen. Die Existenz jeder Instanz vom Typ *atms-class* wird im ATMS* mit einer entsprechenden Rechtfertigung eingetragen. Aussagen über Slots, die ATMS-Variablen entsprechen, werden im ATMS* mit entsprechenden Rechtfertigungen eingetragen und gemäß dem Variablenkonzept verwaltet. Ein etwaiger in CLOS ebenfalls für diese Slots gespeicherter Wert hat für die Problemlösung allenfalls die Bedeutung eines Defaults. Für Slots, die nicht als ATMS-Variable deklariert werden, erfolgt keinerlei Verwaltung im ATMS*. Auf diese Slots muß weiterhin mit den für CLOS spezifizierten Funktionen zugegriffen werden. Die Schnittstelle des ATMS* zu CLOS wird hier nicht ausgeführt (vgl. [Haag90], [Haag90a], [Haag90b]).

In das ATMS* ist eine sog. *Class-Consumer-Architecture* (CCA) integriert, d.h. es existiert ein Pattern Matcher, der jedes in das ATMS* neu eingetragene Datum mit den gegebenen Patterns vergleicht, und *konsistente* Instantiierungen dieser Patterns in eine Agenda stellt. Der Task-Manager ist ein über der CCA implementierter, mit einfachem Kontroll- und Strukturierungskonzept versehener Regelinterpreter, der die eigentliche Inferenzkomponente darstellt. Die Regeln jeder Task werden in eine eigene RETE-Tabelle [Forgy82] kompiliert, die bei Bedarf geladen und entladen werden kann.

14.4 Das ATMS*

In diesem Abschnitt spezifizieren wir die zugrundeliegende Rechtfertigungsverwaltung, die wir ATMS* nennen, da es sich um eine Erweiterung des ursprünglich von DeKleer [DeKleer86] eingeführten ATMS handelt. Der Vollständigkeit halber, und um die Beziehung zu den in der Literatur eingeführten Begriffen herzustellen, charakterisieren wir zuerst noch einmal kurz ein ATMS. Eine weitergehende Formalisierung findet sich in [Zetzsche88].

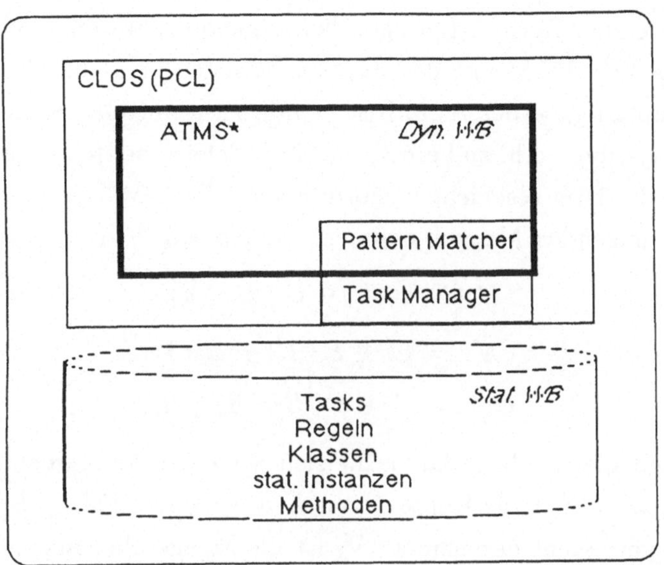

Abb. 14.1: *Architekturübersicht*

14.4.1 Die ATMS-Markierung

Es seien drei endliche Mengen A, D und J fest vorgegeben, wie folgt:

- A heißt Menge der Annahmen. Durch A ist dann auch die Menge $\mathcal{E} := 2^A$ bestimmt, deren Elemente *Environments* genannt werden.
- D heißt Menge der Problemdaten. Wir fordern, daß D zwei besondere Problemdaten *true* und *false* enthält. Hierbei bezeichnet *true* ein Datum, das immer gilt, und *false* ein Datum, das nie gilt.
- J heißt Menge von Rechtfertigungen. Eine Rechtfertigung ist ein Ausdruck

$$p_1 \dots p_n \rightarrow d\ ,$$

wobei $p_i \in D \cup A$ und $d \in D$.

Das ATMS verwaltet Rechtfertigungen im Sinne von Inferenzregeln (logischen Implikationen). Daher ist es nicht sinnvoll, daß auf der linken Seite einer Rechtfertigung *false* oder auf der rechten Seite einer Rechtfertigung *true* vorkommt. Wir werden die Tatsache, daß sich ein Problemdatum $d \in D$ aus einer Menge von Annahmen E

herleiten läßt, wie üblich mit $E \vdash d$ notieren, bzw. mit $E \vdash_J d$, falls der Bezug zu den zugrundeliegenden Rechtfertigungen hervorgehoben werden soll. Wir tun dies im folgenden, da sich die Menge der Rechtfertigungen im Laufe der Problemlösung ändert. Die Hauptaufgabe des ATMS ist es nun zu ermitteln, wann Grund besteht, an ein $d \in D$ zu glauben, d.h. zu berechnen, für welche konsistenten Annahmemengen $E \in \mathcal{E}$ gilt $E \vdash_J d$. Dies geschieht in Form einer ATMS-Markierung, die jetzt unter Verwendung der folgenden Mengen definiert werden soll:

$$C_J(E) := \{d \in D \mid E \vdash_J d\}$$

$$\mathcal{N}_J := \{E \in \mathcal{E} \mid E \vdash_J \mathit{false}\}$$

$$\mathcal{L}_{d,J} := \{E \in \mathcal{E} \mid E \vdash_J d\} \setminus \mathcal{N}_J$$

$C_J(E)$, die Menge aller Problemdaten, die sich aus einer Annahmenmenge E bzgl. J herleiten lassen, wird auch als Kontext von E bezeichnet. Falls $\mathit{false} \notin C_J(E)$, wird der Kontext als konsistent bezeichnet. $\mathcal{N}_J$ ist die Menge aller inkonsistenten Annahmenmengen. Eine inkonsistente Annahmenmenge wird auch als *Nogood* bezeichnet. $\mathcal{L}_{d,J}$ ist also die Menge aller konsistenten Annahmenmengen, die d herleiten. Man beachte, daß nach dieser Definition gilt $\mathcal{L}_{\mathit{false},J} = \emptyset$ und aufgrund der Bedeutung des *true*-Datums gelten muß $\mathcal{L}_{\mathit{true},J} := \mathcal{E} \setminus \mathcal{N}_J$.

Die Herleitbarkeit ist in folgendem Sinne offensichtlich monoton:

$$E \subseteq F \Rightarrow C_J(E) \subseteq C_J(F) .$$

Deshalb ist es sinnvoll, aus $\mathcal{L}_{d,J}$ und $\mathcal{N}_J$ solche Annahmemengen zu entfernen, die Übermengen von anderen enthaltenen Annahmemengen sind. Wir definieren deshalb:

$$\overline{\mathcal{L}}_{d,J} := \{L \in \mathcal{L}_{d,J} \mid \neg\exists\, \mathcal{K} \in \mathcal{L}_{d,J} \text{ mit } \mathcal{K} \subset L\}$$

$$\overline{\mathcal{N}}_J := \{L \in \mathcal{N}_J \mid \neg\exists\, \mathcal{K} \in \mathcal{N}_J \text{ mit } \mathcal{K} \subset L\}$$

Üblicherweise meint man, wenn man von der Menge der *Nogoods* spricht, $\overline{\mathcal{N}}_J$ und nicht $\mathcal{N}_J$. $\overline{\mathcal{L}}_{d,J}$ ist das *Label* oder die *ATMS-Markierung* von d. Man beachte den feinen aber fundamentalen Unterschied zwischen der Markierung des *false*-Datums, $\emptyset$, und der des *true*-Datums, die sich durch die Minimierung zu $\{\emptyset\}$ berechnet.

Definition 2: (ATMS-Markierung — „ATMS-Labeling“)
Es seien Mengen A, D und J wie oben gegebenen. Die ATMS-Markierung (engl. *Labeling*) ist eine Abbildung $\lambda_J : D \to 2^{\mathcal{E}}$, die durch $\lambda_J(d) := \overline{\mathcal{L}}_{d,J}$ definiert ist. □

14.4.2 Annahmen und Rechtfertigungen im ATMS*

Im ATMS werden Annahmen üblicherweise als Problemdaten angesehen, die sich selbst rechtfertigen. Diese Definition einer Annahme ist zufriedenstellend, falls die drei Mengen A, D und J tatsächlich fest gegeben sind. Nach unseren Beobachtungen führt sie in der Praxis aber zu zwei Schwierigkeiten.

Zum einen, muß man zulassen, daß für ein Datum, das zunächst eine Annahme war, später doch noch Rechtfertigungen gegeben werden. In solchen Fällen ist es dem Benutzer häufig nicht mehr transparent, was die Annahme, die er ursprünglich getroffen hat, im ATMS für einen Rolle spielt. Gegeben seien z.B. zwei Annahmen b und c. Später werden Rechtfertigungen gegeben $b \rightarrow c$ und $c \rightarrow b$. Sind b und c noch Annahmen? Sind sie es auch noch, falls zusätzlich gilt $true \rightarrow b$?

Die andere Schwierigkeit geht darauf zurück, daß die Annahmen im ATMS gerade den Suchraum der Problemlösung aufspannen, also die Alternativen kennzeichnen, die bei der Lösungsfindung untersucht werden können. Der Problemlöser muß sich dessen bewußt sein, wenn er Annahmen trifft. Es hat es sich nach unserer Beobachtung als schwierig erwiesen, konkrete Kriterien dafür aufzustellen, wann ein Problemdatum eine Annahme sein sollte.

Im ATMS* wird nun der Problemlöser gehalten, zu unterscheiden zwischen Rechtfertigungen, die in der Problemdomäne unbedingte Gültigkeit haben, und solchen, die mehr heuristischen Charakter haben. Die ersteren nennen wir auch *harte Rechtfertigungen* und die zweiten entsprechend *weiche Rechtfertigungen*. Wir meinen, daß diese Unterscheidung in der Praxis leichter fällt, als zu entscheiden, was eine Annahme sein soll. Zur Erläuterung sei kurz ein Beispiel aus der Arbeitsplanung angeführt. Bei der mechanischen Fertigung gewisser Teile muß z.B. grundsätzlich gelten, daß die Grobbearbeitung eines Merkmals nicht nach der Feinbearbeitung eben dieses Merkmals durchgeführt wird. Es ist darüberhinaus häufig sinnvoll, grundsätzlich die Grobbearbeitung aller zu fertigender Merkmale vor der Feinbearbeitung irgendeines Merkmals durchzuführen, letzteres ist aber nur eine Heuristik.

Im ATMS* unterscheiden wir deshalb strikt zwischen den Annahmen an sich und solchen Problemdaten, die angenommen werden, d.h. es gilt immer $A \cap D = \emptyset$. Dies wird technisch dadurch unterstützt, daß die Annahmen nur über das Einbringen von weichen Rechtfertigungen und Regeln erzeugt werden können, indem jeder weichen Rechtfertigung intern eine Annahme zugeordnet wird. Harte Rechtfertigungen im

ATMS* haben somit die folgende Form:

$$d_1 \dots d_n \rightarrow d$$

wobei $d_1 \dots d_n \in D \setminus \{false\}$ und $d \in D \setminus \{true\}$. Weiche Rechtfertigungen im ATMS* haben die folgende Form:

$$a_j, d_1 \dots d_n \rightarrow d$$

wobei $d_1 \dots d_n \in D \setminus \{false\}$ und $d \in D \setminus \{true\}$ und $a_j \in A$ eine Annahme bezeichnet, die eindeutig der Rechtfertigung zugeordnet wird[1].

Wir wollen noch kurz aufzeigen, wie das eingangs gegebene Beispiel mit den Annahmen b und c im ATMS* zu behandeln ist. Es war dort vorausgesetzt, daß b und c zwei Problemdaten darstellen, also $b, c \in D$. Der ursprüngliche Zustand, daß b und c angenommen werden, wird durch zwei weiche Rechtfertigungen wie folgt ausgedrückt:

$$a_1 \rightarrow b$$

$$a_2 \rightarrow c$$

wobei a_1 und a_2 zwei Annahmen sind, die vom ATMS* intern beim Einbringen der Rechtferti- gungen erzeugt werden (s.a. Abschnitt 14.4.4). Nach Einbringen der (harten) Rechtfertigungen $b \rightarrow c$ und $c \rightarrow b$ wird für b und c jeweils die Markierung (*Label*) $\{\{a_1\}\{a_2\}\}$ berechnet. Nach Einbringen der weiteren (harten) Rechtfertigung $true \rightarrow b$ wird für b und c durch Minimierung $\{\emptyset\}$ als Markierung berechnet, d.h. beide Daten gelten in allen Kontexten. Die Annahmen a_1 und a_2 existieren weiterhin, haben aber für die Problemlösung zunächst keine Bedeutung mehr.

14.4.3 Die ATMS*-Markierung

Es hat sich gezeigt, daß Definition einer ATMS-Markierung nicht ausreicht, um Aussagen über Wertebereichseinschränkungen von Variablen wirkungsvoll zu verwalten. Im Vorgriff auf die Behandlung von Variablen, die in Abschnitt 14.5.4 gegeben wird, möchten wir dazu bereits hier folgende Überlegung anstellen. Es bezeichne $\{x \in S\}$ die Aussage, daß die Menge S der mögliche Wertebereich einer Variablen x ist. Für $S \subseteq T$ wird der Problemlöser nie an der Aussage $\{x \in T\}$ interessiert sein, wenn

[1] Es ist allerdings auch möglich, mehrere Rechtfertigungen, die alle bei der Anwendung einer Regel erzeugt werden, einer die Regelanwendung kennzeichnenden Annahme zuzuordnen.

gleichzeitig $\{x \in S\}$ gilt, obwohl $\{x \in T\}$ in diesem Falle weiterhin eine gültige Aussage ist. Dies liegt daran, daß $\{x \in S\}$ eine speziellere Aussage ist als $\{x \in T\}$. Es ist an dieser Stelle unsere Beobachtung gewesen, daß es ganz allgemein darauf ankommt, eine auf den Problemdaten gegebene Spezialisierungsordnung zu berücksichtigen. Genau dies wird im ATMS* getan.

Wir betrachten dazu drei Mengen A, D und J wie in den Abschnitten 14.4.1 und 14.4.2 gegebenen, wollen allerdings zusätzlich berücksichtigen, daß $(D, \leq)$ partiell geordnet sein kann. Dieser partiellen Ordnung messen wir die Bedeutung bei, daß falls $d, e \in D$ und $d < e$ dann e eine speziellere Fassung des Datums d dar. Insbesondere ist also der Problemlöser nur dann an d interessiert, falls nicht gleichzeitig e gilt. Aus der Bedeutung der Daten *true*, *false* $\in D$ folgt unmittelbar, daß grundsätzlich gelten soll:

$$\forall d \in D : \mathit{true} \leq d \leq \mathit{false} \ .$$

Wir gehen nun bei der Definition der ATMS*-Markierung wie oben vor, d.h. wir definieren entsprechende Mengen:

$$\mathcal{N}^*_{d,J} := \bigcup_{e>d} \{E \in \mathcal{E} \mid E \vdash_J e\}$$

$$\mathcal{L}^*_{d,J} := \{E \in \mathcal{E} \mid E \vdash_J d\} \setminus \mathcal{N}^*_{d,J}$$

$$\overline{\mathcal{L}}^*_{d,J} := \left\{L \in \mathcal{L}^*_{d,J} \mid \neg\exists\, \mathcal{K} \in \mathcal{L}^*_{d,J} \text{ mit } \mathcal{K} \subset L\right\}$$

$\mathcal{L}^*_{d,J}$ unterscheidet sich gerade von $\mathcal{L}_{d,J}$ dadurch, daß alle Annahmemengen zusätzlich entfernt werden, die irgendein spezielleres Datum rechtfertigen, nicht nur *false*. Man beachte aber, daß nach dieser Definition gilt $\mathcal{N}^*_{false,J} = \emptyset$ und damit anders als oben $\mathcal{L}^*_{false,J} = \mathcal{N}_J$. Außerdem kann anders als oben gelten $\mathcal{L}^*_{true,J} = \emptyset$.

Definition 3: (ATMS*-Markierung)
Es seien Mengen A, $(D, \leq)$ und J wie beschrieben gegebenen. Die ATMS*-Markierung ist eine Abbildung $\lambda^*_J : D \to 2^{\mathcal{E}}$, die durch $\lambda^*_J(d) := \overline{\mathcal{L}}^*_{d,J}$ definiert ist. □

Man beachte, daß die Nogood-Behandlung des ATMS hier als Spezialfall unter die Behandlung der Spezialisierung fällt. Insbesondere folgt der folgende Satz unmittelbar aus den Definitionen:

Satz 1:
Für die triviale partielle Ordnung auf D, die dadurch gegeben ist, daß gilt

$$d \leq e :\Leftrightarrow d = \mathit{true} \vee e = \mathit{false} \vee d = e ,$$

stimmen λ_J^* und λ_J (also das ATMS* und das ATMS) bis auf $\mathit{true}, \mathit{false} \in D$ überein. □

14.4.4 Schnittstellenfunktionen des ATMS*

Aufgrund der bisher beschriebenen Funktionalität des ATMS*, nämlich der Berechnung einer ATMS*-Markierung, sind folgende direkte Anfragen an das ATMS* gegeben:

- Es ist möglich, nach der Markierung $\lambda^*(d)$ eines Problemdatums $d \in D$ zu fragen.
- Es ist möglich, nach der gegebenen Spezialisierungsordnung zu fragen, d.h. zu $d \in D$ können alle $e \in D$ ermittelt werden, mit $d < e$ oder $d > e$.
- Es ist möglich, nach allen (harten und weichen) Rechtfertigungen für ein Problemdatum $d \in D$ zu fragen, d.h. nach allen $j \in J$, die d auf der rechten Seite haben.

In der praktischen Problemlösung sind die Mengen A, $(D, \leq)$ und J nicht fest vorgegeben. Vielmehr werden sie während der Problemlösung durch Aktionen des Problemlösers einschließlich der auf D definierten Spezialisierungsordnung laufend verändert. Nach jeder solchen Aktion muß das ATMS* eine neue Markierung berechnen. Es sind folgende direkte Änderungsfunktionen an das ATMS* gegeben:

- Es ist möglich, ein Problemdatum $e \in D$ als Spezialisierung eines anderen Datums $d \in D$ zu deklarieren[2], also $d < e$.
- Es ist möglich, eine Spezialisierungsaussage zurückzunehmen.
- Es ist möglich, eine Rechtfertigung für ein Problemdatum $d \in D$ durch Angabe der auf der linken Seite der Rechtfertigung stehenden Problemdaten einzubringen und dabei anzugeben, ob es sich um eine harte oder weiche Rechtfertigung handelt.

[2]Diese Freiheit wird im Zusammenhang mit dem Variablenkonzept (s. Abschnitt 14.5.4) eingeschränkt.

- Es ist möglich, eine eingebrachte Rechtfertigung wieder aus dem ATMS* zu entfernen.
- Es ist möglich, ein Problemdatum $d \in D$ aus dem ATMS* zu löschen. d wird entfernt, falls es keine Rechtfertigungen mehr dafür mehr gibt. Das Entfernen von d bewirkt weiter, daß alle Rechtfertigungen, in denen d auf der linken Seite auftaucht, aus dem ATMS* entfernt werden.

Aufbauend auf diesen direkten Abfrage- und Änderungsfunktionen haben wir noch eine Reihe komplexerer Schnittstellenfunktionen zur effizienteren Handhabung zur Verfügung gestellt, die im Benutzerhandbuch [Haag90] beschrieben sind. Weitere Schnittstellenfunktionen, die konzeptuell über diese einfachen Möglichkeiten hinausgehen, werden in Abschnitt 14.5.2 beschrieben.

14.5 Die Class-Consumer-Architecture

Um dem Problemlöser das geordnete Einbringen von Rechtfertigungen in das ATMS zu erleichtern wurde bereits gleichzeitig mit dem ATMS, die sog. *Consumer-Architecture* (CCA) von DeKleer vorgestellt [DeKleer86]. Die wesentliche Idee hierbei ist, daß das ATMS im Vorwege berechnet, welche der in die Problemlösung einzubringenden Rechtfertigungen überhaupt eine (im Sinne des ATMS) konsistente linke Seite hat, und den Problemlöser mit einer entsprechenden Liste konfrontiert, aus der dann die Rechtfertigung ausgewählt wird, die als nächste ins ATMS eingebracht werden soll. Anschließend wird diese Rechtfertigung aus der Liste der betrachtbaren Rechtfertigungen entfernt. Dadurch wird verhindert, daß eine Rechtfertigung mehr als einmal vom Problemlöser eingebracht wird.

Die Consumer-Architecture dient nicht nur dem Einbringen neuer Rechtfertigungen. Eine wichtige Anfrage an ein ATMS, die nicht unmittelbar durch die Möglichkeiten in Abschnitt 14.4.4 abgedeckt ist, ist z.B. die Frage, ob ein gegebenes Tupel von Problemdaten $\langle d_1 \ldots d_n \rangle$ konsistent ist oder nicht. In der praktischen Problemlösung taucht diese Frage in zweierlei Zusammenhängen auf. Zum einen kann es sein, daß das Tupel eine Lösung eines (Teil-)Problems darstellt und daß man sich konkret dafür interessiert, ob diese Lösung konsistent ist. Zum anderen kann es sein, daß man irgendeine Aktion, z.B. das Einbringen einer Rechtfertigung oder die Ausgabe einer Mitteilung an den Benutzer, von der Konsistenz dieses Tupels abhängig machen möchte.

Dies motiviert die Definition des Begriffs *Consumer* als ein solches Tupel von Problemdaten, das mit einer Aktion verknüpft werden soll. Diese Aktion wird genau dann als ausführbar betrachtet, wenn das Tupel konsistent ist. Wir sprechen daher auch von einem *ATMS-Ereignis*, da der Begriff *Consumer* dies nicht unmittelbar veranschaulicht.

DeKleer hat ebenfalls bereits den Begriff des *Class-Consumers* geprägt [DeKleer86] als Objekt, das eine ganze Klasse von Consumern beschreibt. Hier gebrauchen wir den Begriff *Class-Consumer*, um einen regel-ähnlichen Ausdruck zu bezeichnen, der unter Verwendung von Variablen und Bedingungen ein Tupel von Problemdaten beschreibt und dieses mit der Beschreibung einer Aktion verknüpft. Class-Consumer werden deshalb von uns auch als *ATMS-Regeln* bezeichnet. Für jedes konsistente Problemdatentupel, das der Beschreibung genügt, wird automatisch ein entsprechendes ATMS-Ereignis (Consumer) erzeugt.

Zusammenfassend möchten wir also festhalten, daß die eigentliche Interaktion des Problemlösers mit dem ATMS* über eine CCA stattfindet. Diese hat das Ziel, sowohl Anfragen an das ATMS* als auch Änderungen im ATMS* (Einbringen von Rechtfertigungen, Spezialisierungen, Löschen von Problemdaten usw.) regel-ähnlich formulieren zu können, und dabei die Zahl der tatsächlich betrachteten ATMS-Ereignisse aufgrund der ATMS*-Verwaltung möglichst klein zu halten. Es hat sich in der Praxis herausgestellt, daß es hierzu dringend erforderlich ist, die Spezialisierungsordnung auf ATMS-Ereignisse fortzusetzen.

Vor der eigentlichen Beschreibung der CCA wird im nächsten Abschnitt die in Abschnitt 14.4.3 festgelegte ATMS*-Markierung formal auf Teilmengen von Problemdaten fortgesetzt.

14.5.1 Fortsetzung der ATMS*-Markierung auf Teilmengen

Da der Informationsgehalt des Problemlösers nicht steigt, wenn ein Problemdatum mehrmals vorkommt, repräsentieren wir im ATMS* das Tupel $\langle d_1 \ldots d_n \rangle$ als Teilmenge $\{d_1 \ldots d_n\} \subseteq D$. Aus dem bisher gesagten ist es klar, daß es notwendig wird, die ATMS*-Markierung und die Spezialisierungsrelation $(D, \leq)$ auf $\mathcal{D} := 2^D$ fortzusetzen, bevor wir Consumer genauer definieren.

Es bezeichne $\mathcal{T}^*$ die Menge solcher Teilmengen von D , die nur unvergleichbare Elemente enthalten:

$$\mathcal{T}^* := \{U \subseteq D \mid \neg\exists\, d, e \in U \text{ mit } d < e\}$$

Wir setzen nun die Spezialisierungsordnung auf $\mathcal{T}^*$ fort. Dazu definieren wir eine (binäre) Relation $(\mathcal{T}^*, \leq)$ auf $\mathcal{T}^*$ wie folgt:

$$U, V \in \mathcal{T}^* : U \leq V \Leftrightarrow \exists \varphi : U \to V \text{ mit } \forall u \in U : u \leq \varphi(u)$$

Satz 2:
$(\mathcal{T}^*, \leq)$ ist partiell geordnet.

Bemerkung:
Ein Beweis von Satz 2 und weitere Ergebnisse findet sich in [Haag90a]. Die durch Satz 2 gegebene Ordnung setzt die Spezialisierungsordnung in dem Sinne fort, daß gilt:

$$\{d\} \leq \{e\} \Leftrightarrow d \leq e$$

Der Ableitungsbegriff läßt sich ebenfalls auf natürliche Art und Weise auf Teilmengen von D übertragen:

$$E \in \mathcal{E}, U \in \mathcal{D} : E \vdash_J U :\Leftrightarrow \forall u \in U : E \vdash_J u \,.$$

Somit läßt sich die ATMS*-Markierung, die in Definition 3 gegeben wurde, entsprechend analog für $\mathcal{T}^* \subseteq \mathcal{D}$ definieren. Wie oben bezeichnen wir das Label (die Markierung) von U mit $\lambda^*(U)$.

14.5.2 Beschreibung der Class-Consumer-Architecture

Wie bereits oben motiviert, können wir jetzt den Begriff eines Consumers definieren als etwas, das eine konsistente Menge von Problemdaten mit einer Aktion verbindet.

Definition 4: (ATMS-Ereignis — Consumer)
Ein ATMS-Ereignis ist ein Viertupel $\langle ID, PRIO, T, \alpha\rangle$, wobei gilt:

- ID ist eine eindeutige Identifizierung des Ereignisses. ID besteht aus Angaben zu einer übergeordneten ATMS-Regel (Class-Consumer s.u.) und einer weiteren individuellen Identifizierung.

- *PRIO* ist eine Kontrollinformation, die das Auswahlproblem (conflict resolution) erleichtern soll. Konkret ist hier *PRIO* eine Zahl, der wir die Bedeutung beimessen, daß je höher die Zahl, um so bevorzugter die Auswahl des Ereignisses (Consumers) erfolgen soll.
- T ist ein Tupel von Problemdaten, dessen Konsistenz die Anwendbarkeit des Ereignisses bewirkt. Im Rahmen der vorliegenden CCA werden aus praktischen Gründen nur solche Tupel erlaubt, die keine zwei Elemente enthalten, von denen das eine, eine echte Spezialisierung des anderen darstellt[3], d.h. die sich unmittelbar als Teilmengen $T \in \mathcal{T}^*$ auffassen lassen.
- α ist ein Ausführungsteil (der sog. *Body*), in dem unter Bezugnahme auf T eine oder mehrere Aktionen ausgelöst werden können. Konkret können hier beliebige Funktionsaufrufe stehen. □

Es gibt folgende direkte Schnittstellenfunktionen zum ATMS*, um mit ATMS-Ereignissen zu arbeiten:

- Es ist möglich, nach der Markierung $\lambda^*_J(T)$ von T und nach T selbst zu fragen.
- Es ist möglich, sich alle konsistenten Ereignisse eines Segments (s.u.) auflisten zu lassen, geordnet nach der in *PRIO* angegebenen Priorität. Diese Auflistung heißt Segment-Agenda.
- Es ist möglich, nach der übergeordneten ATMS-Regel zu fragen (s.u.)
- Es ist möglich, ein Ereignis auszulösen (anzuwenden). Das betroffene Ereignis wird aus der entsprechenden Segment-Agenda entfernt.

Die einzige Möglichkeit, ATMS-Ereignisse zu erzeugen, ist durch die Instantiierung von ATMS-Regeln, die jetzt definiert werden sollen.

Definition 5: (ATMS-Regel — Class-Consumer)
Eine ATMS-Regel ist ein Fünftupel $\langle$*ID, PRIO, ASSUMED-FLAG, PATTERN*, $\alpha\rangle$, wobei gilt:

- *ID* ist eine eindeutige Identifizierung der ATMS-Regel. Konkret besteht hier *ID* aus Angaben zur Segmentzugehörigkeit und einer wei-

[3]Dies erspart später u.a. die explizite Formulierung von Ungleichheitsbedingungen u.ä. in den Vorbedingungen einer Regel, ohne irgendwelche Einbußen im sonstigen Gebrauch.

teren individuellen Identifizierung. Ein Segment ist lediglich ein Mechanismus zur Gruppierung von ATMS-Regeln.

- *PRIO* ist eine Kontrollinformation, die an alle ATMS-Ereignisse, die zu einer ATMS-Regel instantiiert werden, vererbt wird.
- *ASSUMED-FLAG* kennzeichnet, ob es sich um eine heuristische ATMS-Regel handelt. Falls *ASSUMED-FLAG* gesetzt ist, wird zu jedem zu dieser ATMS-Regel instantiierten ATMS-Ereignis eine eindeutige Annahme intern erzeugt.
- *PATTERN* ist ein symbolischer Ausdruck, der Variablen und Bedingungen an die Variablen enthalten kann und der Tupel von Problemdaten beschreibt. Für jedes im ATMS* vorhandene Tupel von Problemdaten, das dieser Beschreibung genügt, das einer Teilmenge $T \in \mathcal{T}^*$ entspricht und eine nicht-leere ATMS*-Markierung hat, wird ein entsprechendes ATMS-Ereignis im ATMS* instantiiert.
- α ist die Beschreibung eines Ausführungsteils (*Body*) der ATMS-Regel, aus der unter Bezugnahme auf die Variablen ein instantiiertes Ausführungsteil für die jeweils instantiierten Ereignisse gewonnen werden kann. Im Ausführungsteil kann z.B. beim Einbringen von Rechtfertigungen in das ATMS* auf das instantiierte Tupel T und auf die evtl. erzeugte Annahme Bezug genommen werden. □

Es hat sich herausgestellt, daß es für die Brauchbarkeit der CCA von entscheidender Bedeutung ist, wie die Spezialisierungsordnung genau auf Tupeln fortgesetzt wird. In Abschnitt 14.5.1 hatten wir zunächst nur die generelle Möglichkeit aufgezeigt, die Spezialisierungsordnung $\mathcal{T}^*$ fortzusetzen. Tatsächlich wird im ATMS* jeweils die Menge der einem Class-Consumer zuordbaren instantiierten Tupel für sich spezialisiert und die ATMS*-Markierung entsprechend dieser (lokalen) Spezialisierung berechnet. Dies hat den Hintergrund, daß überflüssige mit der ATMS-Regel verbundene ATMS-Ereignisse unterbunden werden, ohne die Anwendbarkeit von Ereignissen anderer ATMS-Regeln zu beeinflussen, was bzgl. Seiteneffekten und Erklärungen zu erheblicher Intransparenz führen würde.

Es gibt folgende weitere (noch nicht oben beschriebene) Schnittstellenfunktionen zum ATMS*, um mit Class-Consumern zu arbeiten:

- Es ist möglich, Segmente anzulegen und zu löschen.

- Es ist möglich, Class-Consumer in Segmente einzutragen und aus diesen zu entfernen.
- Es ist möglich, Segmente zu kompilieren, zu laden und zu entladen. Das Kompilieren eines Segments führt dazu, daß ein RETE-Netz für alle in dem Segment befindlichen Class-Consumer erzeugt wird. Das Laden des Segments führt dazu, daß dieses RETE-Netz geladen wird, ab diesem Zeitpunkt werden bis zum Entladen des Segments alle das Segment betreffenden Ereignisse (Consumer) instantiiert. Dabei wird auch schon für die im RETE-Netz vorhandenen Zwischentupel eine ATMS-Markierung (Label) berechnet. Der Instantiierungsprozeß wird nur auf konsistenten Zwischentupeln fortgesetzt.
- Es ist möglich, sich alle vorhandenen/geladenen Segmente anzeigen zu lassen.

14.5.3 Kontexte, Extensionen, Interpretationen und fokussierte Annahmemengen

Im Zusammenhang mit dem ATMS werden maximale Annahmemengen auch *Interpretationen* genannt. Der Kontext einer Interpretation I, $C_J(I)$, heißt *Extension.* In ATMS-Systemen existieren üblicherweise Funktionen, um die Interpretationen und Extensionen zu berechnen. Hier werden für das ATMS* auch entsprechende Funktionen angeboten. Dies ist aber mehr ein Zugeständnis an die Konvention, als das Erfüllen einer echten Anforderung, denn wir haben aufgrund unserer Erfahrungen mit praktischen Problemen eine andere Sicht auf Anfragen an das ATMS* entwickelt.

Die meisten Anfragen an das ATMS*, etwa bzgl. möglicher Wertebelegungen für Variable (s.u.), werden direkt oder indirekt in Form von ATMS-Regeln gestellt. Normalerweise würde dies zur Instantiierung und damit Anzeige z.B. aller konsistenten Wertebelegungen der Variablen führen. Häufig möchte man jedoch nur solche Informationen bekommen, die konsistent sind mit anderen bisherigen Anfragen. Aus diesem Grund gibt es die Möglichkeit, das ATMS* grundsätzlich auf bestimmte Annahmemengen zu fokussieren, d.h. daß das ATMS* alle Markierungen dahingehend prüft, ob sie verträglich mit diesen gesetzten Annahmemengen sind. Um den Umgang hiermit weiter zu erleichtern gibt es Anfragefunktionen, die einen solchen Fokus nur temporär während der Anfrage setzen, aber die Anwendbarkeit von ATMS-Ereignissen nicht beeinflussen. Diese Funktionen liefern z.B. alle konsistenten Wertebelegungen einer Variablen zurück, die konsistent sind mit den angegebenen Annahmemengen.

Es gibt darüberhinaus Möglichkeiten, die mit dem Ergebnis der Anfrage verbundene ATMS*-Markierung in weitere Anfragen einzubeziehen (s. [Haag90a]). Es ist auch möglich, Anfragen auf einen Kontext zu beschränken.

14.5.4 Das Variablenkonzept

Das ATMS behandelt Problemdaten als einfache Propositionen. Auch werden ohne Erweiterungen, die die Berechnung der ATMS*-Markierung (Labelberechnung) betreffen, Aussagen die Disjunktionen oder Negationen sind, nicht vollständig korrekt verwaltet. Logisch mächtigere Systeme, wie sie etwa in TEX-B entwickelt wurden [Zetzsche88], haben gleichzeitig das Risiko einer noch gesteigerten Komplexität.

Um speziell *Constraint-Satisfaction-Probleme* (CSP) und eine *lokale Constraint-Propagierung* [Güsgen87] zu unterstützen, wurden deshalb die folgenden Erweiterungen im ATMS* (inkl. CCA) vorgesehen. Für CSPs muß das ATMS* die Verwaltung von Wertezuweisungen zu Problemvariablen unterstützen. Für die lokale Constraint-Propagierung muß das ATMS* die Einschränkung von möglichen Wertebereichen der Variablen unterstützen. Dies wird beides konzeptuell über die CCA realisiert; in der Praxis sind die entsprechenden Mechanismen aus Effizienzgründen direkt im ATMS* integriert.

Es ist möglich, Problemvariable als entweder vom Typ `:azw` (für Variable über die grundsätzlich Aussagen über mögliche Wertebereiche gemacht werden sollen) oder vom Typ `:aw` (für Variable über die grundsätzlich Aussagen über mögliche Wertezuweisungen gemacht werden sollen) zu deklarieren. Hierbei steht `:azw` für *aktuell zulässiger Wertebereich* und `:aw` für *Aktueller Wert.* Eine Unterscheidung zwischen diesen beiden Typen hat lediglich den Grund, daß Variablen vom Typ `:aw` im ATMS* effizienter behandelt werden können, als solche vom Typ `:azw`.

Eine Aussage, daß die Menge S der mögliche Wertebereich einer Variablen x (vom Typ `:azw`) ist, notieren wir wie folgt:

$$\{x \in S\} \ ,$$

eine Aussage, daß v der einer Variablen y (vom Typ `:aw`) zugewiesene Wert ist, notieren wir wie folgt:

$$\{y = v\} \ .$$

Rein konzeptuell gilt natürlich

$$\{y \in \{v\}\} \Leftrightarrow \{y = v\}$$

Man beachte, daß hier *„möglicher Wertebereich“* wie folgt zu interpretieren ist:

$$\{x \in S\} \Leftrightarrow \neg\left\{x \in \overline{S}\right\}$$

$$\{x \in S\} \vee \{x \in T\} \Leftrightarrow \{x \in S \cup T\} \ ,$$

wobei $\overline{S}$ die Komplementmenge von S darstellen soll. Dies zeigt gleichzeitig auf, daß im Zusammenhang mit `:azw`-Variablen Disjunktionen und Negationen im ATMS* verwaltet werden können.

Für Variablen, die vom Typ `:azw` sind, wendet das ATMS* automatisch die folgenden Rechtfertigungen an[4]:

$$\{x \in S\}\,,\ \{x \in T\} \rightarrow \{x \in S \cap T\}$$

$$\{x \in \emptyset\} \rightarrow \mathit{false}\ .$$

Außerdem werden Aussagen über `:azw`-Variable automatisch spezialisiert, d.h. für $S \subseteq T$ gilt immer $\{x \in S\} \geq \{x \in T\}$. Der Problemlöser kann für solche Aussagen die Spezialisierungsordnung nicht verändern. Für Variablen, die vom Typ `:aw` sind, wendet das ATMS* automatisch die folgenden Rechtfertigungen an:

$$\{y = v\}\,,\ \{y = w\}\,,\ v \neq w \rightarrow \mathit{false}.$$

Bzgl. der CLOS-Anbindung (s. Abschnitt 14.3) entsprechen die Variablen den Attributen (Slots) von Instanzen.

14.5.5 Lokale Konsistenz von Constraints

In dem hier vorgestellten System werden Randbedingungen (Constraints) primär mittels der sog. *Lokalen Propagierung von Wertebereichen* [Güsgen87] behandelt. Dabei werden einzelne Constraints ausgewertet, um Einschränkungen der Wertebereiche zu begründen. Diese eingeschränkten Wertebereiche erlauben dann möglicherweise weitere Einschränkungen der Wertebereiche durch die Betrachtung von anderen Constraints. Mit jedem Constraint c und jeder mit c verbundenen Constraintvariable x

[4]Wie bereits bemerkt, könnte dies auch über normale ATMS-Regeln erfolgen.

kann man eine Filterfunktion F_x^c assoziieren, die den noch für x möglichen Wertebereich unter Auswertung des Constraints c herausfiltert, gegeben die Wertebereiche der anderen Constraintvariablen von c. Diese lokale Filterung können wir direkt als Inferenzregeln formulieren. Dazu betrachte man z.B. ein Constraint c, das gleichzeitig die Werte dreier Variablen x, y und z verbindet. Die folgenden Inferenzregeln implementieren die lokale Filterung (*lokale Konsistenz*) an c:

$$\{x \in S_x\},\ \{y \in S_y\},\ \{z \in S_z\} \rightarrow \{x \in f_x^c(S_x, S_y, S_z)\}$$

$$\{x \in S_x\},\ \{y \in S_y\},\ \{z \in S_z\} \rightarrow \left\{x \in f_y^c(S_x, S_y, S_z)\right\}$$

$$\{x \in S_x\},\ \{y \in S_y\},\ \{z \in S_z\} \rightarrow \{x \in f_z^c(S_x, S_y, S_z)\}$$

Aus der Definition und den Ergebnissen zur lokalen Constraint Satisfaction [Güsgen87] ergibt sich unmittelbar folgender hier informell formulierter Satz:

Satz 3:
Eine leere Segment-Agenda (in der CCA) kennzeichnet einen Endzustand der lokalen Propagierung bzgl. der in den ATMS-Regeln des Segments ausgedrückten Constraints, nämlich entweder die lokale Konsistenz oder die Inkonsistenz dieser Constraints.

14.6 Task-Management

Das Task-Management stellt die Inferenzkomponente des Systems dar. Es unterstützt verschiedene Strukturierungsmöglichkeiten der Problemlösung und stellt einfache Kontrollmöglichkeiten in Form von UND/ODER-Bäumen für den Inferenzprozeß bereit. Der Name kommt dadurch zustande, daß der Begriff *Task* im Sinne von Teilaufgabe zu verstehen ist.

Wir unterscheiden zunächst einmal zwischen Tasks und Task-Konstrukten (TAKKOs). Ein TAKKO beschreibt die Zerlegung eines Problems in Teilprobleme. Eine Task beschreibt eine Menge von Regeln, die ein Teilproblem charakterisieren. Eine solche Regel ist eine besondere Form einer ATMS-Regel und entspricht z.B. einer Randbedingung (Constraint) des zu bearbeitenden Problems. Auf eine genauere Beschreibung der Regelstruktur und Syntax wird hier verzichtet (s. [Haag90], [Haag90a], [Haag90b]).

Der Aufruf einer Task veranlaßt den Task-Manager, alle aus den Regeln der Task instantiierbaren Consumer anzuwenden, bis der Task-Manager entweder einen Erfolg oder einen Mißerfolg mitgeteilt bekommt. Falls kein Erfolg der Task signalisiert wird, bevor alle anwendbaren Consumer erschöpft werden, wird dies auch als Mißerfolg gewertet. Eine Task kann aus einem TAKKO heraus aufgerufen werden. Ein TAKKO wird durch eine der drei folgenden Möglichkeiten definiert:

- eine Liste von linear abzuarbeitenden Unter-TAKKOs (Teilproblemen), die alle erfolgreich gelöst werden müssen, um das TAKKO insgesamt erfolgreich zu lösen.
- eine Liste von alternativen Unter-TAKKOs, von denen eines erfolgreich gelöst werden muß, um das TAKKO insgesamt erfolgreich zu lösen.
- einer Task, die aufgerufen werden soll.

TAKKOs können direkt, aus Regeln, sowie aus benutzerdefinierten Funktionen und Methoden aktiviert werden. Der Aufruf gleicht syntaktisch dem Aufruf einer Funktion mit dem Namen des TAKKOs. Die Bearbeitung beginnt mit dem ersten Unter-TAKKO. Nach Beenden der Bearbeitung eines TAKKOs, wird vom Task-Manager anhand des Erfolgskodes (Erfolg / Mißerfolg) das als nächstes zu bearbeitende TAKKO wie folgt bestimmt und aktiviert:

- wurde das bearbeitete TAKKO mit Erfolg beendet und wurde es im Rahmen der Bearbeitung einer linear abzuarbeitenden Liste von TAKKOs vom Task-Manager aufgerufen, so wird das nächste TAKKO in der Liste aktiviert – war es das letzte solche TAKKO, so wird das übergeordnete TAKKO ebenfalls mit Erfolg beendet.
- wurde das bearbeitete TAKKO mit Erfolg beendet und wurde es im Rahmen der Bearbeitung einer Liste von alternativen TAKKOs vom Task-Manager aufgerufen, so wird das übergeordnete TAKKO ebenfalls mit Erfolg beendet.
- wurde das bearbeitete TAKKO mit Mißerfolg beendet und wurde es im Rahmen der Bearbeitung einer linear abzuarbeitenden Liste von TAKKOs vom Task-Manager aufgerufen, so wird das übergeordnete TAKKO ebenfalls mit Mißerfolg beendet.
- wurde das bearbeitete TAKKO mit Mißerfolg beendet und wurde es im Rahmen der Bearbeitung einer Liste von alternativen TAKKOs vom Task-Manager aufgerufen, so wird das nächste TAKKO in der Liste aktiviert – war es das letzte

solche TAKKO, so wird das übergeordnete TAKKO ebenfalls mit Mißerfolg beendet.

Besteht das TAKKO aus einer Task, so werden die entsprechenden Regeln solange gefeuert, bis entweder ein Erfolg oder ein Mißerfolg festgestellt wurde. Innerhalb einer Task werden die Regeln nach Priorität ausgewählt. Wie bereits bemerkt, können Regeln selbst als „weich" gekennzeichnet werden.

14.7 Erfahrungen mit der Anwendung

In diesem Abschnitt wollen wir eine Kurzdarstellung der realisierten Anwendung *Konfigurierung von CNC-Steuerungen*, die in Zusammenarbeit mit der Firma IBH Bernhard Hilpert, Schwieberdingen, erstellt wurde, geben (vgl. [Hammer88], [Negele90], [König90] und [Hammer90]). Eine Unterstützung der Konfigurierung kann auf drei Ebenen gesehen werden. Erstens wird typischerweise ein Kunde, der eine CNC-Steuerung erwerben möchte, eine direkte Beratung brauchen, um seine Spezifikation oder Anforderung in eine konkrete Bestellung unter Wahrung seiner Interessen bzgl. Kosten usw. umzusetzen. Zweitens braucht auch der Vertriebsbeauftragte der Firma in der Praxis Unterstützung dabei, im Dialog mit dem Kunden konsistente Angebote zu erstellen und diese dem Kunden gegenüber zu begründen. Schließlich braucht der Ingenieur, der auf der rein technischen Ebene damit befaßt ist, Varianten von Produktmodellen aus zur Verfügung stehenden einzelnen Bausteinen zusammenzusetzen, angesichts einer enormen Komplexität dieser Aufgabe Unterstützung. Der für die Firma IBH zunächst wichtige Gesichtspunkt war der zweite, dem Vertriebsbeauftragten die konsistente Erstellung von Angeboten zu ermöglichen, zu denen dann darüberhinaus allerdings noch konkrete Stücklisten aufgestellt werden sollten. Grundsätzlich waren im Ansatz aber alle drei Sichten zu berücksichtigen.

Wesentliches Charakteristikum einer Unterstützung dieser drei Anwendungen ist, daß eine Vielzahl von Randbedingungen anzuwenden sind, die der Mensch erfahrungsgemäß nicht immer im Kopf hat, und daß die Zielvorstellungen von einer idealen (zu erwerbenden oder zu konstruierenden) CNC-Steuerung nicht a priori formuliert werden können, sondern erst im Laufe der Konfigurierung ermittelt werden können. Hierbei ist es für den interaktiven Benutzer des Systems von Vorteil, wenn er die Möglichkeit hat, aus verschiedenen Annahmen resultierende Ergebnisse erst einmal

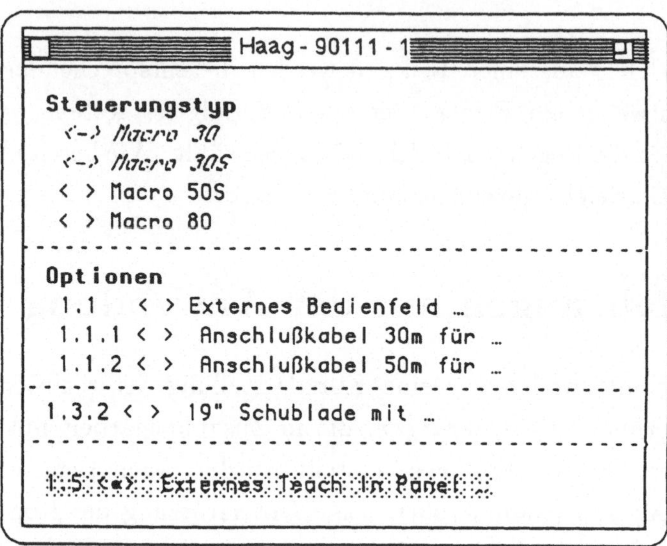

Abb. 14.2: *Eingaben in die Preisliste*

zu vergleichen, bevor er sich auf eine Endlösung festlegt, die oftmals einen Kompromiß seiner ursprünglichen Wünsche darstellt.

Wie schon bemerkt, ist das Hauptanliegen der z.Z. realisierten Anwendung die Unterstützung eines Vertriebsbeauftragten bei der Erstellung konsistenter Angebote. Der Vertriebsbeauftragte ermittelt aus dem Gespräch mit dem Kunden, welche Positionen aus einem Katalog in welcher Stückzahl bestellt werden müssen, um den Anforderungen des Kunden zu genügen, und trägt dies in ein Firmenformular ein. Entsprechend ist das Hauptdokument, das am Bildschirm bearbeitet wird, eine Reproduktion von eben diesem Formular.

Der Benutzer kann völlig frei Einträge in dieses Dokument vornehmen, ganz so, wie er es auch schriftlich bisher getan hätte. Das System setzt grundsätzlich alle Benutzereingaben in diesem Dokument in Annahmen über die gewünschte Anzahl der betroffenen Option um. Nach jeder Eingabe wird durch den Task-Manager die lokale Konsistenz überprüft. Dies geschieht durch Aufruf eines entsprechenden TAKKOs, welches aus Strukturierungsgesichtspunkten weiter unterteilt ist in Tasks (Regeln), die kaufmännische Randbedingungen darstellen (also solche, die direkt auf den Kata-

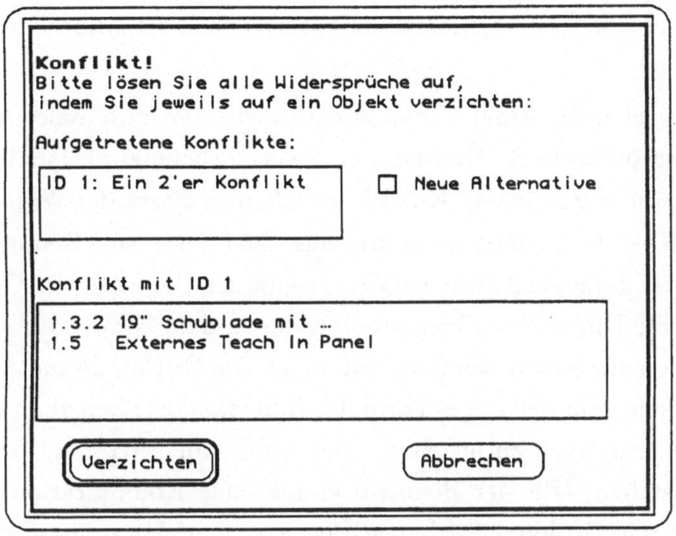

Konflikt!
Bitte lösen Sie alle Widersprüche auf,
indem Sie jeweils auf ein Objekt verzichten:

Aufgetretene Konflikte:

ID 1: Ein 2'er Konflikt

☐ Neue Alternative

Konflikt mit ID 1

1.3.2 19" Schublade mit ...
1.5 Externes Teach In Panel

Verzichten

Abbrechen

Abb. 14.3: *Konfliktbehandlung*

logeinträgen operieren) und solche, die technische Randbedingungen darstellen. Die lokale Konsistenz beinhaltet alle Randbedingungen, die sich als Regeln formulieren lassen. Das Ergebnis der lokalen Konsistenzprüfung kann sein, daß Widersprüche entdeckt werden, daß weitere Optionen als ausgewählt oder gesperrt markiert werden. Als Beispiel einer nicht-lokalen Randbedingung sei die Ermittlung des Gesamtpreises genannt. Eine Regel, die dies tut, kann in jedem Zustand angewendet werden, hat also keine eigentlichen Vorbedingungen.

Dieser Vorgang wird exemplarisch in Abbildung 14.2 gezeigt. Alle vom Benutzer getätigten Eingaben werden als weiche Randbedingungen (Annahmen) ins ATMS* eingetragen. Die Markierung der Option *1.5* führt zur Sperrung der Modellauswahl „Macro 30“ und „Macro 30S“. Der Benutzer kann Alternativen betrachten, indem er zunächst direkt oder indirekt einen Konflikt erzeugt. Ein direkter Konflikt entsteht, wenn er versucht, Eingaben zu einem gesperrten Objekt zu machen. Ein indirekter Konflikt entsteht, wenn er Eingaben macht, die zunächst als zulässig erscheinen, aber dann aufgrund von angewendeten Randbedingungen doch als unzulässig erkannt werden. In jedem Fall wird der Konflikt gleichartig dem Benutzer zur weiteren Entscheidung präsentiert. In dem Abbildung 14.2 zugrundeliegenden Beispiel führt die Auswahl der Option *1.3.2* zu einem indirekten Konflikt, da diese nur mit den Steuerungstypen „Macro 30“ oder „Macro 30S“ verträglich ist, die aber beide gesperrt sind.

Dem Benutzer wird nach seiner Eingabe eine Liste von minimalen daraus resultierenden Konflikten präsentiert. Hier kommt die eigentliche Funktionalität des ATMS* zum tragen, das diese minimalen Konfliktursachen in Form der *Nogoods* $\overline{\mathcal{N}}_J$ berechnet hat. Jeder Konflikt besteht wiederum aus einer Liste von Benutzereingaben. In Abbildung 14.3 ist dargestellt, was passiert, wenn der Benutzer die Option *1.3.2* auszuwählen versucht. Um in einen konsistenten Zustand zu kommen, muß der Benutzer jeweils eine Option aus jedem Konflikt entfernen. Die Option *„Neue Alternative“* gibt ihm die Möglichkeit, sein bisheriges Formular (unverändert) beizubehalten, und somit mit mehreren Alternativen zu arbeiten. Die Abbildung 14.4 zeigt die beiden Alternativen, die entstehen, falls der Benutzer einmal eine Konfiguration mit Option *1.5* und einmal eine mit Option *1.3.2* betrachten will. Auf Veranlassung des Benutzers, in der Regel am Ende einer Sitzung, wird die globale Konsistenz überprüft. Diese besteht im wesentlichen darin, Speicher- und Steckplatz-Constraints zu überprüfen und die gewünschte Konfiguration samt Steckplatzverteilung und Preis dem Benutzer zu präsentieren. Dies ist gleichzeitig das Ergebnis der Konfigurierung. Der Benutzer kann ebenfalls zu jedem Zeitpunkt die Erstellung einer Stückliste anfordern, die alle Teile enthält, die aufgrund der von ihm bis dahin gewählten Optionen benötigt werden.

Über ein weiteres Fenster kann der Benutzer sog. Leistungsdaten der von ihm gewünschten CNC-Steuerung eingeben, etwa die Anzahl der zu steuernden Achsen. Aus diesen Eingaben werden Restriktionen bzgl. des noch möglichen Steuerungstyps (s. Abbildung 14.2) hergeleitet.

Die Erfahrungen mit der Anwendung haben bestätigt, daß sich die hier vorgestellte Problemlösungsarchitektur für diese Art von Aufgabenstellung eignet. Insbesondere werden die Möglichkeiten, mit weichen Randbedingungen (Heuristiken) und Alternativen umzugehen, durch den Einsatz des ATMS* gegenüber konventionellen Ansätzen wesentlich erweitert und vereinfacht. Dieser Erfolg ist unser Meinung nach darauf zurückzuführen, daß die zu behandelnde Aufgabenklasse entsprechend eingegrenzt und formal spezifiziert wurde, so daß es möglich war, auch die Problemlösungsarchitektur, insbesondere das ATMS*, gezielt den gegebenen Erfordernissen anzupassen. Die

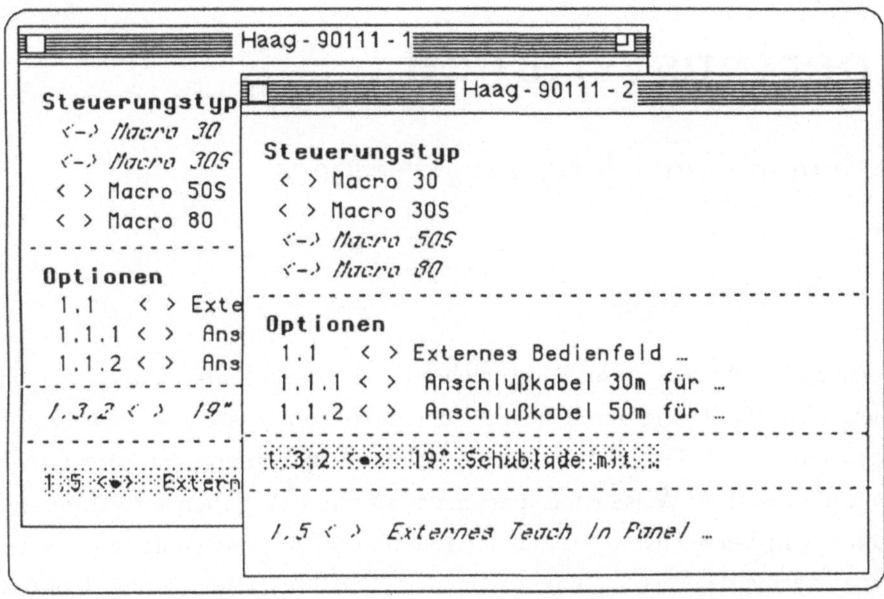

Abb. 14.4: *Betrachtung von Alternativen*

auf den Problemdaten eingeführte Spezialisierungsordnung spiegelt allerdings nach unserer Ansicht ein Grundprinzip menschlicher Problemlösung wider, so daß sich die Bedeutung des ATMS* nicht nur auf die betrachtete Aufgabenklasse beschränkt. Es bleiben trotzdem noch eine Reihe von Mängeln bzw. offenen Punkten, vor allem was die Erklärbarkeit der Ergebnisse betrifft. Die Erklärungen in der obigen Anwendung wurden spezifisch generiert, was zum einen recht umständlich war und zum anderen nicht übertragbar ist. Hier muß noch weitere Konzeptarbeit geleistet werden.

Kapitel **15**

Aufgabenerstellung in Expertensystemen

Sebastian Kühne, Josef Meyer-Fujara

15.1 Einleitung

Der vorliegende Artikel beschäftigt sich mit der*Aufgabenerstellung* bei Expertensystemen, also damit, wie der Benutzer[1] einem solchen System angeben kann, welche Aufgabe es lösen soll. Dazu ist zu klären, welche Angaben von dem Benutzer benötigt werden und in welcher Weise ein Expertensystem diese Angaben verwalten und behandeln sollte. Um Verwechslungen mit der generellen Aufgabenstellung eines Expertensystems zu vermeiden (etwa „Diagnose bakterieller Infektionen" oder „Konfigurierung eines Rechnersystems"), nennen wir unser Thema „*Aufgabenerstellung*".

Das Spektrum der lösbaren Aufgaben wird für jedes Expertensystem wesentlich durch die Art und den Umfang des Expertenwissens bestimmt, das dem System über die Wissensakquisition als statisches Wissen zugeführt worden ist. Die *Aufgabenbeschreibung* umfaßt alle Informationen, die dem Expertensystem zusätzlich zu seinem statischen Wissen zur Durchführung einer aktuellen Problemstellung (Aufgabe) eingegeben werden. Dazu gehören zielbezogene Angaben, die den Inhalt der Lösung bestimmen, ebenso wie verfahrensbezogene Angaben, die den Ablauf der Lösungsfindung steuern. Bei den bisher in der Literatur dargestellten Systemen wird auf diesen Problembereich

[1] Unter „Benutzer" wird hier stets der Endbenutzer, im Gegensatz zum Wissensingenieur oder Systemersteller, verstanden.

kaum eingegangen. Das dürfte überwiegend daran liegen, daß die jeweils zu lösende Aufgabe dort implizit ausreichend genau definiert ist. Einige Beispiele:

R1/XCON: Ergänze die Liste der geforderten Komponenten, mache sie ggf. konsistent und erzeuge Diagramme über die relative Lage der Komponenten in einer akzeptablen Konfiguration.

MYCIN: Finde die wahrscheinlichste Diagnose zu den angegebenen Symptomen und Laborergebnissen und schlage eine Therapie vor.

Denkt man aber an allgemeinere Aufgabenstellungen, so wird klar, daß die Dinge komplizierter liegen können.

In einfachen Anwendungsfällen wird es möglich sein, die Aufgabenstellung geschlossen vor Beginn der Lösungsfindung durch das Expertensystem zu formulieren. Dies ist insbesondere wichtig, wenn ein solches System im Batch-Betrieb laufen soll. Das System darf bei seinem Inferenzprozeß keine weiteren Angaben vom Benutzer verlangen. Daß die bisher gemachten Angaben ausreichend vollständig sind, muß also geprüft werden, wenn der Benutzer sich verabschieden möchte. Ob noch etwas und ggf. was noch fehlt, ist ihm evtl. gar nicht klar. Also muß das System über entsprechendes Wissen verfügen.

Bei komplexeren bzw. abstrakteren Aufgabenstellungen können während der Lösungsfindung noch Ergänzungen oder Änderungen erforderlich werden, wenn z.B. ein Benutzer erst mit Systemunterstützung die Unvollständigkeit seiner Angaben erkennen kann, oder wenn ein Konflikt aufgelöst werden muß. Auch wird ein Benutzer, der größere Sachkenntnis über das Vorgehen bei der Lösungsfindung in seiner Domäne hat, dem System vorschreiben wollen, wie es vorzugehen hat. In diesem Fall werden die Eingabe der Aufgabenstellung und die Erzeugung der Lösung weitgehend verschränkt ablaufen.

Es wird deutlich, daß auch bei den bisher bekanntgewordenen methodologischen Ansätzen zur Erstellung von Expertensystemen (insbesondere zur Wissensakquisition) das Thema *Aufgabenerstellung* keine Beachtung gefunden zu haben scheint. Eine neuere Arbeit nimmt das Thema unter dem Aspekt „*Fachdialogwissen*" auf [Möller90]; einige Aspekte werden auch in [Kowalewski89] diskutiert.

Wir werden im folgenden einige Aspekte der Repräsentation und Verwaltung der Aufgabenstellung beleuchten, die allgemeine Gültigkeit haben. Daneben stellen wir eine Interpretation des Prozesses *Aufgabenerstellung* als Konstruktion einer Spezifikation dar, die uns für einige Klassen von Expertensystemen geeignet erscheint, und befassen uns kurz mit der Einbettung der Aufgabenerstellung in die Architektur von Expertensystemen.

Für den Expertensystemkern PLAKON wurde von den Autoren[2] eine entsprechende Komponente konzipiert. Das hier vorgestellte Konzept wurde in diesem Rahmen aber nicht mehr realisiert, umso mehr, als auch Ergebnisse von nach dem Projektende weitergeführten Überlegungen in diesem Beitrag beschrieben werden. Ein Konzept zur Realisierung in PLAKON wird in den Abschnitten 15.3.2 und 15.4 beschrieben.

15.2 Aufgabenwissen

Unter Aufgabenwissen verstehen wir zum einen das Wissen,das der Benutzer zur Beschreibung des aktuell zu lösenden Problems und zur Steuerung seiner Lösung eingibt, zum andern das Wissen, das bei der Wissensakquisition über die domänenspezifische Struktur von Aufgaben und über den Prozeß ihrer Beschreibung erworben wurde und in der statischen Wissensbasis[3] abgelegt ist. Ersteres nennen wir *dynamisches*, letzteres *statisches Aufgabenwissen.*

15.2.1 Dynamisches Aufgabenwissen

Unserer Meinung nach sollte ein Expertensystem diejenigen Eingaben des Benutzers speziell verwalten, mit denen er die zu lösende Aufgabe beschreibt; genauer: die zu diesen Eingaben korrespondierenden Inhalte der Wissensbasis sind speziell zu verwalten. Wir nennen sie „*Vorgaben*".

Vorgaben

Es ist zum einen notwendig, die Vorgaben von den Inhalten der Wissensbasis zu unterscheiden, die zum statischen, durch Wissensakquisition erworbenen Wissen des Systems gehören: im Unterschied zu diesen müssen die Vorgaben reversibel sein. Der

[2]Verbundpartner URW Unternehmensberatung GmbH, Hamburg

[3]Unter Wissensbasis verstehen wir hier die Gesamtheit aller vom System verwalteten Propositionen, Regeln, Frames, Slots, Values, Constraints etc., unabhängig von ihrer Herkunft aus Wissensakquisition, Benutzereingaben oder Systeminferenzen, und setzen die übliche Einteilung in statischen und dynamischen Teil voraus.

Benutzer kann im Laufe der Interaktion mit dem System Irrtümer berichtigen wollen oder auch seine Meinung ändern, weil er anhand vom System gelieferter (Teil-) Lösungen feststellt, daß seine Vorgaben ungünstige Auswirkungen haben oder miteinander unvereinbar sind (das System findet keine Lösung). Die Vorgaben gehören also in jedem Fall zum dynamischen Aufgabenwissen.

Zum andern müssen aber die Vorgaben auch von Inhalten unterschieden werden, die das System durch eigene Inferenzbildung, durch Verwendung von Defaults oder durch Wahl unter Alternativen aus dem statischen Wissen und den Benutzereingaben eingetragen hat. Das ist mindestens erforderlich, um bei einer Erklärung der Problemlösung die Vorgaben als solche ausweisen zu können; auch die Möglichkeit, in einer Fallbibliothek nach aktuellen ähnlichen Aufgaben suchen zu können, hängt davon ab (vgl. Kapitel 9). Beim Backtracking dürfen Vorgaben nicht zurückgenommen werden; sie müssen vielmehr auch dann weiter berücksichtigt werden, wenn ein chronologisches Backtracking über den Zeitpunkt ihrer Eingabe zurückführt.

Schließlich müssen sich Vorgaben auch von solchen Benutzereingaben trennen lassen, die nicht dazu dienen, die zu lösenden Aufgabe zu beschreiben. Offensichtliche Beispiele sind Eingaben, die sich auf die Darstellung der Oberfläche (z.B. Fenstergröße) oder den Aufruf einer Erklärungskomponente beziehen.

Es gibt i.d.R. aber auch Angaben, die der Benutzer lediglich macht, um den Lösungsvorgang zu unterstützen. Es kann zum Beispiel sein, daß er Eigenschaften festlegen muß, die für ihn irrelevant sind, die aber für die Vollständigkeit der Lösung notwendig sind: Bei der Konfigurierung von Karten in einem Rechnereinschub ist es evtl. gleichgültig, ob Karte A links oder rechts von Karte B gesteckt wird; die Festlegung ist aber notwendig, um eine Fertigungsanweisung vollständig zu machen. Wenn dem Expertensystem keine Regel für die Anordnung zur Verfügung steht, muß es also den Benutzer fragen. Im weiteren Verlauf der Problemlösung kann sich herausstellen, daß die vom Benutzer gewählte Festlegung mit anderen unvereinbar ist, zum Beispiel aufgrund von Nebenbedingungen, die bei der Anfrage an den Benutzer noch nicht ausgewertet waren. Es ist nicht sinnvoll, dem Benutzer beim Erkennen des Konflikts seine Eingabe vorzuhalten und eine Änderung von ihm zu verlangen.

Erkennt ein Expertensystem, daß der aktuell eingeschlagene Lösungsweg eine Sackgasse darstellt, wird es untersuchen, welche Entscheidungen und Festlegungen die Konfliktursache bilden (Voraussetzung ist eine Abhängigkeitsverwaltung). Dabei kann sich ergeben, daß das System entweder sich über eine Benutzereingabe hinwegsetzen oder eine sehr viel früher getroffene Entscheidung rückgängig machen muß. Bei einfachen Formen der Abhängigkeitsverwaltung ist es sehr aufwendig, auf dem Lösungsweg weit zurückzugehen, und deshalb wichtig, Benutzereingaben, die Anforderungen an die Lösung stellen, trennen zu können von anderen, über die man sich hinwegsetzen kann.

Weiterhin muß ein akzeptables System auch dann den Benutzer explizit nach einer relevanten Angabe fragen, wenn es die zugehörige Festlegung zwar erschließen kann, aber nur mit Hilfe von Eingaben, die aus der Sicht des Benutzers irrelevant sind. Gibt der Benutzer auf diese Frage hin etwas an, das mit den irrelevanten Angaben in Konflikt steht, sollte das System die irrelevanten verwerfen, ohne den Benutzer dabei mit einer Rückfrage zu belästigen.

Die elementare Unterscheidung zwischen aufgabenrelevanten und –irrelevanten, aus Sicht des Benutzers gar nicht zur Aufgabe gehörigen Angaben, scheint uns in jedem Falle möglich und geboten. Der Benutzer sollte natürlich die Möglichkeit haben, seine Anforderungen an die Lösung zu gewichten. Unabhängig von ihrem Gewicht gehören diese aber sämtlich zu den relevanten Angaben.

Inhalte des dynamischen Aufgabenwissens

Zunächst gehören hierzu die Vorgaben. Durch sie werden Ziele und Nebenbedingungen für die Lösung eines konkreten Problems beschrieben. Ziele können etwa die Konfigurierung von Bauteilen zu einem Gerät bestimmter Funktionalität sein, das Finden einer Diagnose, das Vorschlagen einer Therapie. Nebenbedingungen können sich auf zwingend vorgeschriebene oder verbotene Komponenten, auf zulässige Intervalle bestimmter Parameter beziehen, ferner auf die Genauigkeit oder die Optimalität der Lösung.

Über die Vorgaben zur Charakterisierung der gewünschten Lösung hinaus werden erfahrene Anwender dem System Angaben zum Lösungsweg machen wollen. Diese gehören ebenfalls zum dynamischen Aufgabenwissen. Wird bei einem interaktiven System die Lösung sukzessiv aufgebaut, wird der Benutzer schließlich noch daran interessiert sein, daß das System nach einigen Vorgaben bereits zu arbeiten beginnt, ihm die Teillösung darstellt und er dann Gelegenheit hat, diese zu modifizieren und auf ihr aufbauend weitere Vorgaben zu machen. Dabei kann ihn durchaus eine Teillösung interessieren, die weniger weit elaboriert ist, als das mit Hilfe des im System vorhandenen Wissens möglich wäre. Er muß also Lösungszustände definieren können, bei denen er wieder eingreifen möchte. Auch diese Forderungen nach Wiederaufnahme des Dialogs bei Erreichen einer bestimmten Situation sind Teil des dynamischen Aufgabenwissens.

Nach diesem Plädoyer für die Trennung von aufgabenrelevanten und -irrelevanten Benutzereingaben stellt sich natürlich die Frage, wie denn erkannt werden kann, wozu eine Eingabe gehört.

Unserer Meinung nach sind die wesentlichsten Kriterien dafür bei der Wissensakquisition mitzuerwerben und in der statischen Wissensbasis mitzubeschreiben („statisches Aufgabenwissen“, s.u.). Das erworbene Wissen kann etwa umgesetzt werden in Sequenzen vom System zu stellender Fragen, in auszufüllende Formulare oder Masken. Eingaben, die der Benutzer ungefragt macht, sollten defaultmäßig als Anforderungen betrachtet werden, soweit sie sich nicht auf den Lösungsweg oder auf die Wiederaufnahme des Dialogs beziehen. Alle Antworten des Benutzers auf Systemfragen, die die statische Wissensbasis nicht als aufgabenrelevant ausweist, sind defaultmäßig als -irrelevant aufzufassen. Daneben sollte man ihm ermöglichen, durch explizite Kennzeichnung Abweichungen von diesen Defaults zu bewirken.

15.2.2 Statisches Aufgabenwissen

Zum statischen Aufgabenwissen gehört Wissen über die Angaben, die ein Experte sich normalerweise von einem Klienten machen läßt oder selbst erhebt, wenn er um die Lösung eines Problems gebeten ist. Hierzu gehört insbesondere Wissen darüber, wann eine Aufgabe ausreichend vollständig beschrieben ist. Besonders deutlich wird dies am Beispiel von Syntheseaufgaben, etwa Konstruktion, wo eine vollständige Beschreibung einer Aufgabe einer fachgerechten Spezifikation entspricht.

Hier ist aber auch Wissen zu berücksichtigen, in welcher Reihenfolge ein Experte Fragen stellt, wie die Initiative zwischen ihm und dem Klienten wechselt („Fachdialogwissen“, vgl. [Möller90]), in welchen Begriffen sie jeweils formulieren und wie der Experte schließlich in seine eigenen (möglicherweise verschiedenen) Fachbegriffe übersetzt.

Hinzu kommt noch Wissen über die Ähnlichkeit von Aufgaben untereinander; darin schlägt sich etwa nieder, welche Vorgaben von besonderer Relevanz für die Lösung sind. Dies Wissen wird z.B. gebraucht, um einen sinnvollen Schlüssel für die Suche nach vergleichbaren Aufgaben zu bilden, deren Lösung bereits bekannt ist (Bibliothekslösungen, vgl. Kapitel 9). Weiter muß eingeschätzt werden können, ob eine Aufgabe typisch oder atypisch, vielleicht unlösbar oder überspezifiziert ist.

Zum statischen Aufgabenwissen gehört natürlich auch Wissen über die Hilfsmittel, die der Experte für die Erfassung von Aufgaben verwendet, und über die Form, in der Aufgaben normalerweise an ihn herangetragen werden.

Insbesondere in technischen Umgebungen muß berücksichtigt werden, daß die künftigen Benutzer häufig bereits bestimmte Arten der Aufgabenbeschreibung gewohnt sind; etwa bedienen sie sich eines Standardformulars. Es ist häufig sinnvoll, solche Formulare nachzubilden. Hier, auf der Ebene der (vom Knowledge Engineer zu definierenden) Benutzeroberfläche, setzen auch die Hilfsmittel an, die von Expertensystemtools wie GOLDWORKS, NEXPERT OBJECT, KEE usf. angeboten werden. Sie machen die Nachbildung von Formularen relativ leicht, leisten aber keine Hilfestellung bei der Beantwortung der Frage, wie das Ausfüllen sinnvoll gesteuert, insbesondere auf das jeweils Notwendige beschränkt werden kann. Eine Möglichkeit zur Steuerung, die in PLAKON angeboten wird, besteht darin, an bestimmte Objekte oder Slots Dialogstrukturen (z.B. Menübäume) zu binden. Die zugehörigen Dialoge werden dann nur aktiviert, wenn z.B. der Slotwert tatsächlich benötigt wird.

15.2.3 Aspekte der Wissensstrukturierung

Unserer Meinung nach liefert die vorgeschlagene Abgrenzung von Aufgabenwissen in der statischen und der dynamischen Wissensbasis auch einen Gesichtspunkt zu einer groben Gliederung dieser Wissensbasen. Eine wesentlich feinere Gliederung ergäbe sich, wenn man das Wissen nach den Aufgabenklassen einteilte, bei deren Lösung es jeweils verwendet wurde. Man könnte dann bei einer konkreten Problemlösung zunächst nur solche Teile der Wissenbasis laden, die bei bisherigen Lösungen von Problemen der gleichen Klasse tatsächlich verwendet wurden. Erst wenn dies nicht reichte, lüde man weiteres Wissen nach. Ein hier zu bedenkender Ansatz wäre etwa der der Wissenspakete [Wachsmuth89].

15.3 Modellierung und Behandlung von Aufgabenwissen

Es stellt sich nun die Frage, wie das Aufgabenwissen in Expertensystemen zu modellieren und zu behandeln ist. Die Form der Repräsentation dieses Wissens hängt dabei von der Struktur und den Formalismen ab, die für die Entwicklung des Systems zugrundegelegt werden (z.B. Regeln, semantische Netze u.ä.). Es können daher hier nur einige allgemeine Anmerkungen zu den Modellierungsaspekten gemacht werden. Wir werden aber zeigen, wie mit PLAKON Aufgabenwissen modelliert und behandelt werden kann.

15.3.1 Allgemeine Aspekte

Es scheint sinnvoll, das Aufgabenwissen (sowohl statisches als auch dynamisches) mit den gleichen Wissensrepräsentationsformalismen zu modellieren wie andere Wissensarten (z.B. Problemlösungswissen). Dies hat u.a. den Vorteil, daß auch die gleichen Mechanismen zur Bearbeitung dieses Wissens verwendet werden können.

Alle Vorgaben (dieses wird im allgemeinen eine mehr oder weniger strukturierte Menge von Einträgen sein) sollten zentral als ein Teil der dynamischen Wissensbasis verwaltet werden. Eine solche zentrale Verwaltung ist insbesondere notwendig, um bei Vorliegen von Bibliothekslösungen einen Suchschlüssel generieren zu können. Die Einträge müssen sich gegenüber anderen Einträgen, die durch Inferenz, Default o.ä. gewonnen wurden auszeichnen. Es ist daher bei den Einträgen zu vermerken, daß sie aus der Aufgabenerstellung stammen. Beim Backtracking und bei der Erklärung können diese Einträge dann speziell berücksichtigt werden.

Zusätzlich können diese Einträge gewichtet werden. Eine solche Gewichtung kann als Verbindlichkeitsmaß der Vorgaben bei der Konfliktlösung angesehen werden. Ist dabei eine Übernahme aller Vorgaben nicht möglich, so können Angaben mit einem niedrigen Verbindlichkeitsmaß zuerst zurückgenommen werden. Verfügt das System nicht über eine Möglichkeit zur Gewichtung von konfligierenden Einträgen, ist eine zentrale Verwaltung auch erforderlich, um bei Konflikten die Vorgaben priorisieren zu können. Auf jeden Fall ist der Benutzer darüber zu informieren, wenn von ihm gemachte Vorgaben zu Konflikten führen und zurückgenommen werden müssen. Es handelt sich dabei ja um eine Änderung der „Aufgabe“.

Die Gesamtheit der Vorgaben zu einer Aufgabe ist unserer Ansicht nach durch eine taxonomische und kompositionale Hierarchie strukturiert: Aufgaben haben Spezialisierungen und Generalisierungen, sie zerfallen in Teilaufgaben und sind durch Parameter näher bestimmt. Einige Parameter sind zwingend erforderlich, für einige gibt es Defaults; eine Gesamtaufgabe ist erst dann vollständig beschrieben, wenn ihre Teilaufgaben es sind oder sich deren Beschreibung inferieren läßt. Spezialisierungen von Aufgaben, insbesondere auf höheren Ebenen der taxonomischen Hierarchie lassen sich als *Aufgabenklassen* oder Aufgabenkategorien auffassen (s. Abbildung 15.1). Sie beschreiben alle potentiell möglichen Aufgabenstellungen einer Ebene.

In dieser Sicht entspricht das Ermitteln der Vorgaben dem Aufbau und der Vervollständigung der Struktur, also einer Konstruktion. Wir fassen also die *Aufgabenerstellung* als Konstruktion der Aufgabenspezifikation auf.

Die beiden angesprochenen Hierarchien ergeben eine Strukturierung eines großen Teils des statischen Aufgabenwissens und auch Hinweise zu einer sinnvollen Steuerung der Aufgabenerstellung (u.a. Aufgabendialog) bzw. zu einer Interpretation des Vorgehens eines Experten bei dieser Tätigkeit (im Sinne eines Interpretationsmodells (KADS) [Breuker87] oder einer *generic task* [Chandrasekaran86]). Sicherlich genügen die Steuerungshinweise nicht für eine natürlichsprachige, kooperative Dialogschnittstelle. Doch scheinen sie für eine zur Zeit realistische, notwendigerweise verhältnismäßig eingeschränkte und rigide Schnittstellen nützlich. Die Interpretation könnte darüber hinaus das Verständnis eines Aspektes von Fachdialogwissen erleichtern.

Da das Dialogwissen nicht implizit in einer solchen Hierarchie enthalten ist, muß es an den einzelnen Konzepten explizit angebunden werden. Zum Beispiel kann ein Konzept auf Objekte verweisen, die einen Dialog (z.B. Menü) zur Spezialisierung, Zerlegung oder Parametrierung des Konzeptes beschreiben.

Oft wird sich ein Experte bei der Spezifikation der Aufgabe und der eigentlichen Konstruktion auch in unterschiedlichen Begriffsystemen ausdrücken wollen, z.B. wenn sich die Aufgabe nur durch die funktionalen Eigenschaften und Merkmale der Zielkonstruktion beschreiben läßt. Damit werden auch zwei verschiedene Begriffshierarchien benötigt, und es muß eine Transformation von der Aufgabenspezifikation zur Zielkonstruktion stattfinden.

15.3.2 Aufgabenerstellung in PLAKON

Es soll nun beschrieben werden, wie sich Aufgabenwissen mit den Wissensrepräsentations-Formalismen von PLAKON modellieren läßt und wie der Prozeß der Aufgabenerstellung in PLAKON gesteuert wird. Für das folgende setzen wir Kenntnisse der Systemstruktur und des Vorgehens von PLAKON bei der Lösungsfindung voraus (vgl. Kapitel 4).

Da wir die Spezifikation der konkreten Aufgabe als einen Konstruktionsvorgang verstehen, bietet es sich an, diese auch zunächst genauso zu behandeln wie andere Konstruktionen in PLAKON. Grundsätzlich gibt es zwei verschiedene Möglicheiten, das Aufgabenwissen in einer Begriffshierarchie zu modellieren.

- Das Aufgabenwissen kann in der Begriffshierarchie implizit repräsentiert sein. Ausgehend von einer losen Menge von Vorgaben soll dann die Konstruktion aufgebaut werden. Diese Menge an Vorgaben bildet dabei die erste, *initiale Teilkonstruktion.* Zu einem späteren Zeitpunkt des Konstruktionsvorganges können Vorgaben nur noch durch das Bearbeitungsverfahren *Aufgabenanfrage* und auf Anforderung des Benutzers durch *interaktive Konstruktion* eingebracht werden.
- Separate Konstruktion der Aufgabenstellung, d.h. daß das statische Aufgabenwissen in einer eigenen Begriffshierarchie modelliert wird. Entsprechend muß es auch zwei Wurzelknoten in der Begriffshierarchie geben. Aus der Sicht von PLAKON wird dann an zwei Zielen gearbeitet: der Spezifikation der konkreten Aufgabe und der eigenlichen (Ziel-) Konstruktion.

Wir werden uns im wesentlichen mit letzterem Vorgehen befassen. Dazu sind aus der Sicht des Systemerstellers folgende Aspekte interessant:

- Aufbau einer Begriffshierarchie zur Aufgabenspezifikation,
- Einbindung der Aufgabenerstellung in den Problemlösungsvorgang, insbesondere die Steuerung des Wechsels zwischen Aufgabenspezifikation und Konstruktionsvorgang,
- Abgrenzung der Bearbeitungsverfahren *Benutzeranfrage* und *Aufgabenanfrage*,
- Behandlung der Vorgaben durch den Konstruktionsvorgang und
- Gestaltung des Aufgabendialoges.

Wir wollen einige dieser Punkte an einem Beispiel behandeln, das aus der Domäne der Bildverarbeitung stammt. Hier geht es darum, aus einzelnen Bildverarbeitungsoperatoren ein Prüfprogramm zu konfigurieren, mit dem einzelne Merkmale bzw. Eigenschaften einer aufgenommenen Szene geprüft werden können, z.B. in der Qualitätssicherung im Automobilwerk.

Aufbau einer Begriffshierarchie zur Aufgabenspezifikation

Das statische Aufgabenwissen wird wie das Wissen über die eigentliche Konstruktion in der Begriffshierarchie beschrieben. Aufgabenwissen gehört dabei zum Domänenwissen (siehe Abbildung 15.1). *Konstruktionsobjekte* sind die Konzepte der Elemente der zu ermittelnden Konstruktion wie Geräte oder Aktionen; die Knoten des hier wurzelnden Teilbaums können z.B. dazu dienen, das Konstruktionsziel festzulegen und bestimmte Komponenten in der Konstruktion zu fordern. *Aufgabenobjekte* sind Konzepte, deren Klasse den Aufgabentyp angibt. Aufgabenobjekte lassen sich von ihrer Wurzel ausgehend (diese kann man als abstrakte Aufgabe „Löse Problem" auffassen) weiter spezialisieren und zerlegen.

Einbindung der Aufgabenerstellung in den Problemlösungsvorgang

Aufgabenspezifikation und Konstruktionsvorgang werden mit den gleichen Methoden behandelt und können deshalb auch miteinander verschränkt ablaufen. Das ist zweckmäßig, da

- interaktive Änderungen und Vervollständigungen der Aufgabenstellung, die sich auf Zwischenzustände der fortschreitenden Konstruktion stützen, möglich sein sollen;
- Hilfskonstruktionen, auf die sich der Benutzer bei der Formulierung der Aufgabenstellung beziehen kann, bereitgestellt werden müssen;
- das System von selbst möglichst frühzeitig mit der Lösungskonstruktion beginnen soll, um ggfs. Zwischenzustände für die Präzisierung der Aufgabenstellung bereitstellen zu können;
- die Spezifikation der Aufgabenstellung selbst einen Konstruktionsvorgang auf der Basis der Begriffshierarchie darstellt.

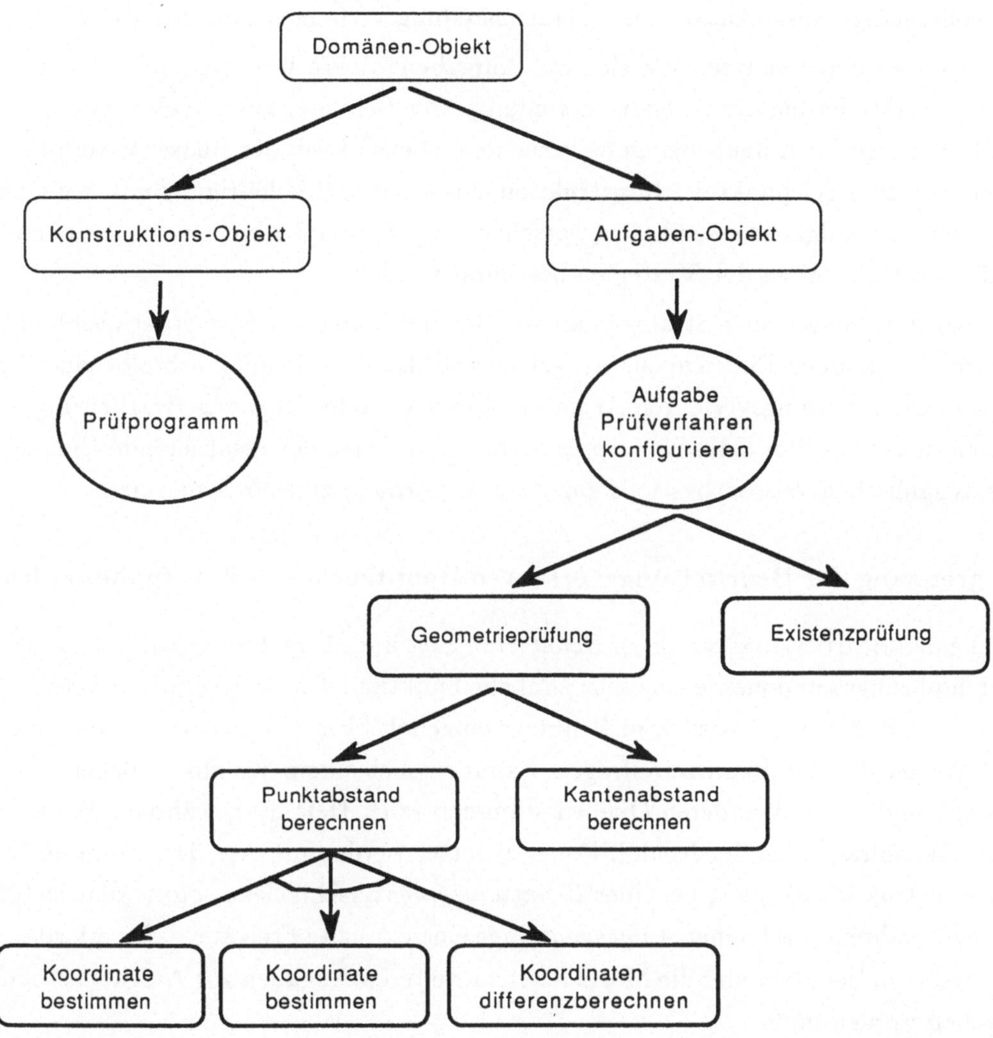

Abb. 15.1: *Begriffshierarchie zur Konfigurierung von Bildverarbeitungsoperatoren*

Der Verschränkungsgrad zwischen Aufgabeneingabe und Lösungsfindung wird über Strategien und Bearbeitungsverfahren gesteuert. So kann eine Strategie durch Angabe eines Konstruktionsschritt-Fokus[4] die Bearbeitung von Aufgabenobjekten, z.B. zuerst die vollständige Spezifikation der Aufgabenstellung verlangen (vgl. Kapitel 7).

Anfragen an den Benutzer, die sich auf Aufgabenobjekte beziehen, führen automatisch zur Aktivierung der Aufgabenerstellung. Der Benutzer kann auch spontan diese Reaktivierung der Aufgabeneingabe verlangen, ebenso kann der Phasenablaufplan zu einem späteren Zeitpunkt der Konstruktion eine erneute Beschäftigung mit Aufgabenobjekten der Aufgabenspezifikation vorsehen. Der Zeitpunkt kann durch Reihenfolge und Abbruchkriterien der Strategien bestimmt werden.

Aber auch während einer Strategie, die die Beschäftigung mit Konstruktionsobjekten vorschreibt, können Einträge zur Aufgabenspezifikation erfolgen. Schreibt eine Strategie das Bearbeitungsverfahren *Aufgabenanfrage* vor oder ist dieses Bearbeitungsverfahren direkt am Slot eines Konzeptes vermerkt, so wird der resultierende Eintrag in der dynamischen Wissensbasis als zur *Aufgabenstellung* zugehörig markiert.

Abgrenzung der Bearbeitungsverfahren Benutzeran- und Aufgabenanfrage

Die beiden Bearbeitungsverfahren *Benutzeranfrage* und *Aufgabenanfrage* haben für die Durchführungskomponente eine sehr ähnliche Funktion: Die benötigte konkrete Information (z.B. Slotwert) wird vom Benutzer eingeholt. Ein Unterschied besteht darin, daß Werte, die aus Benutzeranfragen stammen, bei einem Konflikt solchen gleichgestellt sind, die aus anderen Quellen stammen (z.B. Defaults), während Werte aus Aufgabenanfragen bei der Konfliktlösung gerettet werden müssen. Des weiteren kann der Konstruktionsvorgang bei einer *Benutzeranfrage* anschließend sofort weitergeführt werden, während nach einer *Aufgabenanfrage* eine explizite Freigabe dafür erforderlich ist, weil dem Benutzer hier die Möglichkeit zu weiteren Angaben zur Aufgabenstellung gegeben werden muß.

Welches Bearbeitungsverfahren jeweils verwendet wird, richtet sich nach Einträgen in der aktuellen Strategie, nach der Facette *Bearbeitungsverfahren* des aktuell bearbeiteten Slots oder auch nach der Klasse des betrachteten Domänenobjekts: bei Aufgabenobjekten kann nur *Aufgabenanfrage* verwendet werden, bei Konstruktionsobjekten

[4]Die Menge der bei der Lösungssuche zu berücksichtigenden Konstruktionsobjekte läßt sich über den *Konstruktionsschritt-Fokus* einer Strategie steuern.

sowohl *Aufgabenanfrage* als auch *Benutzeranfrage.* Bei den Slots (d.h. Eigenschaften) dieser Objekte hat der Wissensingenieur also die Wahl, ihre Festlegung durch den Benutzer als aufgabenbestimmend oder lediglich als Konstruktionshilfe einzustufen.

Behandlung der Vorgaben durch den Konstruktionsvorgang

Alle Einträge, die die Aufgabenerstellung vornimmt, erfolgen in der dynamischen Wissensbasis. Sie unterliegen denselben Konstruktionsmechanismen (z.B. Spezialisierung, Parametrierung) wie normale Bestandteile von Teilkonstruktionen. Lediglich beim Backtracking müssen sie teilweise besonders behandelt werden. Um dem Benutzer wiederholte Eingaben von Aufgabenspezifikationen zu ersparen, werden die zugehörigen Einträge im Elaborationsnetz ausgezeichnet. Sie werden dann bei Konfliktlösungen soweit wie möglich gerettet. Allerdings können sie mit einem Verbindlichkeitsmaß versehen werden, um ihre Rücknahme bei Konflikten zu erleichtern. Ist die Rücknahme von Angaben aus der Aufgabenerstellung erforderlich, wird der Benutzer darüber zu informiert.

Bei komplexeren Problemen sollte PLAKON im Modus III oder IV (TMS oder ATMS) gefahren werden, um ausreichende Flexibilität anbieten zu können. In diesem Modus ist auch der Vergleich verschiedener (Teil-)Lösungen möglich, was dem Benutzer erlaubt, die Wichtigkeit von Anforderungen fundierter als über von vornherein vorgegebene, vom konkreten Konflikt unabhängige Verbindlichkeitsmaße abzuschätzen.

Wird der Modus I (kein Backtracking) verwand, ist keine Unterscheidung zwischen solchen Einträgen erforderlich, die aus der Aufgabenerstellung stammen, und solchen, die durch normale Konstruktionsschritte zustandegekommen sind.

Im Modus II (chronologisches Backtracking) wird der Konflikt beseitigt, dabei bleibt aber die Aufgabenstellung möglichst weitgehend erhalten. Da beim Backtracking alle Entscheidungen zurückgenommen werden, die auf dem Konfliktzweig getroffen worden sind, werden insbesondere auch die Instanzen *gelöscht*, die im Verlauf der zugehörigen Konstruktionsphase über die Aufgabenspezifikation entstanden sind. Nach dem Backtracking wird die Aufgabenbeschreibung explizit soweit wie möglich restauriert. Erfolgt die Restaurierung der Aufgabe im Modus III oder IV (mit Abhängigkeitsverwaltung), werden automatisch die Teile der Konstruktion, einschließlich der Aufgabenbeschreibung, übernommen, die von dem Konflikt unabhängig sind.

Gestaltung des Aufgabendialoges

Benutzt der Systemersteller die Standardoberfläche von PLAKON, so wird die Aufgabenerstellung genauso wie der Konstruktionsvorgang gesteuert. Definiert der Systemersteller mit den Mitteln der PLAKON-Standardsoftware (vgl. Kapitel 11) eine eigene Oberfläche der Aufgabenerstellung, kann er dadurch Eingaben zwingend verlangen, zusammenfassen und sequentialisieren. Die Aktivierung der Aufgabenerstellung kann durch explziten Eintrag in in die Strategie angestossen werden.

Eine solche Oberfläche soll sich an der Ausdrucksweise des Benutzers orientieren und sie in die Ausdrucks- und Steuerungsmöglichkeiten (z.B. Konstruktionsschritte, Strategiewechsel) von PLAKON transformieren. Dies kann z.B. zur Folge haben, daß eine Aktion des Benutzers in mehrere Konstruktionsschritte umgesetzt wird. Soweit möglich können bereits hier syntaktische Konsistenzprüfungen der Eingabe vorgenommen werden (z.B. Verträglichkeit eines geforderten Wertes mit der Typdeklaration des Slots); jedoch ist nicht auszuschließen, daß weitere Inkonsistenzen erst im Laufe der Konstruktion festgestellt werden.

Um die Anbindung einer domänenspezifischen Benutzeroberfläche noch flexibler zu halten, können zur Bearbeitung von Objekten entsprechende Dialogstrukturen an diese Objekte gebunden werden. So kann z.B. zur Parametrierung eines Objektes ein eigenes domänenspezifisches Menü verwendet werden. Dieses setzt voraus, daß es eine Instanz gibt, die diese Informationen auswertet, wie eine Komponente zur Aufgabenerstellung (s. Abschnitt 15.4).

15.4 Architekturaspekte

Wir halten wir es für sinnvoll, daß die Aufgabenerstellung eine *eigene Komponente* in der Architektur eines Expertensystems ist. Sie muß mit dem Benutzer einen sinnvoll geordneten Dialog führen, der die in der Domäne übliche Form von Aufgabenbeschreibungen berücksichtigt. Dabei sind häufig Übersetzungen zwischen der Strukturierung nötig, die der Benutzer dem Problem unterlegt, und derjenigen, die das System zur Problemlösung verwendet. Die Komponente muß für die spezielle Behandlung der Vorgaben sorgen, mindestens die ihnen entsprechenden Einträge in der Wissensbasis so markieren, daß sie für andere Systemkomponenten als solche erkennbar sind. Weiter sind Anforderungen an den Problemlösungsweg (Benutzung früherer Lösungen, Bearbeitungsreihenfolge) und den Zeitpunkt späterer Benutzerinteraktionen zu verwalten. Die Komponente „Aufgabenerstellung" hat inhaltliche Schnittstellen zur Lösungsbestimmung (Inferenzkomponente), zur Erklärungsgenerierung und zur Ergebnisausgabe, ferner zur Konfliktlösung und zur Verwaltung von Bibliothekslösungen (soweit jeweils vorhanden). Diese Schnittstellen können explizit ausgewiesen sein; der Informationsfluß kann jedoch auch einfach über die dynamische Wissensbasis gewährleistet werden. Dieser Weg wurde in PLAKON gewählt; sehr weitgehend wurden Funktionen anderer Komponenten für die Aufgabenerstellung mitbenutzt. In der Rückschau scheint uns für komplexe Anwendungen eine größere Eigenständigkeit günstiger.

15.5 Diskussion des Interpretationsansatzes

Unser Ansatz, die Beschreibung der zu lösenden Aufgabe als eine zu erstellende Struktur (Spezifikation) und den Prozeß der Aufgabenerstellung als Konstruktionsprozeß zu begreifen, ist sicherlich für verschiedene Arten von Expertensystemen unterschiedlich angemessen.

Bei Syntheseproblemen trifft er sicherlich genau; bei tutoriellen Systemen ist er inadäquat. Wesentlich für die Angemessenheit scheint uns zu sein, daß der Benutzer vom System schließlich ein Ergebnis erwartet, sei es eine Konfiguration, einen Plan, eine Diagnose, eine Bewertung und daß er seine Ansprüche an dieses Ergebnis formuliert.

Bei Konfigurationsproblemen wie XCON[5] ist die Konstruktion der Spezifikation eigentlich nichts anderes als eine teilweise Konstruktion der Lösung: die verlangten Komponenten sind Teil der Lösung; diese wird durch Konsistenzprüfung und Vervollständigung gewonnen. Die Identität zwischen den Konstruktionen von Spezifikation und Lösung wird jedoch schon dann hinfällig, wenn die Terminologie des Benutzers anders strukturiert ist als die des Systems. Hierin liegt einer der Gründe für die Notwendigkeit einer speziellen Komponente „Aufgabenerstellung".

Bei Systemen zur Diagnose könnte man zunächst vermuten, daß die Aufgabenstellung bis ins einzelne festgelegt sei als: „Finde die wahrscheinlichste Erklärung". So klar

[5] Die Aufgabenerstellung geht hier als zusammenhängender Konstruktionsprozeß der im Batchbetrieb erfolgenden Aufgabenlösung voraus.

aber liegen die Dinge nicht immer; die Aufgabe kann lauten: „Schließe die folgende mögliche Diagnose aus“ (vgl. [Offermann89]), oder: „Bestimme die Diagnose bis zu der Feinheit, die notwendig ist, um eine gesicherte Therapieempfehlung zu geben“ (d.h. Verzicht auf Differentialdiagnose).

An der letzten Aufgabe wird auch deutlich, daß ein erheblicher Aspekt bei der Festlegung einer Aufgabe darin besteht, festzulegen, auf welcher Granularitätsebene die Aufgabe gelöst werden soll. Bei einem Plan kann es etwa lediglich darum gehen, zu ermitteln, wieviel Zeit verbraucht wird, oder aber darum, wie hoch die Kosten sein werden, und für beides kann unterschiedliche Genauigkeit gefordert sein. Die Beschreibung solcher Aspekte bei der Aufgabe und erst recht ihre Berücksichtigung bei der Lösung ist ein bisher nur unbefriedigend gelöstes Problem.

TEX-K-Berichte

Im Verlauf des Verbundprojektes TEX-K sind die folgenden Publikationen als *TEX-K-Berichte* erschienen. Falls noch vorhanden, sind die Berichte beim Federführer des TEX-K-Projektes (Helmut Strecker) erhältlich. Der Inhalt der meisten Berichte ist aber durch dieses Buch abgedeckt.

1 Neumann,B.:
Wissensbasierte Konfigurierung von Bildverarbeitungssystemen.
In: Proc. Mustererkennung 1986, S. 206–218, Springer (1986).

2 Cunis,R., Günter,A., Syska,I.:
PLAKON — Ein übergreifendes Konzept zur Wissensrepräsentation und Problemlösung bei Planungs- und Konfigurierungsaufgaben.
In: Proc. Expertensysteme '87 — Konzepte und Werkzeuge, Teubner (1987).

3 Cunis,R., Günter,A., Syska,I.:
Planen mit PLAKON.
In: Proc. Workshop Planen, Bonn, GMD-Arbeitspapiere Nr.247, S. 58–89 (1987).

4 Günter,A., Syska,I., Cunis,R.:
PLAKON Anforderungskatalog.
Interner Bericht zum Meilenstein MS I (1987).

5 Pfitzner,K., Strecker,H.:
XRAY — An Experimental Configuration Expert System for Automatic X-Ray Inspection.
In: Proc. 9. DAGM-Symposium „Mustererkennung", S. 315–319, Springer (1987).

6 Neumann,B., Cunis,R., Günter,A., Syska,I.:
Wissensbasierte Planung und Konfigurierung.
In: Proc. „Wissensbasierte Systeme", S. 347–357, Springer, (1987).

7 Baginsky,W., Geissing,G., Philipp,L.:
Einsatz von Projektierungs-Expertensystemen in der Automatisierungstechnik.
In: Proc. „Prozeßrechnersysteme" '88, Springer, S. 410–424 (1988).

8 Cunis,R., Günter,A., Syska,I.:
Knowledge-Craft-Implementation auf der MicroVAX.
KI, Nr. 4/87, Oldenbourg, S. 72–74 (1987).

9 Cunis,R., Günter,A., Syska,I.:
PLAKON — Ein Ansatz zur domänenunabhängigen Konstruktion.
In: Proc. Workshop „Planen und Konfigurieren", Karlsruhe (1987).

10 Cunis,R., Bode,H., Günter,A., Peters,H., Syska,I.:
Wissensrepräsentation in PLAKON.
Interner Bericht zum Meilenstein MS II (1988).

11 Baginsky,W., Endres,H., Geissing,G., Philipp,L.:
Basic Architectural Features of Configuration Expert Systems for Automation Engineering.
In: Proc. "Int. Workshop on AI for Industrial Applications", Japan (1988).

12 Cunis,R., Günter,A., Syska,I., Bode,H., Peters,H.:
PLAKON — An Approach to Domain-Independent Construction.

13 Cunis,R., Günter,A., Syska,I., Bode,H., Peters,H.:
PLAKON — Ein System zur Konstruktion in technischen Domänen.
In: Proc. KOMMTECH-88 (1988).

14 Syska,I., Günter,A., Cunis,R., Peters,H., Bode,H.:
Constraints in PLAKON.
In: Proc. 2. Workshop „Planen und Konfigurieren", Bonn
GMD Arbeitspapiere Nr. 310, S. 77–90 (1988).

15 Pfitzner,K., Günter,A.:
Bibliothekslösungen zur Unterstützung der Problemlösung in Konstruktions-Expertensystemen.
In: Proc. 2. Workshop „Planen und Konfigurieren", Bonn
GMD-Arbeitspapiere Nr. 310, S. 175–190 (1988).

16 Haag,A., Zetzsche,F., Zinser,G.:
Die Behandlung von Alternativen in der Planung: Erfahrungen mit ATMS-basierten Expertensystemarchitekturen.
In: Proc. 2. Workshop „Planen und Konfigurieren", Bonn
GMD-Arbeitspapiere Nr. 310, S. 113–132 (1988).

17 Strecker,H., Pfitzner,K.:
XRAY — Ein prototypisches Konfigurierungs-Expertensystem für die automatische Röntgenprüfung.
In: KI 2/1988, S. 4–9, Oldenbourg-Verlag (1988).

18 Syska,I., Cunis,R., Günter,A., Bode,H., Peters,H.:
Solving Construction Tasks with a Cooperating Constraint System.
In: Proc. Expert Systems '88, S. 199–209, Brighton (1988).

19 Günter,A., Cunis,R., Syska,I., Peters,H., Bode,H.:
Kontrollwissen bei Planungs- und Konfigurierungsaufgaben.

20 Neumann,B.:
Configuration Expert Systems: A Case Study and Tutorial.
In: Proc. Conf. AI in Manufacturing, Assembly, and Robotics, Oldenbourg (1988).

21 Cunis,R., Günter,A., Syska,I., Bode,H., Peters,H.:
PLAKON — An Approach to Domain-Independent Construction.
In: Proc. 2. Int. Conf. on Industrial & Engineering Applications of AI & Expert Systems (IEA/AIE-89), Tennessee, USA (1989).

22 Cunis,R., Günter,A., Syska,I. u.a.:
PLAKON — Modellierung von technischen Domänen mit BHIBS.
In: Proc. 3. Workshop „Planen und Konfigurieren", Berlin
Arbeitspapiere der GMD Nr. 388, S. 33–48 (1989).

23 Syska,I., Cunis,R., Günter,A.:
Problemorientierte Verwaltungskonzepte für dynamische Wissensbasen in Konstruktionssytemen.
In: Proc. 3. Workshop „Planen und Konfigurieren", Berlin
GMD Arbeitspapiere Nr. 388, S. 149–164(1989).

24 Günter,A., Syska,I., Cunis,R., Bode,H., Peters,H.:
Kontrolle in Konstruktionsexpertensystemen: Einführung und Lösungsvorschlag.
In: Proc. 3. Workshop „Planen und Konfigurieren", Berlin
GMD-Arbeitspapiere Nr. 388, S. 59–72 (1989).

25 Pfitzner,K.:
Auswahl, Integration und Zerlegung von Bibliothekslösungen bei der Konstruktion.
In: Proc. 3. Workshop „Planen und Konfigurieren", Berlin
GMD-Arbeitspapiere Nr.388, S. 165–182 (1989).

26 Haag,A.:
Ein Beitrag zur praktischen Handhabung von Planungs- und Konfigurierungsaufgaben — Konzepte zur Kontrolle der Problemlösung unter Verwendung eines ATMS.

27 Schick,M.:
Verwendung von Rechtfertigungsverfahren in Planungs- und Konfigurationssystemen.
Studienarbeit, Fachbereich Informatik der Univ. Hamburg (1989).

28 Syska,I., Cunis,R., Günter,A., Bode,H., Peters,H.:
Modulare Expertensystemarchitekturen.
In: Proc. 13. GWAI-89, S. 359–368, Springer (1989).

29 Strecker,H.:
Configuration Using PLAKON — An Applications Perspective.
In: Proc. „Wissensbasierte Systeme", S. 352–362, Springer (1989).

30 Günter,A., Cunis,R., Syska,I.:
Separating Control from Structural Knowledge in Construction Expert Systems.
In: Proc. 3. Int. Conf. on Industrial & Engineering Applications of AI & Expert Systems, Charleston, USA (1990).

31 Cunis,R.:
Einige Ideen zur Integration reflektiver Aspekte in CLOS-artige Objektsysteme.
Workshop „Reflektion, Introspektion, Meta-Level-Architekturen — Was ist das?" Konstanz (1990).

Nach Abschluß des Projektes sind noch folgende Publikationen erschienen:

- Günter,A., Cunis,R., Syska,I.:
PLAKON und das TEX-K-Projekt.
In: Proc. 4. Workshop „Planen und Konfigurieren",Ulm
Institutsbericht FAW, S. 265–268 (1990).
- Günter,A.:
Expertensysteme für Konstruktionsaufgaben.
In: KI 3/90, S. 19, Oldenbourg-Verlag (1990).
- Haag,A., Hammer,W.:
Erfahrungen mit einer ATMS-basierten Problemlösung bei der interaktiven Konfigurierung von CNC-Steuerungen.
In: Proc. 4. Workshop „Planen und Konfigurieren", Ulm
Institutsbericht FAW, S. 65–76 (1990).
- Pfitzner,K.,
Auswahl von Bibliothekslösungen mittels induzierter Problemklassen.
In: Proc. 4. Workshop „Planen und Konfigurieren", Ulm
Institutsbericht FAW, S. 43–52 (1990).
- Strecker,H.:
TEX-K: Expertensystemkern für Planungs- und Konfigurierungsaufgaben.
In: KI 1/90, S. 10–12, Oldenbourg (1990).
- Strecker,H.:
XRAY — Ein Expertensystem zur Konfigurierung automatischer Röntgenprüfsysteme.
In: Proc. 4. Workshop „Planen und Konfigurieren", Ulm
Institutsbericht FAW, S. 113–128 (1990).

Literaturverzeichnis

[**Aiello86**] Aiello,L., Cecchi,C., Sartini,D.:
Representation and Use of Metaknowledge.
In: IEEE Vol.74 No.10, S. 1304–1321 (1986).

[**Attardi85**] Attardi,G., Corradini,A., DeCecco,M., Simi,M.:
The Omega Primer.
Technical Report ESP/85/8, Delphi SpA, Italien (1985).

[**Bachant84**] Bachant,J., McDermott,J.:
R1 Revisited: Four Years in the Trenches.
AI Magazine, Vol.5, No.3, S. 21–32 (1984).

[**Baginsky88**] Baginsky,W., Endres,H., Geissing,G., Philipp,L.:
Basic Architectural Features of Configuration Expert Systems for Automation Engineering.
In: Proc. IEEE "Int. Workshop on AI for Industrial Applications", Japan (1988).

[**Baginsky88a**] Baginsky,W., Geissing,G., Philipp,L.:
Einsatz von Projektierungs-Expertensystemen in der Automatisierungstechnik.
In: Proc. „Prozeßrechnersysteme" '88, Springer, S. 410–424 (1988).

[**Bartsch-Spörl87**] Bartsch-Spörl,B.:
Ansätze zur Behandlung von fallorientiertem Erfahrungswissen in Expertensystemen.
In: KI 4/87, S. 32–37 (1987).

[**Bartsch-Spörl88**] Bartsch-Spörl,B.:
KI in der Praxis und für die Praxis — Stand der Kunst und Perspektiven.
In: Proc. GWAI-88, S. 1–16, Springer (1988).

[**Beetz87**] Beetz,M.:
Specifying Meta-Level Architectures for Rule-Based System.
In: Proc. GWAI-87, S. 149–160, Springer (1987).

[Bobrow83] Bobrow,D., Stefik,M.:
The Loops Manual.
Xerox Palo Alto Research Corp. (1983).

[Bobrow85] Bobrow,D., Kahn,K., Kiczales,G. et.al.:
CommonLoops—Merging CommonLisp and Object Oriented Programming.
ISL-85-8, Xerox Palo Alto Research Center (1985).

[Bobrow88] Bobrow,D.G. et.al.:
Common Lisp Object System Specification.
X3J13 Document 80-002R (1988).

[Bocionek90] Bocionek,S.:
Modulare Regelprogrammierung
Vieweg-Verlag (1990)

[Börding88] Börding,J., Güsgen,H.W., Müller,B., Voß,A.:
Babylon für den Wissensingenieur.
WEREX-Bericht Nr.20 (1988).

[Boerner88] Boerner,H., Strecker,H.:
Automated X-Ray Inspection of Aluminium Castings.
IEEE Trans. Patt. Anal. Mach. Intell., Vol. PAMI-10, No.1, S. 79–91 (1988).

[Brachman85] Brachman,R.J., Schmolze,J.G.:
Overview of KL-ONE.
In: Cognitive Science 9, S. 171–215 (1985).

[Breuker87] Breuker,J. et.al.:
Model Driven Knowledge Akquisition: Interpretation Models.
Deliverable Task A1, Esprit Projekt 1098 (1987).

[Brown89] Brown,D.C., Chandrasekaran,B.:
Design Problem Solving
Pitman / Morgan Kaufmann (1989)

[vandeBrug85] van de Brug,A., Bachant,J., McDermott,J.:
Doing R1 With Style.
In: Proc. 2. IEEE Conf. on AI Applications, S. 244–249, Los Angelos (1985).

[Carnegie88] Carnegie Group Inc.:
Knowledge Craft Reference Manual.
Carnegie Group Inc. (1988).

[Chandrasekaran86] Chandrasekaran,B.:
Generic Tasks in Knowledge-based Resoning: High-Level Building Blocks for System Design.
IEEE Expert (1986).

[Chandrasekaran87] Chandrasekaran,B.:
Towards a functional Architecture for Intelligence Based on Generic Information Processing Tasks.
Proc. IJCAI 87, Vol.II, S. 1183–1192 (1987).

[Clancey87] Clancey,W.J., Bock,C.:
Representing Control Knowledge as Abstract Task and Metarules.
Report Stanford No. STAN-CS-87-1168 (1987).

[Coy89] Coy,W., Bonsiepen,L.:
Erfahrung und Berechnung — Kritik der Expertensystemtechnik.
Springer, IFB 229 (1989).

[Cunis87] Cunis,R., Günter,A., Syska,I.:
Planen mit PLAKON.
In: Proc. Workshop Planen 1987, Bonn
GMD-Arbeitspapiere Nr.247, S. 58–89 (1987).

[Cunis87b] Cunis,R., Günter,A., Syska,I.:
Knowledge-Craft-Implementation auf der Micro-VAX.
In: KI, Nr. 4/87, Oldenbourg, S. 72–75 (1987).

[Cunis88] Cunis,R., Günter,A., Syska,I., Bode,H., Peters,H.:
PLAKON — Ein System zur Konstruktion in technischen Domänen.
In: Proc. KOMMTECH-88 (1988)

[Cunis89] Cunis,R., Günter,A., Syska,I., Bode,H., Peters,H.:
PLAKON — An Approach to Domain-Independent Construction.
In: Proc. 2. Int. Conf. on Industrial & Engineering Applications of AI & Expert Systems (IEA/AIE-89), UTSI, Tennessee (1989).

[Cunis89a] Cunis,R., Günter,A., Syska,I. u.a.:
PLAKON — Modellierung von technischen Domänen mit BHIBS.
In: Proc. 3. Workshop „Planen und Konfigurieren“, Berlin
Arbeitspapiere der GMD Nr. 388, S. 33–48 (1989).

[Cunis89b] Cunis,R.:
FRESKO — ein Frame-Repräsentationskonzept für CommonLisp, Handbuch zur Version 2.0.
Universität Hamburg (1990).

[Cunis90] Cunis,R.:
Some Ideas on Integrating Reflective Aspects into CLOS-type Object Systems.
Proc. ECOOP/OOPSLA-90 Workshop "Reflection and Metalevel Architectures in Object-Oriented Programming", Ottawa (1990)

[Datacube89] N.N.:
The Max Video Family.
Produktunterlagen der Fa. Datacube Inc., Peabody, Mass., USA (1989).

[Davis82] Davis,R.:
Applications of Meta-Knowledge to the Construction, Maintenance and Use of Large Knowledge Bases.
In: Davis,R. (Ed.): Knowledge based Systems in AI, McGrawHill (1982).

[Davis87] Davis,E.:
Constraint Propagation with Interval Labels.
In: Artificial Intelligence, Vol. 32, S. 281–331 (1987).

[DeKleer84] DeKleer,J., Brown,J.S.:
A Qualitative Physics Based on Confluences.
In: Artificial Intelligence, Vol. 24, S. 7–83 (1984).

[DeKleer86] DeKleer,J.:
An Assumption-based Truth Maintenance System.
In: Artificial Intelligence, Vol.28 Nr.2, S. 127–162 (1986).

[DeKleer86a] DeKleer,J.:
Extending the ATMS.
In: Artificial Intelligence Vol.28 Nr.2 (1986).

[DeKleer86b] DeKleer,J.:
Problem Solving with the ATMS.
In: Artificial Intelligence Vol.28 Nr.2 (1986).

[DeMello86] DeMello,L.S.H., Sanderson,A.C.:
And/Or Graph Representation of Assembly Plans.
Carnegie Mellon University, CMU-RI-TR-86-8 (1986).

[Descotte85] Descotte,Y., Latombe,J.:
Making Compromises among Antagonist Constraints in a Planner.
In: Artificial Intelligence Vol. 27, S. 183–217 (1985).

[Dhar85] Dhar,V.:
An Approach to Dependency Directed Backtracking using Domain Specific Knowledge.
In: Proc. IJCAI 85, Vol. 1, S. 188–190 (1985).

[Dorn89] Dorn,J.:
Wissensbasierte Echtzeitplanung.
Vieweg (1989).

[Doyle79] Doyle,J.A.:
Truth Maintenance System
In: Artificial Intelligence Vol. 12, S. 231–272, (1979).

[Dressler88] Dressler,O.:
An Extended Basic ATMS.
In: Proc. 2. Int. Workshop on Non-Monotonic Reasoning,
Springer, S. 143–163 (1988).

[Dressler89] Dressler,O., Farquhar,A.:
Problem-Solver-Control over the ATMS.
Siemens Report INF2 ARM-13-89 (1989).

[Duffy87] Duffy,A.:
Bibliography - Artificial Intelligence in Design.
Artificial Intelligence in Engineering, Vol.2, No.3, S. 173–179 (1987).

[Esprit86] Esprit 932:
Technical Descriptions of KEE, ART, Knowledge Craft.
Esprit 932, 6 Months Rep. 1/1, Suppl. A2 (1986).

[Fickas85] Fickas,S., Novick,S.
Control Knowledge in Expert Systems: Relaxing Restrictive Assumptions.
In: Proc. Expert Systems 85, Avignon, Vol.II, S. 981–993 (1985).

[Fishman73] Fishman, G.S.:
Concepts and Methods in Discrete Event Digital Simulation.
John Wiley & Sons, New York (1973).

[Forbus84] Forbus,K.D.:
Qualitative Process Theory.
Artificial Intelligence, Vol. 24, S. 85–168 (1984).

[Forbus88] Forbus,K.D., deKleer,J.:
Focusing the ATMS.
In: Proc. AAAI-88, (1988).

[Forgy79] Forgy,C.:
On the Efficient Implementation of Production Systems.
Ph.D. Dissertation, Carnegie-Mellon University (1979).

[Forgy82] Forgy,C.:
RETE: A Fast Algorithm for the Many Pattern/Many Object Pattern Matching Problem.
In: Artificial Intelligence Vol. 19, S. 17–37 (1982).

[Fox83] Fox,M.S.
Constraint-Directed Search: A Case Study of Job-Shop Scheduling.
CMU-RI-TR-83-22, Carnegie Mellon University (1983).

[Friedland85] Friedland,P.E., Iwasaki,Y.:
The Concept and Implementation of Skeletal Plans.
In: Journal Automated Reasoning No.1, S. 161–208 (1985).

[Genesereth83] Genesereth,M.R.:
An Overview of Meta-Level Architecture.
In: Proc. AAAI-83, S. 119–123 (1983).

[Grant86] Grant,T.J.:
Knowledge-Based Scheduling
Report, Knowledge-Based Planning Group, Brunel Univ., Uxbridge, GB (1986)

[Günter87] Günter,A., Syska,I., Cunis,R.:
PLAKON Anforderungskatalog.
TEX-K-Bericht Nr. 4, Universität Hamburg (1987).

[Günter89] Günter,A., Syska,I., Cunis,R., Bode,H., Peters,H.:
Kontrolle in Konstruktionsexpertensystemen: Einführung und Lösungsvorschlag.
In: Proc. 3. Workshop „Planen und Konfigurieren", Berlin
GMD-Arbeitspapiere Nr.388, S. 59–72 (1989).

[Günter90] Günter,A., Cunis,R., Syska,I.:
Separating Control from Structural Knowledge in Construction Expert Systems.
In: Proc. 3. Int. Conf. on Industrial & Engineering Applications of AI & Expert Systems (IEA/AIE-90), Charleston, USA (1990).

[Günter90a] Günter,A.:
BO-Handbuch, Version 2.2.
Universität Hamburg (1990).

[Günter90b] Günter,A.:
Expertensysteme für Konstruktionsaufgaben
In: KI 3/90, S. 19, Oldenbourg (1990)

[Güsgen87] Güsgen,H.-W.:
CONSAT—A System for Constraint Satisfaction.
Dissertation, GMD, St. Augustin (1987).

[Haag88] Haag,A., Zetzsche,F., Zinser,G.:
Die Behandlung von Alternativen in der Planung: Erfahrungen mit ATMS-basierten Expertensystemarchitekturen.
In: Proc. 2. Workshop „Planen und Konfigurieren“, Bonn
GMD-Arbeitspapiere Nr. 310, S. 113–132 (1988).

[Haag89] Haag,A.:
Some Remarks on the Global Behaviour of Local Propagation of Intervals in Linear Constraint Nets.
TEX-B-Report Nr. 32 (1989).

[Haag90] Haag,A.:
μPLAKON-Benutzerhandbuch.
Interner Bericht, Battelle-Institut, Frankfurt (1990).

[Haag90a] Haag,A.:
A Short Note on Extending a Partial Ordering in a Set to its Power Set.
Technical Note, Battelle-Insitute, unpublished (1990).

[Haag90b] Haag,A.:
Der regelorientierte Kontrollansatz in PLAKON — Konzepte zur praktischen Handhabung einer ATMS-basierten Problemlösung.
TEX-K-Bericht Nr. 26 (1990).

[Hammer88] Hammer,W.:
Ein Konfigurierungsansatz gezeigt an CNC-Steuerungssystemen und deren Funktionskomponenten.
In: Proc. 2. Workshop „Planen und Konfigurieren“, Bonn
GMD-Arbeitspapiere Nr. 310 (1988).

[Hammer90] Hammer,W.:
Industrielle Konfiguration: Auswahlkriterien für die Funktionsmoduln eines CNC-Steuerungssystems und Anforderungen, welche an sie gestellt werden.
In: Proc. 4. Workshop „Planen und Konfigurieren“, Ulm
Institutsbericht FAW, S. 65-76 (1990).

[Hammond89] Hammond,K.:
Case-Based Planning.
Academic Press (1989).

[Harmon89] Harmon,P.:
How DEC is Living with XCON.
In: Expert System Strategies, Vol. 5, No. 12, S. 1–5 (1989).

[Harper86] Harper,R., MacQueen,D., Milner,R.:
Standard ML.
Report, Univ. of Edinburgh, Dep. of Computer Science, ECS-LFCS-86-2 (1986).

[Haugeneder85] Haugeneder,H., Lehmann,E., Struss,P.:
Knowledge-Based Configuration of Operating Systems—Problems in Modeling the Domain Knowledge.
In: Proc. Wissensbasierte Systeme, S. 121–134 , Springer (1985).

[Hayes-Roth79] Hayes-Roth,F. et.al.:
Modeling Planning as an Incremental Opportunistic Process.
In: Proc. IJCAI 79, S. 375–383 (1979).

[Hayes-Roth85] Hayes-Roth,B.:
A Blackboard Architecture for Control.
In: Artificial Intelligence, Vol. 26, S. 251–321 (1985).

[Hein90] Hein,M., Tank,W.:
Assoziative Konfigurierung
In: Proc. GWAI-90, S. 75–84, Springer (1990).

[Hemberger88] Hemberger,A.:
Innovationspotentiale in der rechnerintegrierten Produktion durch wissensbasierte Systeme.
Carl Hanser Verlag (1988).

[Hertzberg88] Hertzberg,J., Guesgen,H.W. u.a.:
Relaxing Constraint Networks to Resolve Inconsistencies.
In: Proc. GWAI-88, S. 61–65, Springer (1988).

[Hertzberg89] Hertzberg,J., Gordon,T., Horz,A.:
Designing a Planning Toolbox.
In: Proc. 3. Workshop „Planen und Konfigurieren", Berlin
GMD-Arbeitspapier Nr. 388, S. 131-132 (1989).

[Hübner 88] Hübner, M.:
Knowledge-Based Configuration of Flow-Lines.
Int. Journal of Computer-Integrated Manufacturing, Bd. 1, No. 4, S. 210–221 (1988).

[Kahn87] Kahn,G.S.:
From Application Shell to Knowledge Acquisition System
in: Proc. IJCAI '87, S.355–358 (1987)

[Karbach88] Karbach,W., Voß,A., Tong,X.:
Filling in the Knowledge Acquisition Gap: via KADS'-Models of Expertise to ZDEST-2's Expert Systems.
In: Proc. EKAW'88, GMD-Studien Nr.143 (1988).

[Keene89] Keene,S.:
Object-Oriented Programming in Common Lisp — A Programmer's Guide to CLOS.
Addison-Wesley (1989).

[Kippe86] Kippe.J.:
COMODEL: Ein Repräsentationsmechanismus für technische Expertensysteme.
In: Proc. GWAI-86, S. 349–360, Springer (1986).

[Kowalewski89] Kowalewski,D.:
Nichtmonotonie im prototypischen Dokumenten- Konfigurierungssystem KOKON.
In: KI 3/1989, Nr. 4, S. 54–58, Oldenbourg (1989).

[Kolodner87] Kolodner,J.L.:
Extending Problem Solving Capabilities Through Case-Based Inference.
In: Proc. 4. Int. Workshop on Machine Learning, S. 167–178 (1987).

[König90] König,R.:
Redesign eines Expertensystems für Konfigurationsaufgaben auf der Grundlage von SUN-CommonLisp und CLOS.
Diplomarbeit, Universität Stuttgart, Fakultät Informatik (1990).

[Kratz88] Kratz,N.:
Ein Ansatz zur Repräsentation von technischen und funktionalen Beziehungen bei der Konstruktion.
in: Proc. 2. Workshop Planen und Konfigurieren, Bonn
GMD Arbeitspapier Nr.310, S.:19-29 (1988)

[Kratz89] Kratz,N.:
Kontrollstrukturen im Expertensystem IDA.
in: Proc. 3. Workshop Planen und Konfigurieren, Berlin
GMD Arbeitspapier Nr.388, S.:121-130 (1989)

[Krickhahn88] Krickhahn,R., Nobis,R., Mählmann,A., Schachter-Radig,M.:
Applying the KADS Methodology to Develop a Knowledge Based System — NetHandler.
In: Proc. ECAI-88 (1988).

[Kuipers86] Kuipers,B.:
Qualitative Simulation.
In: Artificial Intelligence, Vol. 29, S. 289–338 (1986).

[Lehmann85] Lehmann,E., u.a.:
SICONFEX — ein Expertensystem für die betriebliche Konfigurierung eines Betriebssystems.
In: Proc. GI/OCG/ÖGI-, Jahrestagung 1985, S. 792–805, Springer (1985).

[Maes87] Maes,P.:
Computational Reflection.
PhD Thesis, Vrije Universiteit Brussel, auch Techn. Report 87-2 (1987).

[Marcus86] Marcus,R.I.:
Multilevel Constrained-Based Configuration.
Hewlett-Packard Journal, Nov. 1986, S. 54–56 (1986).

[Matrox89] N.N.:
Matrox Image Series.
Produktinformationen der Fa. Matrox Electronic Systems Ltd., Canada (1989).

[McDermott82] McDermott,J.:
R1: A Rule-based Configurer of Computer Systems.
In: Artificial Intelligence, Vol. 19 Nr.1, S. 39–88 (1982).

[vanMelle79] van Melle,W.:
A Domain Independent Production-Rule System for Consultation Systems.
In: Proc. IJCAI '79, S. 923–925 (1979).

[Mertens88] Mertens,P., Borkowski,V., Geis,W.:
Betriebliche Expertensystem-Anwendungen, Eine Materialsammlung.
Springer (1988).

[Mittal87] Mittal,S., Fraymann,F.:
Making Partial Choices in Constraint Reasoning Problems.
In: Proc. AAAI-87, S. 631–636 (1987).

[Möller90] Möller,J.-U.:
Fachdialogwissen als Mittler zwischen Fachwissen und Dialogwissen.
In: Proc. GWAI-90, S. 58–64, Springer (1990).

[Mostow85] Mostow,J.:
Towards Better Models of the Design Process.
AI Magazine, Vol.6, S. 44–56 (1985).

[Negele90] Negele,A., König,R., Rathke,C., Hammer,W.:
KONEX—Ein Expertensystem zur Konfigurierung von CNC-Steuerungen.
In: Proc. 4. Workshop „Planen und Konfigurieren“, Ulm
Institutsbericht FAW, S. 77-88 (1990).

[Neumann86] Neumann,B.:
Wissensbasierte Konfigurierung von Bildverarbeitungssystemen.
In: Proc. Mustererkennung 1986, S. 206–218, Springer (1986).

[Neumann87] Neumann,B., Cunis,R., Günter,A., Syska,I.:
Wissensbasierte Planung und Konfigurierung.
In: Proc. „Wissensbasierte Systeme“ 1987, S. 347–357, Springer (1987).

[Neumann88] Neumann,B.:
Configuration Expert Systems: A Case Study and Tutorial.
In: Proc. Conf. on AI in Manufacturing, Assembly, and Robotics, Oldenbourg (1988).

[Nilsson71] Nilsson,N.J.:
Problem Solving Methods in Artificial Intelligence.
McGraw-Hill, New York (1971).

[Nilsson82] Nilsson,N.J.:
Principles of Artificial Intelligence.
Springer (1982).

[Offermann89] Offermann,M., Müller-Wickop,J., Biedermann,A.:
Problemlösungsparadigmen in der Differentialdiagnostik.
Abschlußbericht 3b BMFT-Projekt LERNER, IWP8501A9 (1989),

[Owsnicki88] Owsnicki-Klewe,B.:
Configuration as a Consistency Maintenance Task.
In: Proc. GWAI-88, S. 77–87 (1988).

[Partridge89] Partridge,D.:
KI und das Software Engineering der Zukunft.
McGrawHill, (1989)

[Pfitzner89] Pfitzner,K.:
Auswahl, Integration und Zerlegung von Bibliothekslösungen bei der Konstruktion.
In: Proc. 3. Workshop „Planen und Konfigurieren“, Berlin
GMD-Arbeitspapiere Nr.388, S. 165–182 (1989).

[Pfitzner90] Pfitzner,K.,
Auswahl von Bibliothekslösungen mittels induzierter Problemklassen.
In: Proc. 4. Workshop „Planen und Konfigurieren", Ulm
Institutsbericht FAW Ulm, S. 43–52 (1990).

[Puppe87] Puppe,F.:
Diagnostisches Problemlösen mit Expertensystemen.
Informatik Fachberichte Nr. 148, Springer (1987).

[Puppe88] Puppe,F.:
Einführung in Expertensysteme
Springer, Informatik Fachberichte(1988)

[Raulefs84] Raulefs,P.:
Knowledge Processing Expert Systems.
In: Bernold,T., Albers,G. (Eds.): Artificial Intelligence: Towards Practical Application, North-Holland, Amsterdam (1985).

[Requicha80] Requicha,A.A.G.:
Representations for Rigid Solids: Theory, Methods and Systems.
Computing Surveys, Bd. 12, No.4, S. 437–464 (1980).

[Richter89] Richter,M.M.:
Prinzipien der Künstlichen Intelligenz
B.G. Teubner, Stuttgart (1989)

[Roberts77] Roberts,R.B., Goldstein,I.P.:
The FRL Primer.
Techn. Report, MIT-Lab 408 (1977).

[Robins87] Robins,G.:
The ISI Grapher: a Portable Tool for Displaying Graphs Pictorially.
In: Proceedings of Symboliikka '87, Helsinki, Finland.

[Sauers88] Sauers,R.:
Controlling Expert Systems.
In: Bolc,L., Coombs,M.J. (Ed) Expert System Applications, Springer (1988).

[Schank77] Schank,R., Abelson,R.:
Scripts, Plans, Goals and Understanding
Lawrence Erlbaum Ass. (1977)

[Schank89] Schank,R., Riesbeck,C.:
Inside Case-Based Reasoning
Lawrence Erlbaum Ass. (1989)

[Schick90] Schick,M.:
Überlegungen zur ATMS-gestützten Konstruktion am Beispiel des Expertensystemkerns PLAKON.
Diplomarbeit, FB Informatik, Univ. Hamburg (1990).

[Schöne74] Schöne,A. (Hrsg.):
Simulation technischer Systeme.
Bd. 1–3, Carl Hanser Verlag (1974).

[Shannon75] Shannon,R.E.:
Systems Simulation, the Art and Science.
Prentice Hall, Englewood Cliffs, New Jersey (1975).

[Siemens84] *Multi-Mikrocomputer-System MMC216.*
Gerätehandbuch, Siemens AG (1984).

[Soloway87] Soloway,E., et.al.:
Assessing the Maintainability of XCON-in-RIME: Coping with the Problem of Very Large Rule-Bases.
In: Proc. AAAI-87, S. 824–829 (1987).

[Sriram87] Sriram,D.:
ALL-RISE: A Case Study in Constraint-Based Design.
Artificial Intelligence in Engineering, Vol.2, No.4, S. 186–203 (1987).

[Sriram86] Sriram,D., Maher,M.L.:
The Representation and Use of Constraints in Structural Design.
In: Proc. App. of AI in Engineering Problems, S. 355–368, Springer (1986).

[Steele80] Steele,G.L.:
The Definition and Implementation of a Computer Programming Language Based on Constraints.
Ph.D. Thesis, AI Laboratory, MIT, Cambridge, Massachusetts (1980).

[Steels87] Steels,L.:
Second Generation Expert Systems.
In: Proc. Expertensysteme 87, B.G. Teubner, S. 475–483 (1987).

[Stefik81] Stefik,M.J.:
Planning and Meta-Planning.
In: Artificial Intelligence Vol. 16, S. 141–170 (1981).

[Stefik81a] Stefik,M.J.:
Planning with Constraints.
In: Artificial Intelligence Vol. 16, S. 111–140 (1981).

[Steinberg87] Steinberg,L.I.:
Design as Refinement Plus Constraint Propagation: The VEXED Experience.
In: Proc. AAAI-87, S. 830–835 (1987).

[Stoyan88] Stoyan,H.:
Programmiermethoden der Künstlichen Intelligenz.
Band 1, Springer (1988).

[Strecker89] Strecker,H.:
Configuration Using PLAKON - An Applications Perspective.
In: Proc. Wissensbasierte Systeme, S. 352–362, Springer (1989).

[Strecker90] Strecker,H.:
XRAY — Ein Expertensystem zur Konfigurierung automatischer Röntgenprüfsysteme.
In: Proc. 4. Workshop „Planen und Konfigurieren", Ulm
Institutsbericht FAW Ulm, S. 113–128 (1990).

[Struss89] Struss,P.:
Die gegenwärtige Qualität von Qualitative Reasoning.
In: KI 1/88, S. 21–27, Oldenbourg (1988).

[Sussman75] Sussmann,G.J.:
A Computer Model of Skill Acquisition.
American Elsevier (1975).

[Sussman80] Sussman,G.J., Steele,G.L.:
Constraints - A Language for Expressing Almost Hierarchical Descriptions.
In: Artificial Intelligence Vol.14, S. 1–39 (1980)

[Syska86] Syska,I.:
Überlegungen zur automatischen Konfigurierung von industriellen Bildverarbeitungssystemen.
Mitteilung 138, Fachbereich Informatik, Universität Hamburg (1986).

[Syska88] Syska,I., Cunis,R., Günter,A., Bode,H., Peters,H.:
Solving Construction Tasks with a Cooperating Constraint System.
In: Proc. of Expert Systems '88, S. 199–209, Brighton (1988).

[Syska89] Syska,I., Cunis,R., Günter,A.:
Problemorientierte Verwaltungskonzepte für dynamische Wissensbasen in Konstruktionssytemen.
In: Proc. 3. Workshop „Planen und Konfigurieren", Berlin
GMD Arbeitspapiere (1989).

[Syska89a] Syska,I., Cunis,R., Günter,A., Bode,H., Peters,H.:
Modulare Expertensystemarchitekturen.
In: Proc. 13. GWAI-89, S. 359–368, Springer (1989).

[TEX-K85] *PLAKON — Expertensystem für Planungs- und Konfigurierungsaufgaben.*
Vorhabensbeschreibung des Projektes TEX-K (1985).

[Tong87] Tong,X., He,Z., Yu,R.:
A Tool for Building Second Generation Expert Systems.
In: Proc. IJCAI-87, Vol I (1987).

[Tong87a] Tong,C.:
Towards an Engineering Science of Knowledge-Based Design.
Artificial Intelligence in Engineering, Vol.2, No.3, S. 133–166 (1987).

[Twine88] Twine,S.
Towards a Knowledge Engineering Procedure.
In: Kelly,Rector(Hrsg): Research and Development in Expert Systems (1988).

[Ulmer85] Ulmer,D.:
Multi-Microcomputersysteme für die Prozeßautomatisierung.
In: Mikroelektronik in der Automatisierungstechnik, VDI-Verlag, S. 149–160 (1985).

[Wachsmuth89] Wachsmuth,I.:
Zur intelligenten Organisation von Wissensbeständen in künstlichen Systemen.
IWBS-Report 91, Wiss. Zentrum IBM Deutschland, Stuttgart (1989).

[Weiner89] Weiner,J.(Herausg.):
Unterlagen zum Workshop Änderungskonfiguration
Univ. Duisburg (1989)

[Wielinga86] Wielinga,B.J., Breuker,J.A.:
Models of Expertise.
In: Proc. ECAI-86, S. 306–318 (1986).

[Zeigler76] Zeigler, B.P.:
Theory of Modelling and Simulation.
John Wiley & Sons, New York (1976).

[Zetzsche88] Zetzsche,F.:
Einige Ergebnisse zur formalen Begründung der ATMS.
TEX-B-Bericht Nr. 43 (1988).

[Zucker86] Zucker,W.:
DNS: Representation of Device Topologies, Networks and Structures.
Draft, Siemens ZTI INF32 (1986).

Stichwortverzeichnis

D

E

F

G

H

I

K

L

V

W

X

Z

Adressen der Autoren

Winfried Baginsky
Siemens AG, Aut E 72
Werner von Siemens Str. 50, 8520 Erlangen
Tel.: 09131/7-22618

Roman Cunis
Universität Hamburg, FB Informatik
Bodenstedtstr. 16, 2000 Hamburg 50
Tel.: 040/4123-6533

Andreas Günter
Universität Hamburg, FB Informatik
Bodenstedtstr. 16, 2000 Hamburg 50
Tel.: 040/4123-6533

Albert Haag
Battelle Institut e.V.
Am Römerhof 35, 6000 Frankfurt
Tel.: 069/7908-2559

Sebastian Kühne
Poßmoorweg 63
2000 Hamburg 60
Tel.: 040/6402046
(vormals URW Unternehmensberatung)

Josef Meyer-Fujara
Univ. Bielefeld, Technische Fakultät, AB wissensb. Systeme
Postfach 8640, 4800 Bielefeld 1
Tel.: 0521/1062903
(vormals URW Unternehmensberatung)

Bernd Neumann
Universität Hamburg, FB Informatik
Bodenstedtstr. 16, 2000 Hamburg 50
Tel.: 040/4123-6130

Kai Pfitzner
Philips Forschungslaboratorium Hamburg
Vogt-Kölln-Str. 30, 2000 Hamburg 54
Tel.: 040/5493-689

Ludwig Philipp
Siemens AG, Aut E 72
Werner von Siemens Str. 50, 8520 Erlangen
Tel.: 09131/7-32841

Matthias Schick
Universität Hamburg, FB Informatik
Bodenstedtstr. 16, 2000 Hamburg 50
Tel.: 040/4123-6548

Helmut Strecker
Philips Forschungslaboratorium Hamburg
Vogt-Kölln-Str. 30, 2000 Hamburg 54
Tel.: 040/5493-738,

Ingo Syska
Universität Hamburg, FB Informatik
Bodenstedtstr. 16, 2000 Hamburg 50
Tel.: 040/4123-6534